U0807280

职业教育农林与食品类专业新形态系列教材

林果病虫害诊断与防治

主　编　孙红艳　覃伟铭

副主编　井春芝　郭铁群

编　者　孙红艳（巴音郭楞职业技术学院）

覃伟铭（库尔勒香梨产业发展有限公司）

井春芝（巴州林果业技术研究推广中心）

郭铁群（巴州农业科学研究院）

唐晓雪（巴音郭楞职业技术学院）

古力米热·吾买尔（巴音郭楞职业技术学院）

热沙来提·买买提（巴音郭楞职业技术学院）

孙　璘（巴音郭楞职业技术学院）

周　黎（新疆农业职业技术学院）

张滋林（轮台县农业技术推广中心）

杨寒丽（巴州农业技术推广中心植保站）

艾斯卡尔·再依丁（巴州沙依东香梨产业发展有限公司）

主　审　任毓忠（石河子大学）

机械工业出版社
CHINA MACHINE PRESS

本书紧密结合果树病虫害防治工作的需求，以理论知识够用、专业知识实用、实践技能适用为原则，以职业岗位能力和要求为核心，系统介绍了我国新疆南疆地区特色果树病虫害的发生情况与综合防治措施。全书由 3 个模块、11 个项目、34 个任务组成，其中模块一为病虫害诊断与防治基础知识，模块二与模块三分别为虫害的识别与防治、病害的识别与防治。本书图文并茂，并附有相关知识的视频。本书可作为高等职业院校植物保护与检疫技术、园艺技术等专业的教材，也可作为基层农业技术推广人员、林果生产技术人员的参考用书。

本书配有电子课件，凡使用本书作为教材的教师可登录机械工业出版社教育服务网 www.cmpedu.com 注册后下载。咨询电话：010-88379534，微信号：jjj88379534，公众号：CMP-DGJN。

图书在版编目（CIP）数据

林果病虫害诊断与防治 / 孙红艳，覃伟铭主编.
北京 ：机械工业出版社，2025. 5. -- ISBN 978-7-111
-77955-1

Ⅰ. S763；S436.6

中国国家版本馆CIP数据核字第2025XV9861号

机械工业出版社（北京市百万庄大街22号 邮政编码100037）
策划编辑：高 伟 周晓伟 责任编辑：高 伟 周晓伟 章承林
责任校对：王荣庆 张昕妍 责任印制：单爱军
保定市中画美凯印刷有限公司印刷
2025年6月第1版第1次印刷
184mm × 260mm · 16.5印张 · 367千字
标准书号：ISBN 978-7-111-77955-1
定价：69.80元

电话服务	网络服务
客服电话：010-88361066	机 工 官 网：www. cmpbook. com
010-88379833	机 工 官 博：weibo. com/cmp1952
010-68326294	金 书 网：www. golden-book. com
封底无防伪标均为盗版	机工教育服务网：www. cmpedu. com

前　言

本书系统全面地介绍了我国新疆南疆地区特色果树病虫害的发生情况与综合防治措施，包括虫害的寄主与分布、为害特点、形态特征、发生规律、综合防治措施；病害的症状、病原、发病规律及发病条件、综合防治措施等内容。全书分为3个模块，模块一为病虫害诊断与防治基础知识，介绍了昆虫和植物病害的基础认知、植物病虫害的防治及农药的科学使用；模块二为虫害的识别与防治，包括4种食叶害虫和吸汁类害虫中的6种蚜虫、10种介壳虫、梨木虱、葡萄二星叶蝉、10种害螨，以及3种蛀干类害虫、3种蛀果类害虫；模块三为病害的识别与防治，包括6种真菌性病害、3种细菌性病害、4种生理性病害和3种其他病害。

本书在编写过程中紧贴植物保护与检疫技术和园艺技术专业的人才培养方案，以服务农业为宗旨，主动适应地方农业经济发展的需求，紧密结合新疆南疆地区果树生产的特点，将南疆地区果树病虫害诊断与防治的理论与实践转移到绿色、环保、安全的理念与技术，以及整个区域的生态环境保护上，有效发挥农业技术措施、现代物理技术和生物技术的调控作用，以达到可持续发展的目的。

本书由巴音郭楞职业技术学院的专业教师与相关林果生产企业、农业技术研究推广部门的技术人员共同编写，以培养技能型与应用型人才为主要目标，以理论知识够用、专业知识实用、实践技能适用为原则，以职业岗位能力和要求为核心，以完成生产任务为主线，实现教学过程与生产过程对接，将必备知识和实训任务融会贯通。在本书中，教师是学生学习过程的组织者，主要采用理实一体化的教学方法，通过各生产阶段急需解决和处理的典型工作任务来引导、组织教学过程。本书融入思政元素，加强课程思政教育，“三农”情怀、责任意识、安全意识和环保意识的相关内容贯穿始终。本书在体现科学性、实用性与针对性的同时，注重学生的个性发展，增加启发性与引导性。

由于编者水平有限，书中难免存在不足之处，敬请广大读者、同行、专家提出宝贵意见，以便重印时修正。

编　者

二维码索引

目　录

模块三
病害的识别与防治

模块一

病虫害诊断与防治基础知识

01 项目一 昆虫的基础认知

项目导学

- 农作物在生长发育过程中或农产品在收获后的贮藏过程中，时常会遭受许多有害生物的侵害，有时会造成严重的经济损失。其中引起林果虫害的有害生物中，除少数是螨类、蜗牛、鼠类之外，绝大部分是昆虫。识别和研究与植物有关的害虫，并加以防治，是植物保护研究的重要任务之一。
- 本项目学习内容包括昆虫外部形态特征的识别、昆虫生物学特性的认识及昆虫种类的识别。了解昆虫的外部形态特征，熟悉昆虫各虫态的特性、特征及生活习性，掌握昆虫分类阶元和常见的目、亚目、科的特征，为全面贯彻以农业防治为基础，多种措施协调、综合应用的农业害虫防治的原则奠定理论基础。

扫码看视频

项目目标

- 知识学习目标：认识昆虫外部形态特征、生物学特性及主要类群的主要特征。
- 技能培养目标：能准确识别害虫的形态特征和变态类型，对常见昆虫准确分类，有效利用益虫和控制害虫；能识别为害特色果树的重要目、亚目、科昆虫。
- 职业情感目标：树立尊重自然、顺应自然、保护自然的生态文明理念，提高学生观察、记忆、思维、想象、创造能力。

扫码看视频

任务一　昆虫外部形态特征的识别

任务导入

昆虫是动物界中最大的一个类群。目前已知地球上的动物约 150 万种，其中昆虫的种类和数量就约占 100 万种。由于昆虫的生存环境、取食对象与生活方式各有不同，可将其分为害虫（如蝗虫、蝇、蚊等）、天敌（如七星瓢虫、草蛉等）、益虫（如蜜蜂、家蚕、五倍子蚜等）。昆虫外部形态特征是鉴定和识别昆虫的最重要的根据，因此首先要通过昆虫的外部形态特征准确识别昆虫，才能充分利用益虫和有效控制害虫。

必备知识

一、昆虫的基本特征识别

林果害虫，除少数是螨类、蜗牛、鼠类之外，绝大部分是昆虫。

昆虫属于动物界、节肢动物门、昆虫纲。

节肢动物由一系列的体节组成，均为体躯左右对称，有些体节上有成对分节的附肢，具有外骨骼。除昆虫纲外，还有蛛形纲、甲壳纲、倍足纲、唇足纲等。

昆虫纲的特征是：体躯分为头部、胸部、腹部 3 个体段；每个体段都有特定的结构和功能。胸部有 3 对胸足，是昆虫运动的中心。

昆虫（以蝗虫为例）成虫具有以下共同特征（图 1–1）：

1）体躯分成头部、胸部、腹部 3 个体段。

2）头部有口器和 1 对触角，还有 1 对复眼和 0~3 个单眼。

3）胸部有 3 对胸足（前足、中足、后足），一般有 2 对翅（前翅、后翅）。

4）腹部大多由 9~11 个体节组成，末端具有外生殖器，有的还有 1 对尾须。

扫码看视频

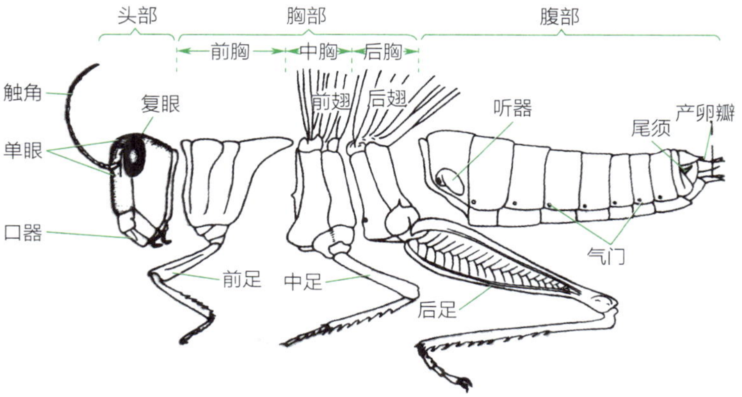

图 1–1　蝗虫体躯构造

二、昆虫的头部及其附器

头部（图 1–2）是昆虫体躯的第 1 体段，以膜质的颈与胸部相连。头壳呈圆形或椭圆

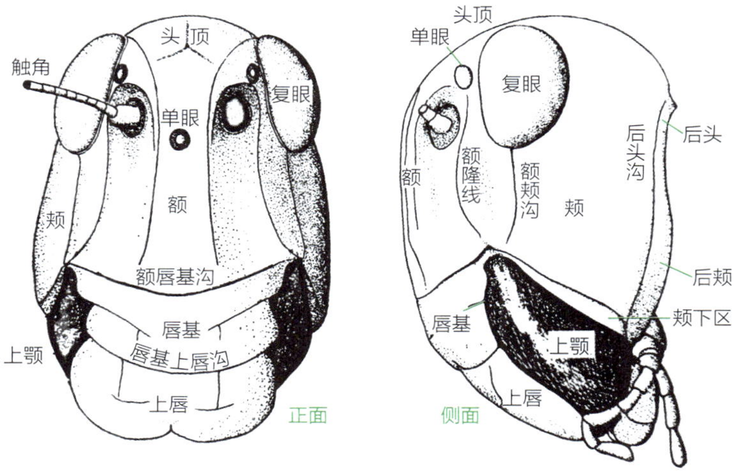

图 1–2　蝗虫头部构造

形，头壳表面的沟和缝将头部划分为若干区，分别为头顶、额、唇基、颊和后头，这些分区是昆虫分类的重要依据。此外，昆虫的头部还着生触角、口器、复眼、单眼等感觉和取食器官，是感觉和取食的中心。

（一）头式

昆虫头部的形式称为头式。由于昆虫的取食方式不同，取食器官在头部着生的位置也相应地发生了变化。根据口器在头部的着生位置和方向，昆虫的头式可分为下口式、前口式、后口式 3 种类型（图 1-3）。

（1）下口式　口器位于头部的下方，头部的纵轴与身体的纵轴垂直，多见于植食性的昆虫，如蝗虫等。

（2）前口式　口器位于头部的前方，头部的纵轴与身体的纵轴几乎平行，多见于捕食性的昆虫，如步甲等。

（3）后口式　口器位于头部的后方，头部的纵轴与身体的纵轴呈锐角，多见于吸汁类的昆虫，如蚜虫、蝉、蝽等。

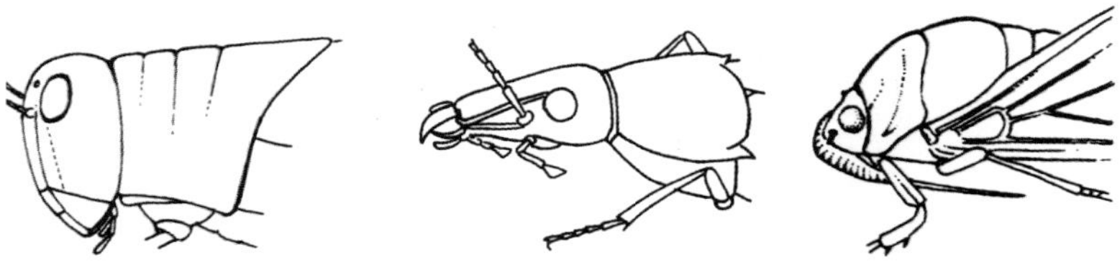

图 1-3　昆虫的头式

（二）触角

除少数昆虫种类外，大多数昆虫都具有 1 对触角，着生在额的两侧。触角的形状随昆虫种类而异，但其基本构造都可分为柄节、梗节和鞭节 3 个部分。柄节是连在头部的第 1 节，通常短粗；第 2 节称为梗节，一般比较细小；梗节以后的各节统称为鞭节。触角是昆虫接收信息的重要感觉器官，表面分布有许多感觉器，具有嗅觉和触觉的功能，在昆虫的觅食、求偶、寻找产卵场所和避敌方面发挥重要作用。

昆虫的触角形状随昆虫的种类不同而各异，常见的有以下类型（图 1-4）：

（1）刚毛状　触角短，柄节与梗节较粗大，鞭节部分细如刚毛，如叶蝉的触角。

（2）丝状或线状　触角细长，除柄节、梗节略粗外，鞭节各小节大小、形状相似，相连呈线状，如蝗虫、蟋蟀、螳螂的触角。丝状触角是昆虫中最常见的类型。

（3）念珠状　鞭节由近似圆球形、大小相似的小节组成，似一串念珠，如白蚁的触角。

（4）锯齿状　鞭节各小节的端部呈锯齿状向一侧突出，形似锯条，如锯天牛和叩头甲的触角。

（5）棒状（球杆状）　基部各节细长如杆，端部数节逐渐膨大，形似棍棒，如蝶类的触角。

（6）锤状　基部各节细长如杆，端部数节突然膨大如锤，如瓢虫等一些甲虫的触角。

（7）羽毛状　鞭节各节向两侧做细羽状突出，形似鸟的羽毛，如部分蛾类的触角。

（8）具芒状　触角短，鞭节只有 1 节，并具刚毛 1 根，如蝇类的触角。

（9）鳃叶状（鳃状）　鞭节端部数节扩展成片，相叠在一起形似鱼鳃，如金龟甲的触角。

（10）环毛状　鞭节各节都生有 1 圈细毛，越近基部的毛越长，如雄蚊、摇蚊的触角。

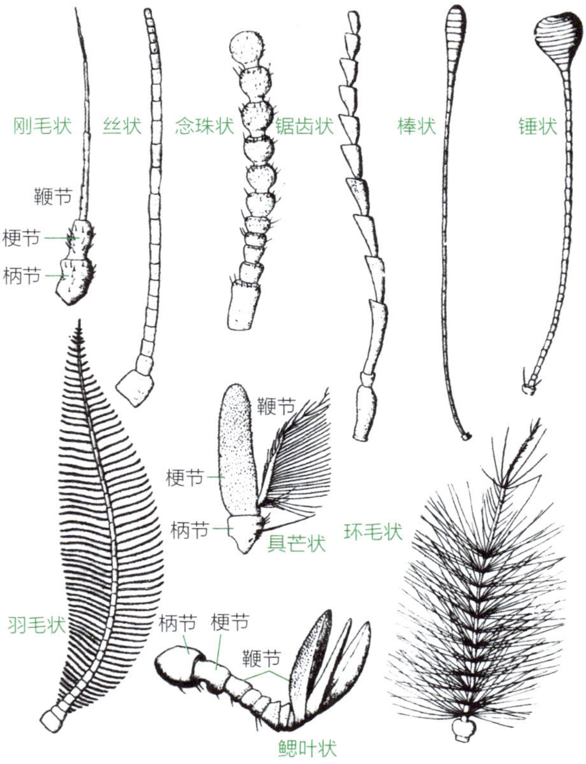

图 1-4　昆虫触角的类型

（三）眼

眼是昆虫的视觉器官，在取食、群集和定向活动等方面起着重要作用。昆虫的眼有单眼和复眼之分。昆虫一般具有 1 对复眼，多为圆形或卵圆形，着生在头部的两侧，是昆虫的主要视觉器官。昆虫的单眼有背单眼和侧单眼之分，数目通常为 3 个，也有的完全退化或数目减少。与复眼相比，单眼功能较弱，不能分辨物体形状，只能感受光线的强弱和方向。

（四）口器

口器是昆虫的取食器官。各种昆虫因食性和取食方式的不同，口器常常在构造上发生一系列变化，形成了不同的口器类型。例如，取食固体食物的为咀嚼式口器（图 1-5），取食植物汁液的为刺吸式口器（图 1-6）。此外，还包括一些其他的口器类型，如蛾、蝶类成虫所特有的虹吸式口器，蓟马的锉吸式口器，牛虻的刮吸式口器，家蝇的舐吸式口器。

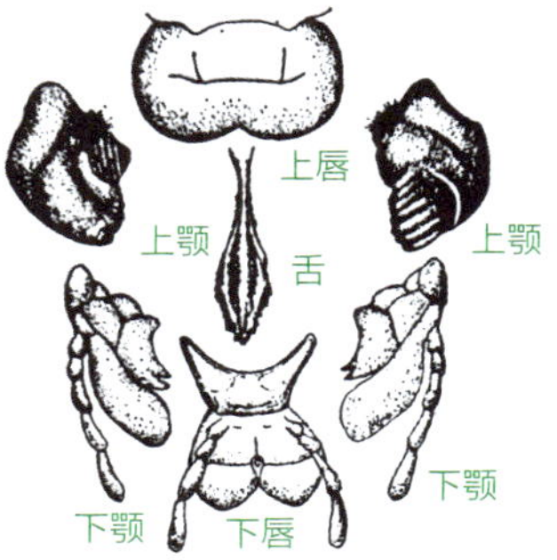

图 1-5　蝗虫的咀嚼式口器

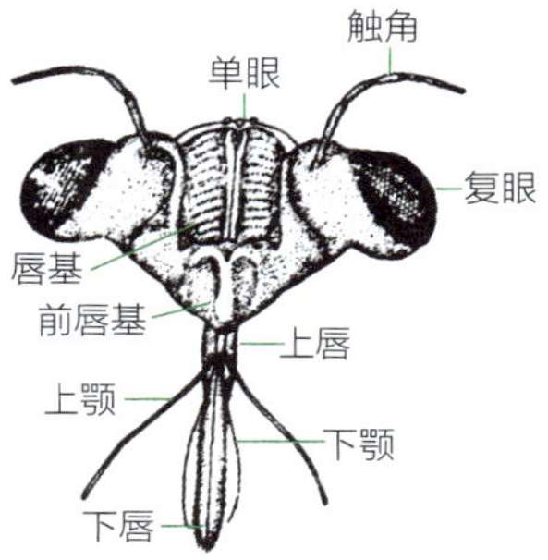

图 1-6　蝉的刺吸式口器

了解昆虫的口器构造、取食方式及其危害状，不仅能够判断是哪一种害虫为害植物，而且有利于进行有效的药剂防治。例如，具有咀嚼式口器的害虫，由于它咬食吞下植物组织，如果把胃毒剂喷在植物上，或把杀虫剂拌在它喜食的东西上制成毒饵，当害虫吞食后就可中毒而死。但胃毒剂对具有刺吸式口器的害虫无效，因为它是用口针插入植物组织内部吸取汁液，喷在植物表面的药剂，不能进入胃肠引起中毒。因此，防治刺吸式口器的害虫，必须改用触杀剂或内吸剂。有些杀虫剂兼具胃毒、触杀、内吸等作用，适合防治各种口器类型的害虫。

三、昆虫的胸部

胸部是昆虫的第 2 体段，以膜质的颈与头部相连。胸部着生有 3 对足和 2 对翅，由 3 个体节组成，每个体节下方各着生 1 对胸足。多数昆虫在中胸、后胸上方各着生 1 对翅。足和翅都是昆虫的行动器官，所以胸部是昆虫的运动中心。

（一）昆虫的胸足

1. 胸足的构造

成虫的胸足位于胸部的下方，一般分为 6 节，由基部向端部依次称为基节、转节、腿节（或股节）、胫节、跗节和前跗节。一般前跗节由爪和中垫组成（图 1–7）。

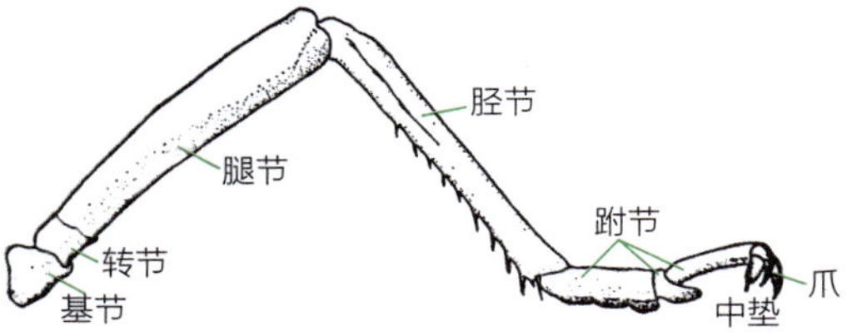

图 1–7　昆虫胸足的基本构造

2. 胸足的类型

由于昆虫的生活环境和活动方式不同，昆虫胸足的结构和功能发生了相应的变化，演变成了多种类型（图 1–8）。

（1）步行足　是昆虫中最常见的一种类型。各节较细长，适于在物体表面行走，如步甲、蚂蚁、蝽等昆虫的足。

（2）跳跃足　一般由后足特化而成，腿节特别膨大，胫节细长，适于跳跃，如蝗虫、蟋蟀等昆虫的后足。

（3）捕捉足　为前足特化而成。基节延长，腿节腹面有槽，槽边有两排硬刺，胫节腹面也有刺。胫节可以折嵌在腿节的槽内，形似铡刀，如螳螂、猎蝽的前足。

（4）开掘足　一般由前足特化而成，胫

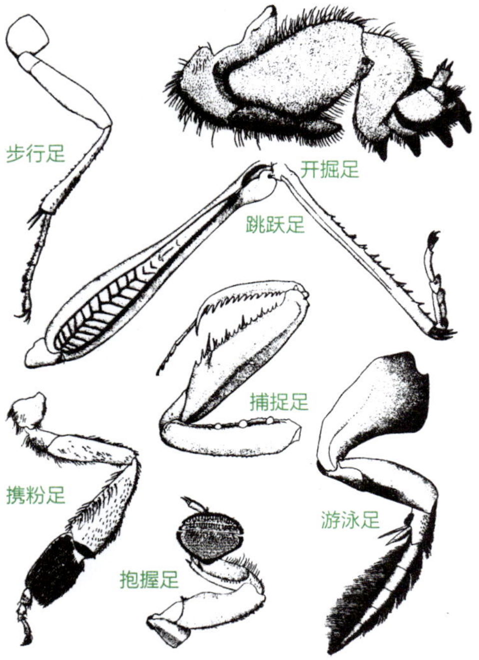

图 1–8　昆虫胸足的类型

节宽扁有齿，适于掘土，如蝼蛄的前足。

（5）游泳足　足扁平，胫节和跗节边缘生有长毛，用以划水，如龙虱、仰泳蝽等水生昆虫的后足。

（6）抱握足　足粗短，跗节特别膨大，具有吸盘状构造，在交尾时用以抱握雌虫，如雄性龙虱的前足。

（7）携粉足　胫节端部宽扁，边缘具有长毛，形成携带花粉的“花粉筐”。第 1 节跗节特别膨大，内侧有 10~12 排横列的硬毛，形成花粉梳，用以梳刮附着在身体上的花粉，如蜜蜂的后足。

（二）昆虫的翅

昆虫是无脊椎动物中唯一能飞的动物，翅是昆虫的飞行器官。翅使昆虫在觅食、求偶、避敌和扩大地理分布方面获得了强大的生存竞争力，进而使昆虫成为动物界中最繁盛的一个类群。

1. 翅的构造

昆虫的翅常呈三角形，分为三缘、三角、三褶和四区（图 1-9）。翅前方的边称为前缘，后面的边称为后缘，外面的边称为外缘；连接身体的角称为基角或肩角，前缘与外缘形成的角为顶角，外缘与后缘间的角称为臀角。

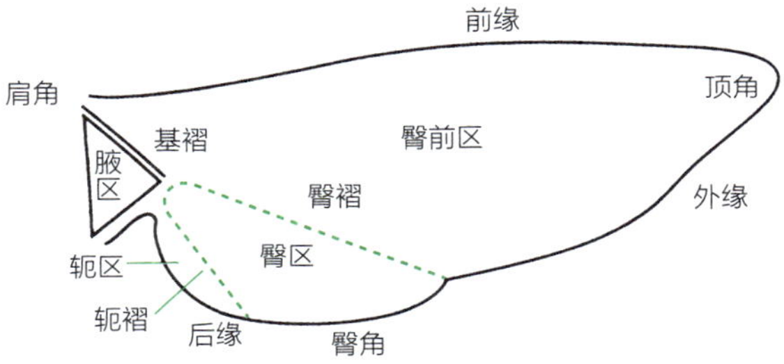

图 1-9　昆虫翅的基本构造

昆虫的翅上有许多由气管演化而来的翅脉，像扇子的扇骨一样加固翅面，对整个翅面起着支架的作用。翅脉在翅面上的分布形式称为脉序，有纵脉与横脉之分。纵脉是由翅基部延伸到外缘的翅脉，横脉是横列在纵脉之间的短脉。纵脉与横脉之间，或翅脉与翅缘之间常构成各种小室，称为翅室。翅的类型、翅脉和翅室通常是昆虫分类的主要依据，对识别昆虫具有重要作用。

2. 翅的类型

昆虫翅的类型如图 1-10 所示，常见的有以下 9 种类型：

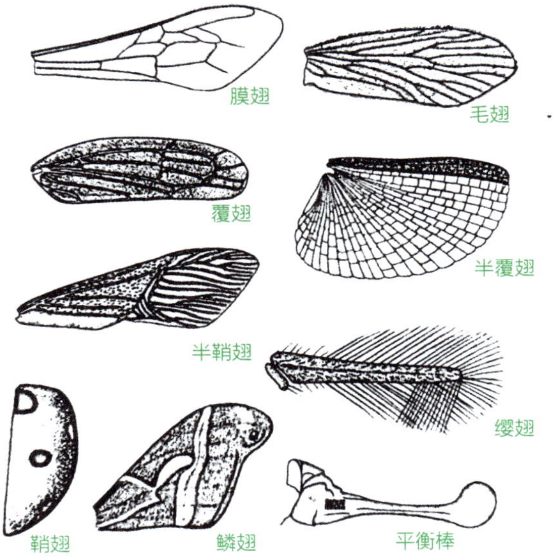

图 1-10　昆虫翅的类型

（1）膜翅　翅膜质，薄而透明，翅脉明显可见，如蜂类、蝇类、蜻蜓的翅和甲虫、蝽类等的后翅。

（2）覆翅　蝗虫等直翅目昆虫的前翅质地坚韧如皮革，半透明，有翅脉。

（3）半覆翅　臀前区为革质，其余部分为膜质。当翅折叠时，臀前区会覆盖住臀区和轭区，起到保护作用。

（4）鞘翅　翅质地坚硬如角质，不用于飞行，用来保护背部和后翅，如甲虫类的前翅。

（5）半鞘翅　基部一半加厚成革质或角质，端部一半为膜质，有翅脉，如蝽类的前翅。

（6）鳞翅　翅膜质，但翅上有许多鳞片，如蛾类、蝶类的前后翅。

（7）毛翅　翅膜质，翅面和翅脉上生有许多细毛，翅不透明或半透明，如石蛾的翅。

（8）缨翅　前翅、后翅狭长，翅脉退化，翅膜质，边缘上着生很多细长缨毛，如蓟马的翅。

（9）平衡棒　双翅目昆虫和介壳虫雄虫的后翅退化成很小的棒状构造，飞翔时用以平衡身体，称为平衡棒。

四、昆虫的腹部

腹部是昆虫的第 3 体段，前段和胸部紧密相连，后端有肛门和外生殖器等。一般没有分节的附肢，里面包含有各种内脏器官，端部着生有雌性、雄性外生殖器和尾须。内脏器官在昆虫的新陈代谢中发挥着重要的作用，雄性、雌性外生殖器主要承担了与生殖有关的交尾、产卵等活动，尾须在交尾、产卵过程中感知外界环境，所以说腹部是昆虫新陈代谢和生殖的中心。

1. 腹部的构造

成虫的腹部一般呈长筒形或椭圆形，但各类昆虫中常有较大的不同，一般由 9~11 个腹节组成，第 1~8 腹节两侧常具有 1 对气门。腹部的构造比胸部简单，各体节之间以节间膜相连，并相互套叠，有利于交尾、产卵和避敌。腹部只有背板和腹板，侧板被侧膜所取代（图 1-11）。

2. 雌性外生殖器

昆虫的雌性外生殖器称为产卵器，着生于第 8~9 腹节上，是昆虫用来产卵的器官，生殖孔开口于第 8~9 腹节的腹面。典型的产卵器由 3 对产卵瓣组成，由背向下依次为背产卵瓣、内产卵瓣和腹产卵瓣。但不同昆虫的产卵器会发生一些变化，如蝗虫是由背产卵瓣、腹产卵瓣组成的凿状产卵器，而内产卵瓣退化，这种结构适合于开掘泥土，将卵产在地下；蝉类是

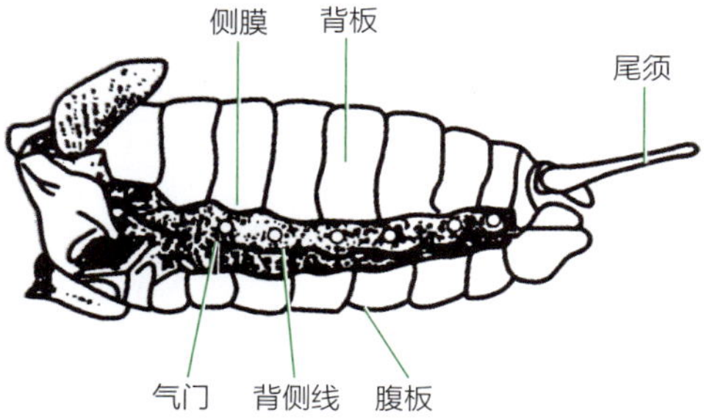

图 1-11　昆虫腹部的构造

由腹产卵瓣、内产卵瓣形成的针状产卵器，可刺破树皮将卵产于植物的组织内，造成皮层破裂；蜂类的螫针是由腹产卵瓣、内产卵瓣形成的，基部与毒腺相连，用于捕捉猎物或者御敌，而卵则是由螫刺基部的产卵孔排出的；蛾、蝶、甲虫等多种昆虫没有产卵瓣，而是各腹节逐渐变细，相互套叠，自由伸缩，形成伪产卵器，然后将卵产在物体的表面。根据昆虫产卵器的形状和构造，可以了解昆虫的产卵方式和产卵行为，从而采取有针对性的防治措施。

3. 雄性外生殖器

昆虫的雄性外生殖器又称为交尾器，构造较产卵器复杂，一般着生在第 9 腹节上，常隐藏于体内，交尾时伸出体外。雄性外生殖器主要由内部的阳具和 1 对抱握器两部分组成。阳具包括管状的阳茎和基部比较膨大的阳茎基。阳茎的顶端可内陷，交尾时内陷部分可以向外翻出，射精孔开口于其顶端。抱握器着生于第 9 腹节腹板的侧缘，有各种形状，交尾时用于抱握雌性昆虫。昆虫的雌性、雄性外生殖器的形态和构造，不仅可以区别雌性和雄性昆虫，而且也是识别昆虫种类的重要依据之一。

4. 尾须

尾须是昆虫腹部端节背侧后部的一对须状物，长短和形状的变化较大，尾须的表面附有多种特定的大小不等、形状不同的感觉毛，也称为感受器。尾须是昆虫重要的感觉器官。有的尾须不分节，呈短锥状，如蝗虫；有的尾须细长多节，呈丝状，如缨尾目、蜉蝣目昆虫；有的尾须硬化成铗状，如革翅目昆虫。尾须的长短、形状和分节数目都可作为昆虫分类的依据。

五、昆虫的体壁

体壁是覆盖在昆虫身体外部的一层坚硬、保护性的外骨骼，兼具皮肤和骨骼的双重功能，由几丁质和蛋白质组成，是包在整个昆虫体躯（包括附肢）最外层的组织。它的骨骼作用主要表现为着生肌肉，固定体躯，保持昆虫固有的体形和特征，保护内部器官免受外部机械袭击。它的皮肤作用表现为防止体内水分过度蒸发，防止外部有毒物质和有害微生物的入侵，感受外界刺激。

1. 体壁的构造

昆虫的体壁由底膜、皮细胞层、表皮层 3 部分组成（图 1–12）。

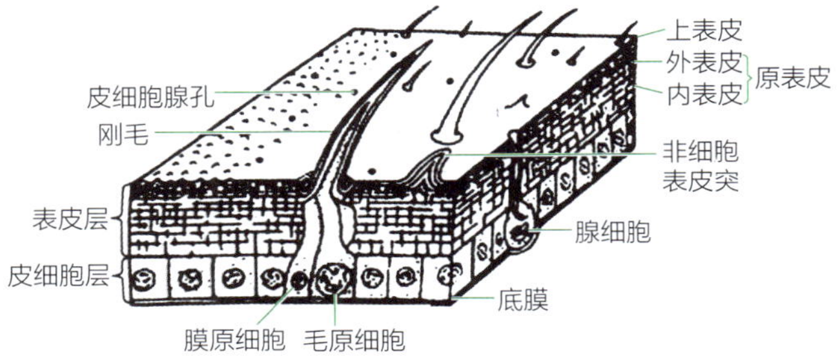

图 1–12　昆虫体壁的构造

（1）底膜　紧贴在皮细胞层下的一层薄膜，由皮细胞分泌而成。

（2）皮细胞层　排列整齐的单层活细胞，具有再生能力，向上分泌形成新的表皮层，向下分泌形成底膜。皮细胞特化可形成刚毛、鳞片和各种腺体。

（3）表皮层　在皮细胞层上方，由皮细胞向外分泌而成。昆虫的表皮层由内表皮、外表皮和上表皮 3 层组成。

2. 体壁的衍生物

体壁的衍生物指由皮细胞和表皮发生的特化构造，大致可分为两类：一类是发生在体壁外的，称为体壁的外长物，有刚毛、鳞片、毒毛、刺（基部不能活动的称为刺）、距（基部周围以膜质和体壁相连，可以活动的称为距）；另一类是发生在体内，由体壁内陷形成的，多为由皮细胞特化的具有分泌作用的腺体，如唾液腺、丝腺、蜡腺、毒腺和臭腺等。

实训任务

通过各种昆虫标本与图片观察、课堂知识传授与线上相关视频浏览等方式相结合的理实一体化教学，了解昆虫的外部形态特征，掌握昆虫头、胸、腹及其附肢的结构与特点，了解昆虫不同口器类型与害虫防治的关系，为果树常见害虫的识别和综合防治奠定基础。

1. 任务目标

1）能够辨别常见昆虫足、翅、触角、口器的类型。

2）能够区分昆虫与其他节肢动物。

2. 任务准备

1）材料。蝗虫（雌雄）、步甲、蟋蟀、蜻蜓、叶蝉、蝉、叩头甲、蝶类、蛾类（春尺蠖幼虫等）、瓢虫、金龟子、蜂类（蜜蜂等）、蚊（雄）、蝇类、蓟马、螳螂、蝼蛄、龙虱（雄）、蝽类等昆虫的标本。

2）器材。手持放大镜、体视显微镜、生物显微镜、泡沫塑料板、镊子、解剖针、蜡盘等。

3. 任务实施

1）昆虫的明显特征可以用手持放大镜观察，细微特征和微小器官使用体视显微镜观察，玻片标本可使用生物显微镜观察。

2）使用体视显微镜时，载物台面有黑、白两种颜色，可根据观察昆虫的颜色选择，以使观察物衬托清晰。观察浸渍标本时，应先将标本放在载玻片上或培养皿中，再放在载物台上观察。放大倍数可由小到大渐次调至适当，然后通过调焦手轮调节至物像清晰为止，并调整目镜间距，以适合双眼观察。

3）昆虫体躯基本构造的观察识别。取蝗虫 1 头放入蜡盘中，首先观察蝗虫体躯的左右对称和被外骨骼包围的情况；其次观察体躯是否分为头、胸、腹 3 个体段，以及胸、腹各由多少体节组成，头、胸是如何连接的；然后用左手拿住蝗虫，右手用镊子轻轻拉动一下腹末，观察节与节之间的节间膜；最后观察触角、复眼、单眼、口器、胸足、翅，以及听器、尾须、雌性外生殖器、雄性外生殖器等的着生位置、形态和数目。借助手持放大镜或体视显微镜，以春尺蠖幼虫为材料观察侧单眼。

4）昆虫头式的观察识别。以蝗虫、步甲、蝉为材料观察它们口器的着生方向，判别它们属于何种头式。

5）昆虫口器的观察识别。

①咀嚼式口器的观察识别：将蝗虫头部取下，观察咀嚼式口器，认清上唇、上颚、下颚、下唇、舌。用镊子掀起上唇，并沿着唇基取下；取下上唇后，即露出上颚，取下后观察其切区和磨区；取下下唇，观察下唇由后颏、前颏、侧唇舌、中唇舌和下唇须 5 部分组成；观察下唇须分布情况；取下下唇之后，露出下颚，取下下颚，并观察轴节、胫节、内颚叶、外颚叶和下颚须 5 个部分；取下上、下唇和上、下颚之后，留下的 1 个囊状物，即舌。

②刺吸式口器的观察识别：以蝉为材料，仔细观察在头的下方具有 1 根 3 节的管状下唇；将头取下，左手执蝉的头部，使其正面向上、下唇向右，右手轻轻向下按下唇，透过光照可见紧贴在下唇基部的 1 块三角形小骨片即为上唇；将下唇自基部轻轻拉掉，在体视显微镜下观察可见由上、下颚组成的 3 根口针，两侧的为 1 对上颚口针，中间的 1 根为由两下颚嵌合而成的下颚口针，用解剖针轻轻挑动口针基部，可将其分开。实物材料不足时可观看视频及图片，或观察蚊的刺吸式口器。

③虹吸式口器的观察识别：以蝶类为材料，观察头部下方细长卷曲似发条状的虹吸管。

6）昆虫触角的观察识别。

①用手持放大镜或体视显微镜观察蜜蜂触角的基本构造，区分出柄节、梗节和鞭节，并观察鞭节由多数亚节组成。

②以蝗虫、蟋蟀、蜻蜓、叶蝉、蝉、蝶类、蛾类、蜂类、蝇类、蚊、金龟子等为材料，观察它们的触角类型。

7）昆虫胸足的观察识别。

①以蝗虫的中足为材料，观察足的基节、转节、腿节、胫节、跗节和前跗节。

②对比观察蝗虫后足，以及蝼蛄、螳螂、龙虱（雄）的前足；蜜蜂、龙虱（雄）的后足；步甲的足。观察它们的变化特点及类型。在体视显微镜下观察春尺蠖幼虫腹足的趾钩。

8）昆虫翅的观察识别。

①观察蝗虫后翅，了解三缘、三角、三褶、四区，并绘图。

②观察蝶类、蜂类、蝇类的纵脉、横脉和翅室。

③以蝗虫、步甲、金龟子、蝶类、蛾类、蝽类、蓟马、蜂类、蝇类为材料，观察覆翅、鞘翅、鳞翅、缨翅、半鞘翅、膜翅、平衡棒等翅的特征，比较不同昆虫的翅在质地、形状上的变异特征。

9）昆虫外生殖器的观察识别。以雌性蝗虫为材料，观察雌性外生殖器即产卵器的背产卵瓣、内产卵瓣和腹产卵瓣，以及导卵器、产卵孔等；以雄性蝗虫为材料观察雄性外生殖器，即交尾器的阳茎、阳茎基；以雄蛾为材料观察抱握器（大多为第 9 腹节的刺突或与刺突联合形成）等。

任务评价

任务考核评价单

序号	评价内容及分值	评价标准	学生自评 10%	小组互评 10%	教师评价 60%	企业评价 20%
1	学习方法 10 分	课前完成必备知识的自学；课中认真观察思考，并主动操作实践；课后归纳反思				
2	学习态度 20 分	学习态度端正，具有吃苦耐劳、诚实守信、认真负责的品质；认真学习、钻研知识和技能				
3	沟通表达 10 分	能够及时与同组成员及指导教师、技术人员沟通交流				
4	合作能力 10 分	团队协作意识强				
5	创新实践 10 分	能够结合基础知识分析判断出身边常见昆虫触角、口器、足、翅的类型，并能根据形态特征分析其生活习性				
6	职业能力 10 分	能够准确指出昆虫各部分的名称及各附器的构造、类型，能够准确识别昆虫的分类特征				
7	学习成果 30 分	能够准确指出昆虫体躯分段、分节、分区情况；能判断触角、口器、足、翅的类型				
合计						

任务二　昆虫生物学特性的认知

任务导入

昆虫种类繁多，不同种类的昆虫在进化过程中，形成了各自相对稳定的生物学特性，包括个体发育史（从生殖、胚胎发育、胚后发育，直至成虫的各个时期的生命特征）和年生活史。研究、分析昆虫的生物学特性，不但可以利用害虫生活史中的薄弱环节或生活习性进行防治，而且能够人工饲养繁殖或保护利用益虫。

必备知识

一、昆虫的繁殖方式

扫码看视频

昆虫的繁殖方式主要有以下 4 种：

1. 两性生殖

两性生殖是昆虫最普遍的繁殖方式，即通过雌虫、雄虫交尾，受精后产生受精卵，再发育成新的个体，又称为两性卵生，如蝗虫、天幕毛虫等。

2. 孤雌生殖

孤雌生殖也称为单性生殖，是指卵不经受精就能发育成新个体的繁殖方式。这是昆虫对不良环境条件的适应，有利于昆虫种群的繁衍和扩大地理分布。有的昆虫在一段时期进行两性生殖，而在另一段时期进行孤雌生殖，两种繁殖方式交替进行，称为异态交替，如蚜虫。

3. 卵胎生

卵胎生是卵在母体内孵化，直接从母体产出幼体的繁殖方式，如蚜虫。

4. 多胚生殖

多胚生殖是由 1 个卵发育成多个胚胎，从而发育成多个幼体的繁殖方式。这种繁殖方式多见于膜翅目中的寄生蜂类，如赤眼蜂、小蜂等。

昆虫的繁殖力很强，如 1 头雌性小地老虎一生可产卵 800~1000 粒，而蜜蜂、白蚁甚至可产卵十万到几百万粒。有些昆虫个体产卵数量不多，但每年可以繁殖多代，仍然能在短期内产生数量惊人的群体。了解害虫的繁殖方式及繁殖能力，对防治工作有重要指导意义。

二、昆虫的变态类型

昆虫在生长发育过程中，要经过一系列外部形态、内部器官和生活习性的变化，这种现象称为变态。常见的变态类型有下列两种：

1. 不完全变态

不完全变态昆虫的发育过程可分为卵、若虫、成虫 3 个虫期。由卵孵化出来的若虫和成虫的形态、生活习性很相似，仅大小、翅及生殖器官发育程度不同，所以幼虫称为若虫，如蝗虫（图 1–13）、蚜虫、蝽等。

2. 完全变态

完全变态昆虫的发育过程可分为卵、幼虫、蛹、成虫 4 个虫期。由卵孵化出来的若虫和成虫的形态、生活习性完全不同，这类幼虫必须经过不活动的蛹期才能转变为成虫，如小蠹虫（图 1–14）、蛾类、蝶类、蜂类、蚊、蝇类。

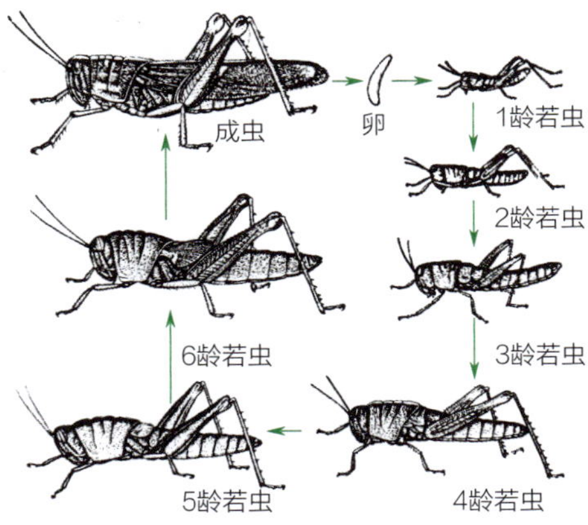

图 1-13　昆虫的不完全变态（蝗虫）

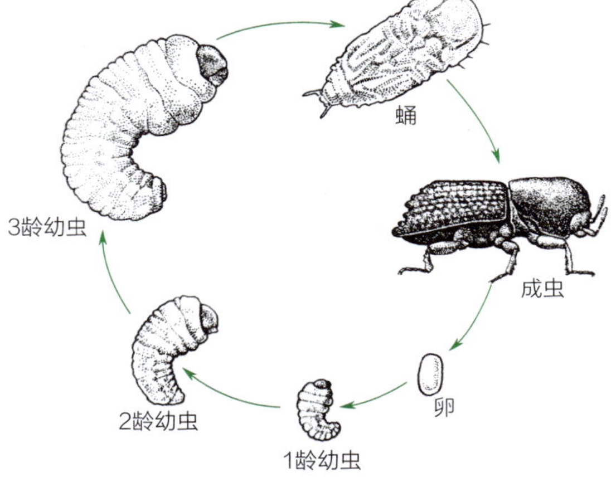

图 1-14　昆虫的完全变态（小蠹虫）

三、昆虫不同发育阶段的虫态识别

1. 卵期

卵是昆虫个体发育的第一阶段。昆虫的卵是一个大型细胞，最外面是一层起保护作用的坚硬卵壳，下面为一层薄的卵黄膜，具有高度的密闭性，一般杀虫剂很难侵入。各种昆虫卵的形状、大小、颜色和表面花纹都不相同；产卵的方式和场所也不一样，有的散产，有的产成卵块，有的卵块上盖有绒毛、鳞片等保护物，有的还形成特殊的卵囊、卵鞘等。了解昆虫卵的形状、产卵方式和场所，对识别害虫种类、进行田间调查和防治害虫均有直接作用。

卵期是昆虫胚胎发育时期。昆虫的生命活动从卵开始，卵自产下后到孵出幼虫（若虫）所经历的时期称为卵期。

卵的大小因昆虫种类而异，最短的直径只有 0.02mm，最长的可达 7mm。卵的形状一般为卵圆形或肾脏形，也有半球形（棉铃虫）、圆球形（甘薯天蛾）、桶形（稻绿蝽）和有柄形（草蛉）等（图 1–15）。

2. 幼虫期或若虫期

幼虫或若虫破壳而出的过程称为孵化，从孵化至出现成虫特征之前的整个发育阶段称为幼虫期或若虫期。在这个时期，不同的昆虫为了适应周围的生活环境或取食方式及食物的特点，在形态上开始有了一定的分化，如足的结构和对数的变化、头式的变化。

幼虫生长到这一阶段，由于体壁的限制，必须脱去旧表皮才能继续生长，这种现象称为蜕皮。蜕下的旧皮称为蜕。孵化后为 1 龄，每蜕 1 次皮增长 1 龄。两次蜕皮之间的时期为龄期。昆虫的幼虫一般蜕皮 4~5 次，即 5~6 龄；但有的昆虫蜕皮次数很多，如华北蝼蛄蜕皮 14~15 次，即 15~16 龄。随着龄期的增加，幼虫食量增加，为害剧烈，抗逆性增强。防治害虫必须在 3 龄之前进行。

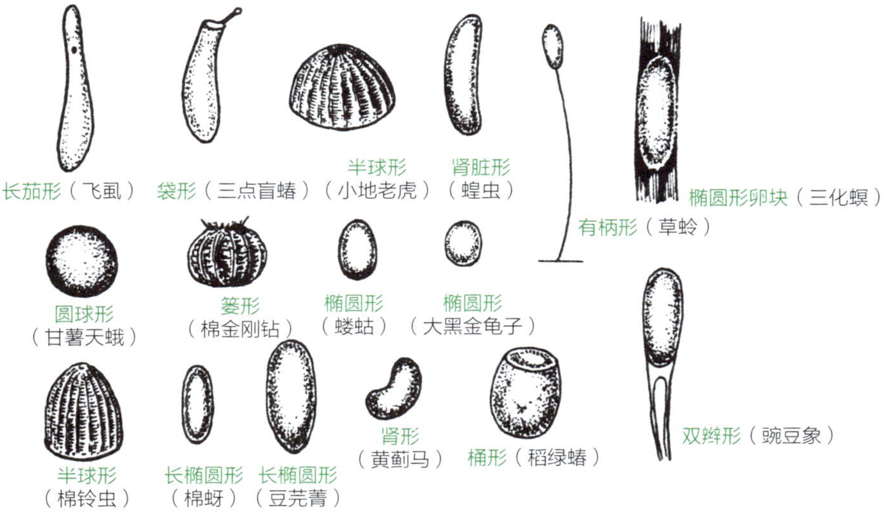

图 1-15　昆虫卵的形状

完全变态昆虫的幼虫，其虫体构造、体色、外形和生活方式等与成虫截然不同，共同特点是体外无翅，按足的有无和数目，可分为无足型、寡足型和多足型 3 种类型（图 1-16）。

3. 蛹期

蛹期是完全变态昆虫由幼虫转变为蛹、蛹变为成虫以前的一段时期。末龄幼虫蜕去最后的表皮称为化蛹。处于蛹期的昆虫外表看起来不食不动，实际体内却进行着剧烈的新陈代谢，分解旧器官，生成成虫期的组织和器官。

初化蛹时，蛹体色浅，以后体壁变硬而呈现特有的颜色。蛹通常分为离蛹、被蛹和围蛹 3 类（图 1-17）。

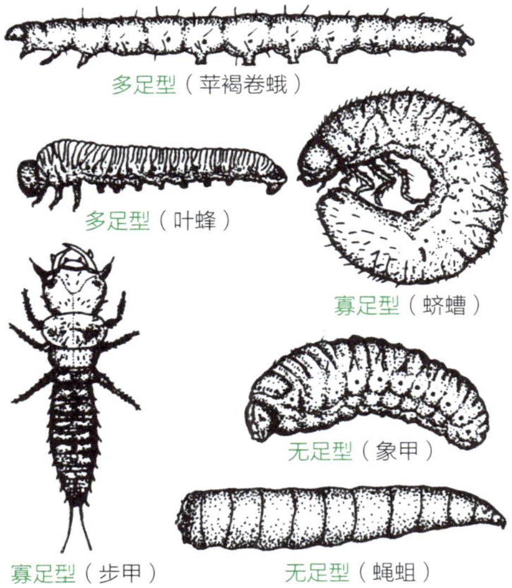

图 1-16　幼虫的类型

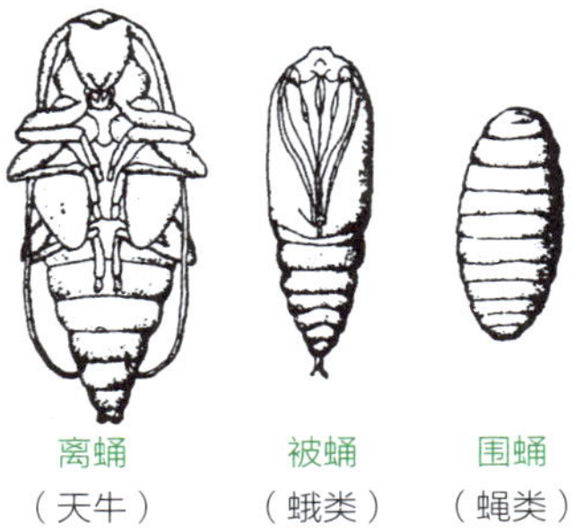

图 1-17　蛹的类型

4. 成虫期

成虫期是昆虫个体发育过程中性成熟的阶段。不完全变态的若虫和完全变态的蛹，蜕去最后一次表皮变为成虫的过程称为羽化。成虫期是昆虫个体发育的最后阶段，是交尾、产卵、繁殖后代的生殖期。

（1）交尾和产卵　昆虫性成熟后即可交尾和产卵。从羽化到第一次交尾、产卵所间隔的时期称为产卵前期。从第 1 次产卵到产卵终止的时期称为产卵期。各种昆虫的产卵期从几天、十几天到几个月不等。

不同昆虫交尾和产卵的次数也各有不同，即使同一种昆虫也常不固定。掌握昆虫的产卵前期和产卵期，对推算幼虫盛孵期、决定释放寄生蜂及喷药的最佳时期有密切关系。

不同昆虫的产卵数量有很大差异，如棉蚜的胎生雌蚜，一生可胎生若蚜 60 头左右；朝鲜球坚蚧产卵 1500~2000 粒；黏虫一般产卵 500~600 粒，当蜜源充足和生态条件适宜时，产卵量可高达 1800 多粒。

（2）性二型和多型现象　多数昆虫的雌性和雄性仅表现为外生殖器不同，但有些昆虫除第一性征（外生殖器）不同外，在体表、色泽及生活行为等方面也存在一定差异，这种现象称为性二型。例如，春尺蠖雌虫无翅，而雄虫有翅；桑褶翅尺蛾雌蛾触角为线状，而雄蛾为羽毛状。

对于同一种昆虫，有时同一性别中也存在着两种或两种以上的类型，这种现象称为多型现象，如稻飞虱的雌成虫有长翅型和短翅型两种；雌玉带凤蝶具有黄斑型与赤斑型两种。了解性二型和多型现象，可以更好地识别昆虫、利用天敌和防治害虫。

四、昆虫的休眠和滞育

昆虫在生长发育过程中，常常发生暂时停止生长发育的现象，称为停育。停育通常发生于严冬和盛夏或越冬或越夏。根据发生机制及恢复条件，可将停育分成休眠和滞育两种。

1. 休眠

由不良环境条件引起昆虫暂时停止生长发育的现象，称为休眠。不良环境条件主要是过低温、过高温和食物缺乏，有时湿度不当也可引起休眠。当不良环境条件消除，昆虫可以立即恢复生长发育。昆虫休眠时多潜伏在一定场所，不食不动，新陈代谢缓慢。不同昆虫的休眠虫态和场所不一，如蝗虫以卵在土中越冬，杨扇舟蛾以蛹在表土层、树皮缝中越冬，二十八星瓢虫以成虫在土块下、树皮缝中越冬。

2. 滞育

由不良环境条件和遗传稳定性共同支配引起昆虫暂时停止生长发育的现象，称为滞育。即使给予合适的环境条件也不能马上开始生长发育，还需要一定的环境刺激，主要是低温。昆虫的滞育一般以日照变化作为信号。最典型的是天幕毛虫，5~7 月产下的卵必须经过一定低温阶段，到第 2 年春季才能孵化。

滞育分为专性滞育和兼性滞育。滞育的出现具有固定的世代和虫期称为专性滞育，如春尺蠖等多数 1 年 1 代的昆虫。滞育的出现只有固定的虫态而无固定的世代，为兼性滞育，如玉米螟。

了解昆虫的休眠和滞育发生的条件和本质，对预测昆虫的发生和危害时期、开展休眠期的防治，以及保存益虫有着重要的意义。

五、昆虫的世代和年生活史

1. 昆虫的世代

昆虫自卵或幼体离开母体到成虫性成熟产生后代为止的个体发育周期称为 1 个世代，简称 1 代。计算昆虫的世代以卵期为起点。昆虫世代的长短（世代历期）和 1 年中发生的代数因种而异，有些还受环境（特别是温度）的影响。例如，天幕毛虫、舞毒蛾 1 年发生 1 代，棉铃虫在新疆的不同地区 1 年可发生 3~5 代，蚜虫类则更多，而金针虫 3 年才完成 1 代。

2. 昆虫的年生活史

昆虫在 1 年中发生的经过为年生活史，即昆虫由当年越冬虫态开始活动起，到第 2 年越冬结束为止的发育过程。昆虫年生活史包括昆虫在 1 年中各世代的发生期、生活习性和越冬虫态、场所等。掌握害虫的年生活史，找出其薄弱环节才能进行有效的防治。

六、昆虫的主要习性及其在测报和防治中的应用

昆虫的习性即昆虫的行为，是昆虫生命活动的综合表现，是通过昆虫神经活动对外界刺激的反应，表现出适应生活所需的各种行为，这是长期自然选择的结果，为种内所共有特征。了解昆虫的习性，可以找到昆虫的弱点，进而进行有效的测报和防治，控制其发生和危害。

1. 食性

（1）按照昆虫取食的对象划分

1）植食性。以植物为食料，包括绝大多数的农林害虫和少部分对人类有益的昆虫，如家蚕、蝗虫、黏虫、玉米螟等。

2）肉食性。主要以动物为食料，绝大多数为益虫，可作为生物防治的天敌。按取食的方式又可分为捕食性，如草蛉、蜻蜓；寄生性，如赤眼蜂、姬蜂和茧蜂等。

3）腐食性。以死亡的动植物组织及其腐败物质为食，如埋葬甲。

4）粪食性。专以动物的粪便为食，如蜣螂。

5）杂食性。既以植物为食料，又以动物为食料，如胡蜂、豆芫菁等。

了解昆虫的食性，可以合理选择和有效利用益虫，并及时防治害虫，对指导害虫防治有重要的意义。

（2）按照昆虫取食范围的宽窄划分

1）单食性。只取食一种动物或植物的昆虫，如三化螟、葡萄天蛾。

2）寡食性。能取食同属、同科和近缘科的动植物，如二化螟、菜粉蝶等。

3）多食性。能取食多个科、属的植物，如棉蚜、棉铃虫、小地老虎、蝼蛄等。

了解昆虫取食的专化性，可以实行合理的轮作倒茬及植物布局，并及时中耕除草，减少害虫的发生数量。

2. 趋性

趋性是昆虫对外界刺激表现出趋或避的行为的一种定向反应。表现为趋近的称为正趋性，表现为逃避的称为负趋性。按照刺激物的性质，可将趋性分为以下几种类型：

（1）趋光性　趋光性是昆虫对光源的一种趋性反应，多数蛾类、蝼蛄等一般表现为正趋光性，而蜚蠊、米象等在黑暗环境中生存的昆虫则表现为负趋光性，即背光性。对于有正趋光性的昆虫，我们可以进行灯光诱杀。此外，各种昆虫对光的强弱和光波长短的反应不同。一般来讲，短光波对昆虫的诱集力强，如二化螟对于330~400nm紫外光波的趋性最强，因此，我们可利用黑光灯来诱杀害虫。

（2）趋化性　昆虫对于某些化学物质表现出的反应。趋化性也有正负之分。昆虫通过这种行为可获得食物、配偶或找到产卵地点，以繁衍后代，如菜粉蝶可在十字花科蔬菜上产卵，是由于蔬菜中糖苷化合物发出的芥子油气味的吸引。在防治上，可用糖、醋、酒等混合液诱集小地老虎、黏虫等有害昆虫；利用杨柳新鲜枝把诱集棉铃虫、黏虫等。

（3）趋温性　当环境温度变化时，昆虫趋向适于它生活的温度的行为，称为趋温性。例如，由于土温的变化，金龟子、蝼蛄等在1年内的生活规律是：当冬季表土温度降低时，就向土壤深处迁移休眠越冬，到第2年春季表土上升至适宜温度时，又从土层深处迁移到土表为害植物根部。因此，研究这些害虫的趋温性，可预测害虫的危害期，并及时加以防治。

除以上几种趋性外，还有趋湿性、趋触性、趋磁性、趋声性等。

3. 假死性

假死性是昆虫对外部刺激的一种应激性反应，是昆虫自身的一种条件反射，表现为一些昆虫受到突然的接触或震动时，全身呈现反射性的抑制状态，身体蜷曲，或从植株上堕落地面，产生麻痹昏厥状态，片刻才又爬行或起飞。对于有假死性的害虫，可以采用振落捕杀的办法，如金龟子、叶甲、黏虫等。

4. 群集性

群集性是指同种昆虫的个体高密度地聚集在一起生活的现象，如蚜虫、粉虱、天幕毛虫、刺蛾低龄幼虫。群集性可以分为临时性群集和永久性群集。临时性群集是在某一虫态或某一段时期内群集在一起，在食物缺乏或其他条件下，又分散开，如瓢虫的群集越冬。永久性群集则是终生群集生活在一起，永不分散。有些群体还可集体远距离迁飞，如飞蝗、蜜蜂、蚂蚁等。群集是由于受到了种群内群集外激素的控制。昆虫的群集性为集中消灭害虫提供了方便条件。

5. 迁飞扩散性

迁飞指某些昆虫成群地从一个发生地远距离地迁飞到另一个发生地的习性，如黏虫、小地老虎、稻褐飞虱等。这类昆虫的交尾和产卵通常在迁飞过程中和迁入地完成，有效地扩大了种群的地理分布范围，但也为防治带来了很大的困难。对于有迁飞习性的昆虫需要做好迁入地和迁出地联防措施，并了解迁飞时期及迁飞特性，以便准确测报和防治。

扩散指具有群集习性的昆虫在环境不适或食料不足时，发生扩散转移，如蚜虫。这类昆虫应在其扩散之前进行集中防治。

实训任务

通过实地观察、昆虫标本观察、昆虫生活史标本观察、相关网络视频观看与课堂知识传授等方式相结合的理实一体化教学，掌握昆虫的繁殖方式、越冬虫态及其与防治的关系；熟悉昆虫各虫态的特性和特征，熟悉昆虫的习性，并能根据实际生产需要，利用各虫态的特点和生物学特性开展有效的防治工作。

1. 任务目标

1）判断昆虫的繁殖方式、越冬虫态，以便于指导农业生产工作。

2）分析各虫态的特性、特征及习性，在此基础上合理使用杀虫灯，熟练使用毒饵诱杀、黄板（黄色粘虫板）诱杀等技术。

2. 任务准备

1）材料。蝗虫、蜻蜓、蚜虫、蓟马、金龟子、蜜蜂、蚂蚁、家蝇等昆虫的盒装或浸泡标本；蝗虫、象甲、瓢虫、金龟子、玉米螟、赤眼蜂、蛴螬、二化螟、舞毒蛾、草蛉、蝽、天幕毛虫、天牛、菜粉蝶等昆虫的生活史标本及图片；蚂蚁（兵蚁、工蚁、蚁后）、介壳虫（草履蚧）等具有性二型的雌虫、雄虫标本。

2）器材。手持放大镜、体视显微镜、镊子、解剖针等。

3. 任务实施

1）在进行昆虫变态类型观察时要注意完全变态和不完全变态的区别。

2）卵的结构及形态观察。

①取卵的结构图片，依次辨别卵孔、卵壳、卵黄膜、卵核、原生质网、周质、生殖质等的位置，并大致了解其功能。卵的外面是一层坚硬的卵壳。

②取草蛉、蝽、舞毒蛾、天幕毛虫、天牛、菜粉蝶、瓢虫等昆虫的卵标本或图片，观察卵的形态。观察有柄形、肾形、圆球形、椭圆形、桶形、半球形等形状的卵；并观察卵的表面是否光滑，以及卵上的饰纹。

3）产卵方式观察。取菜粉蝶、玉米螟、蝗虫、二化螟、舞毒蛾等昆虫的卵或卵块，观察昆虫的产卵方式。有的单产，如菜粉蝶；有的块产，如玉米螟；有的隐产，产在土块内或植物组织内，如蝗虫；有的裸产，产在植物表面，如二化螟。有些昆虫产卵后，还会在卵块上覆上体毛，以保护卵块免受外物侵袭，如舞毒蛾。

4）幼虫的形态及类型观察。取赤眼蜂、菜粉蝶、蛴螬、象甲等昆虫幼虫标本或图片，观察它们的身体特点和足的对数，区分寡足型、多足型和无足型幼虫。

5）蛹的形态及类型观察。分别取象甲、瓢虫、金龟子、玉米螟、菜粉蝶、家蝇等昆虫的蛹标本或图片，观察蛹的颜色、形态，足、翅、触角等附肢与身体的接触程度，是否具有臀刺等，区分离蛹、被蛹和围蛹。

6）成虫性二型及多型现象观察。取草履蚧的雌虫、雄虫标本或图片，观察性二型现象。取兵蚁、工蚁、蚁后等的标本或图片，观察昆虫的多型现象。

7）昆虫变态类型的观察。取常见昆虫的生活史标本，如舞毒蛾、菜粉蝶、蝗虫等，观察它们的成虫、若虫（幼虫）之间的相似程度及有无蛹期，判断它们的变态类型。

任务评价

任务考核评价单

序号	评价内容及分值	评价标准	学生自评 10%	小组互评 10%	教师评价 60%	企业评价 20%
1	学习方法 10 分	课前完成必备知识的自学；课中认真观察思考，并主动操作实践；课后归纳反思				
2	学习态度 20 分	学习态度端正，具有吃苦耐劳、诚实守信、认真负责的品质；认真学习、钻研知识和技能				
3	沟通表达 10 分	能够及时与同组成员及指导教师、技术人员沟通交流				
4	合作能力 10 分	团队协作意识强				
5	创新实践 10 分	能够根据卵、幼虫的形态判断昆虫的种类，并根据生长发育阶段判断采取有效防治措施的时期				
6	职业能力 10 分	能够准确识别不同昆虫的卵、幼虫和蛹，并能区分成虫的雌、雄				
7	学习成果 30 分	完成卵、幼虫、蛹、成虫性二型和多型现象的观察，能够判断常见昆虫的变态类型				
合计						

任务三　昆虫种类的识别

任务导入

昆虫分类是认识昆虫种类的基础。通过分析、比较、归纳、综合的方法，将种类繁多的昆虫分门别类，有利于人们认识昆虫，了解其亲缘关系和生存发展规律。昆虫分类能够直接或间接为昆虫区系调查、益虫和害虫发生规律研究、预测预报、植物检疫，以及防治害虫和利用益虫等工作服务。

必备知识

一、昆虫分类的基本单位和命名

昆虫属于动物界节肢动物门的昆虫纲，昆虫纲下又分为目、科、属、种几个主要分类阶梯或分类阶元。种是分类的基本阶元，集合亲缘相近的种为属，集合亲缘相近的属为科，集合亲缘相近的科为目，集合亲缘相近的目为纲。在实际工作中，这些主要分类阶元不够用时，常在目、科之上增加总目、总科，在目、科、属之下增加亚目、亚科、亚属，以适应具体需要。

分类阶元是生物分类的排序等级或水平，分类单元是排列在分类阶元上的具体生物类群，有特定的名称与分类特征。例如，蚜科（Aphididae），是排列在科级的具体分类单元，分类特征是有腹管与尾片。

不同物种有生殖隔离。种由居群所组成，和其他分类单元的区别在于种既是分类的基本单元，又是繁殖单元；亚种是种下的分类单元，门、纲、目、科、属是种上的分类单元，不是繁殖单元。

每个种都有一个科学名称，称为学名。学名用拉丁文书写，种的学名由属名加种名组成，这就是国际上通用的双名法。除属名第 1 个字母大写外，其余均小写。学名后加上命名人的姓氏，可全写或缩写，第 1 个字母大写。例如，棉蚜的学名为 *Aphis gossypii* Glover。同一属的种类并提时，在后面的种类的属名可以缩写，如棉蚜和大豆蚜同属，大豆蚜的学名为 *A.glycines* Matsumura。

有些昆虫的学名，命名人姓氏外加括号，说明这个种是这个人先命名的，但当时放在其他属中，而后来有人研究又将其移到本属中。

种下分为亚种，亚种的学名则在种名后加第 3 个拉丁文，也用小写，如东亚飞蝗为飞蝗（*Locusta migratoria* Linn.）的一个亚种，学名为 *Locusta migratoria manilensis*（Meyen），这称为三名制。

科（包括总科、科、亚科、族）的学名为单名制，由属名加词尾组成，科加词

尾 -idae，亚科加词尾 -inae，族加词尾 -ini，总科加词尾 -oidea，只要辨识词尾，就知道是属于哪个分类阶元，如蚜属（*Aphis*）所属总科、科、亚科、族的名称分别为 Aphidoidea、Aphididae、Aphidinae、Anhidini。

二、常见昆虫目的特征

与农业生产、人类生活关系密切的有直翅目、缨翅目、半翅目、鞘翅目、鳞翅目、双翅目、膜翅目、脉翅目 8 个目。

1. 直翅目

扫码看视频

直翅目是昆虫纲、有翅亚纲下的 1 个目，昆虫中至大型；标准咀嚼式口器；前胸背板发达；一般有翅 2 对，前翅为覆翅，后翅膜质，臀区大，也有无翅或短翅的；后足多为跳跃足，有的前足为开掘式；雌虫产卵器通常发达，呈刀状、剑状或锥状；渐变态。例如，蝗科东亚飞蝗、螽斯科日本条螽、蟋蟀科油葫芦和蝼蛄科华北蝼蛄均为直翅目昆虫（图 1–18）。

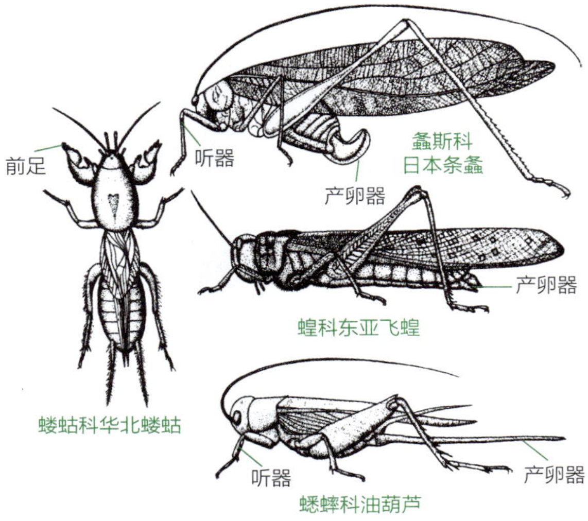

图 1–18　直翅目主要科特征

（1）蝗科　俗称蚂蚱。体粗壮。触角比体短，呈丝状或剑状。前胸背板发达，盖住中胸背板。雄虫能以后足腿节摩擦前翅发音。听器位于第 1 腹节两侧。产卵器粗短，顶端弯曲成锥状。蝗科为典型的植食性昆虫，有些能造成严重危害。多数种类 1 年 1 代。卵为圆柱形而略弯曲，通常聚产于土中，外有卵囊保护。例如，亚洲飞蝗、东亚飞蝗等。

（2）蟋蟀科　体粗壮，颜色暗。触角比体长，端部尖细。听器在前足胫节两侧，雄虫发音器在前翅近基部。尾须长而多毛。产卵器发达，呈针状或长矛状。多数 1 年 1 代。以卵越冬。喜穴居于土中、石块下或树上，夜出活动。夏、秋季为成虫盛发期，雄虫昼夜发出鸣声。蟋蟀科昆虫为害各种植物幼苗，或取食根、叶、种子等。例如，油葫芦和大蟋蟀等。

（3）蝼蛄科　触角比体短。头与体轴近乎平行。听器在前足胫节内侧，退化为缝状。前足为开掘足。后翅长，纵折伸过腹末如尾状。尾须长。产卵器不发达，不外露。蝼蛄科昆虫为多食性的地下害虫，不仅咬食种子、嫩茎，而且在土中挖掘隧道时，使植物吊根死亡，造成缺苗断垄。例如，华北蝼蛄、东方蝼蛄等。

（4）螽斯科　触角比体长。听器在前足胫节基部。雄虫能发音。产卵器特别发达，呈刀状或剑状。螽斯科昆虫有无翅与短翅的种类，多为绿色；一般为植食性，少数为肉食性；常产卵于植物组织内，为害木本植物的枝条。

2. 缨翅目

缨翅目昆虫微小至小型，体细长而扁平；口器锉吸式，左右不对称；翅 2 对、狭长，纵脉 1~2 条，边缘有长缨毛，也有无翅和 1 对翅的；跗节 1~2 节，端部有泡；过渐变态。缨翅目昆虫通称为蓟马（图 1–19）。

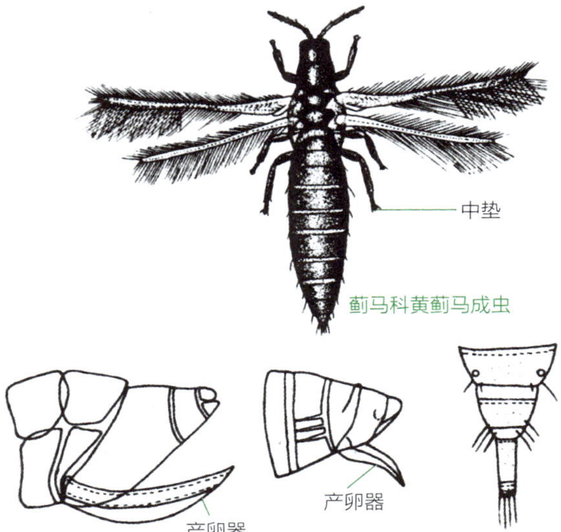

图 1–19　缨翅目主要科特征

3. 半翅目

半翅目是昆虫纲较大的 1 个目，昆虫小至大型；头后口式；口器刺吸式，由头的前方或头的腹面伸出，折向后方，上颚和下颚变为口针；有无翅型与有翅型，有翅型翅 2 对，前翅为半鞘翅或覆翅，后翅膜质；渐变态。例如，蝽、蝉、木虱、粉虱、蚜虫和介壳虫均为半翅目昆虫。

（1）蝽科　体小至大型，体色多变。头小三角形，触角多为 5 节，喙 4 节，具有单眼。小盾片发达，呈三角形。前翅分为革区、爪区、膜区 3 部分。膜区有多数纵脉，且多出自一基横脉上（图 1–20）。蝽科昆虫多为植食性，少数为肉食性，如斑须蝽等。

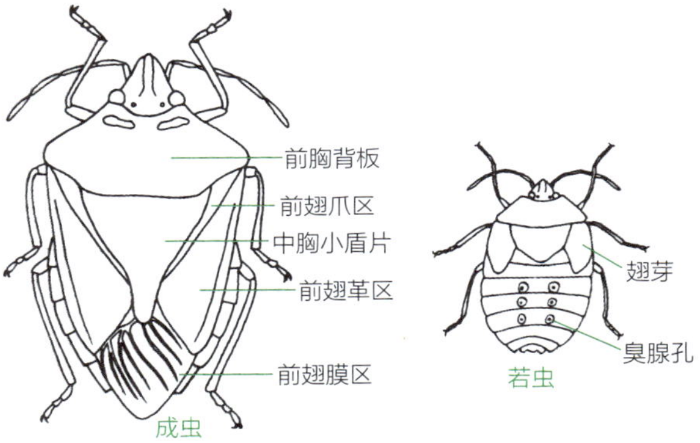

图 1–20　半翅目蝽科的体躯结构

（2）盲蝽科　体多小型，略瘦长，无单眼。前翅有楔区，触角及喙均为 4 节。产卵器发达，为镰刀状，常产卵于植物组织中。盲蝽科昆虫多数为植食性，如为害果树的绿盲蝽等；少数为肉食性，如黑食蚜盲蝽等。

（3）花蝽科　体微小或小型。有单眼。喙 3~4 节。前翅膜区有 1~2 条不明显的翅脉。花蝽科昆虫常栖息于地面、叶片或树皮下，多捕食蓟马、粉虱、蚜虫等。

（4）蝉科　体中至大型。单眼 3 个。触角刚毛状，生于两复眼前方。翅膜质透明，翅脉粗大。前足腿节膨大近似开掘足。雄虫腹部第 1 节有鸣器。成虫、若虫均刺吸植物汁液。雌成虫产卵于植株枝条中，易使枝条枯死，若虫钻入土中吸食根部汁液。例如，蚱蝉等。

（5）叶蝉科　体小型，较细长。头部较圆，不窄于胸部。触角刚毛状，着生于两复眼间。前翅革质，不透明。后足发达，善于跳跃，胫节下方有 2 排刺。例如，大青叶蝉。

（6）木虱科　体小型。外形似小蝉，善于跳跃。触角 9~10 节，末节顶端具有 2 根刚毛。单眼 3 个。喙 3 节。跗节 2 节，有 2 个爪。若虫体扁，有侧伸大型翅芽，常分泌蜡丝覆盖虫体。有些种类若虫期能形成虫瘿。例如，梧桐木虱、中国梨木虱等。

（7）粉虱科　体小型，纤弱，体翅均被蜡粉。前翅仅有 2 条纵脉，并呈交叉状，后翅只有 1 条脉。若虫、成虫腹末背面有皿状孔，是本科的显著特征。例如，温室白粉虱、烟粉虱等。

（8）蚜科　体小型，柔软。触角丝状，较长，通常为 6 节，很少为 5 节，第 1、第 2 节短粗，其余各节细长，末节中部起突然变细。分无翅和有翅 2 种类型。翅膜质，透明；前翅大，有翅痣，后翅小。腹部第 6 节或第 7 节背面两侧有腹管，腹末有突起的尾片。常有世代交替或转主现象。例如，棉蚜、绣线菊蚜、桃蚜等（图 1–21）。

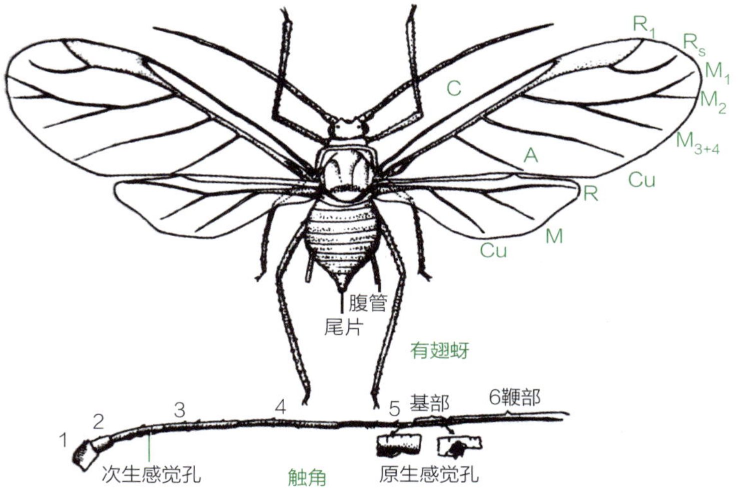

图 1–21　半翅目蚜科特征

注：字母是纵脉的名称，数字是蚜虫触角的节数。

（9）蚧总科　统称为介壳虫。形态多样，雌雄异型。雌成虫无翅，通常体被介壳或蜡粉、蜡块、蜡丝所覆盖，固定在植物上不动，口器位于前胸腹面。雄成虫只有 1 对前翅，1 条二分叉的翅脉。足的跗节只有 1 节，末端有 1 个爪。雄虫口器退化不取食，寿命仅 1~2d。有的种类未发现雄虫。

4. 鞘翅目

鞘翅目是昆虫纲中最大的目，分为 2 个亚目，统称为甲虫（图 1–22）。昆虫小至大型；体壁坚硬，成虫前翅为鞘翅，静止时平覆体背，后翅膜质折叠于鞘翅下，少数种类后翅退化；前胸背板发达，且有小盾片；头前口式或下口式，口器咀嚼式。触角形状多变，复眼发达，常无单眼。足的跗节多为

扫码看视频

5节；完全变态或复变态，离蛹。

（1）步甲科　体小至大型，多为黑色或褐色。头前口式，较前胸窄。触角丝状，位于上颚基部与复眼之间。下颚无能动的齿。鞘翅表面具有纵沟或刻点行。后翅常退化不能飞行，所以称为步甲。成虫、幼虫捕食小型昆虫。常见种类如中华金星步甲。

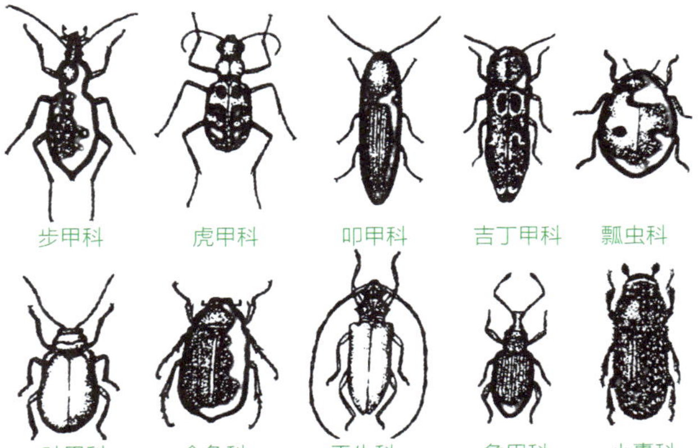

图 1-22　鞘翅目主要代表科

（2）虎甲科　体中型，与步甲科昆虫相似，具有鲜艳的色斑和金属光泽。头下口式，较前胸宽，复眼突出。触角丝状，11节，生于两复眼之间。上颚大，呈锐齿状。下颚长，有一能动的齿。翅表面无纵沟或刻点行。成虫、幼虫捕食小型昆虫。常见种类如中国虎甲。

（3）叩甲科　体小至中型，狭长，两侧平行。触角锯齿状。前胸与中胸结合不紧密，能上下活动。前胸背板后侧角锐刺状，前胸腹板突长刺状延伸到中胸腹板的深凹窝内，可弹跳。幼虫统称为金针虫，体细长略扁，坚硬光滑，呈黄色或黄褐色，大多生活在土中为害植物的地下部分，为重要的地下害虫。常见种类如沟金针虫和细胸金针虫等。

（4）吉丁甲科　成虫与叩甲科昆虫体形相似，体壁常具有金属光泽。体长形，末端尖削。头下口式，嵌入前胸；触角锯齿状，11节；前胸背板宽大于长，后胸腹板上有1条明显的横沟。幼虫体细长扁平，无足，前胸极其膨大，前胸背板一般有1条“V”字形中沟，身体后部较细使虫体呈棒状。本科昆虫以幼虫钻蛀植株枝干或根部为害。常见种类如苹果小吉丁虫。

（5）瓢虫科　体小至中型，头小，触角锤状，头后部被前胸背板所覆盖。体背隆起呈半球形或半卵形，似瓢状。鞘翅上常有红色、黄色、黑色斑纹，幼虫体上常生有枝刺、毛瘤、毛突等。大多数为捕食性益虫，可捕食蚜虫、介壳虫、螨类等，常见种类如七星瓢虫、龟纹瓢虫和异色瓢虫等。少数为植食性害虫，如马铃薯瓢虫。肉食性种类幼虫和蛹体多为毛瘤，植食性种类多为枝刺。肉食性种类的卵和成虫具有光泽，植食性种类体表暗淡。

（6）叶甲科　体小至中型，体色鲜艳，具有金属光泽，所以称为金花虫。触角锯齿状或丝状，一般不超过体长的2/3。复眼圆形。幼虫体上常有毛丛或瘤状突起，第10腹节末端具有1对刺突。成虫、幼虫均为植食性，多取食植物叶片。常见种类如黄守瓜。

（7）金龟科　体粗壮，长形或卵圆形。触角鳃叶状，末端3~4节侧向膨大。前足开掘式，胫节膨大，变扁，外侧具齿。后足着生于身体中部，离中足近。腹部至少有1对气门外露。鞘翅短，腹部可见腹板5~6节。幼虫为蛴螬，体白色、圆筒形，胸足发达，腹部后端肥大，并向腹面弯曲呈“C”形。食性杂，多数为植食性，成虫取食叶、花、果等部位，幼虫多土栖，也有腐食性和粪食性的种类。不少种类是取食农作物幼苗根茎部分的重要地下害虫，常见的如大黑鳃金龟等。

（8）天牛科　触角 11~12 节，常与体等长或超过体长，第 2 节特别短。复眼肾形，环绕在触角基部。幼虫体肥胖，长圆柱形，头圆并缩入前胸，前胸粗大，腹部前 6~7 节背面、腹面常具步泡突，第 9 节具有 1 对尾突。本科昆虫均为植食性，以幼虫钻蛀树干、根或枝，常见种类如光肩星天牛和桑天牛等。

（9）象甲科　通称为象鼻虫。头部的额和颊向前延伸成象鼻状的喙，末端着生有咀嚼式口器。触角多为膝状，末端 3 节膨大呈棒状。可见腹板 5 节，第 1、第 2 腹板愈合。幼虫无足型，身体肥胖柔软弯曲。成虫和幼虫均为植食性，有食叶、蛀茎、蛀根及取食种子的种类，也有卷叶或潜叶的。常见为害树木的种类如沟眶象。

（10）小蠹科　体小型，椭圆形或长椭圆形，触角端部 3~4 节呈锤状。前胸背板大，与鞘翅等宽，多长于体长的 1/3。足短粗，胫节发达。幼虫白色，粗短，头部发达，无足。成虫和幼虫蛀食树皮和木质部，形成不规则的坑道。常见种类如为害柳树、榆树的脐腹小蠹。

5. 鳞翅目

鳞翅目是有翅亚纲下的 1 个目，包括蛾类和蝶类，是昆虫纲第 2 大目。体小至大型，成虫口器虹吸式。幼虫常食尽叶片或钻蛀枝干；体形较小者，口器退化，一般不造成直接危害；翅 2 对，膜质，被鳞片和毛；全变态，成虫、幼虫陆生，少数幼虫营半水生生活（图 1–23）。

（1）刺蛾科　体中型，覆短密毛，多为黄褐色或绿色；口器退化；雌性触角呈丝状，雄性呈双栉状。翅通常短、阔、圆，生有密而厚的鳞片。幼虫俗称洋辣子，体短而胖，头小，缩入前胸，胸足小或退化，腹足呈吸盘状，体上生有枝刺，有些刺有毒，茧为坚硬的雀卵形。常见种类如黄刺蛾。

（2）尺蛾科　体小至大型，细长，鳞片稀少，翅阔纤弱，常有细波纹。幼虫体细长，只在第 6、第 10 节上生有 2 对腹足，行走时身体一曲一伸，所以称为“尺蠖、步曲”。常见种类如春尺蠖。

（3）螟蛾科　体中小型，光滑细长柔弱，腹部末端尖削，鳞片细密。下唇须长，伸

图 1-23　鳞翅目成虫翅的脉相与主要代表科

出头的前方。翅三角形。幼虫细长光滑，趾钩缺环，少数为全环，前胸气门前有侧毛 2 根。常见种类如水稻害虫二化螟和草地螟等。

（4）夜蛾科 体多粗壮，色多暗，鳞片稀疏而蓬松。前翅略窄近三角形，密被鳞片形成斑和纹。喙发达，有单眼。典型的夜出性蛾类，趋光性和趋糖性强，许多种类有迁飞习性。幼虫体粗壮，光滑无毛，颜色深，趾钩单序中带式，若为缺环则缺口较大。幼虫可食叶、钻蛀果实或茎秆等。常见害虫种类如棉铃虫和黏虫等。

（5）毒蛾科 体中大型，粗壮多毛，喙退化，雄虫触角呈双栉齿状。雌虫腹末有成簇的毛，静止时多毛的前足伸向体前方。幼虫体多毛，某些体节有成束而紧密的有毒毛簇，腹部第 6、第 7 腹节背面有翻缩腺，分泌的毒液易使人过敏。趾钩单序中带式。幼虫以食叶为主，常见害虫种类如舞毒蛾。

（6）舟蛾科 体中大型，口器退化，雄蛾触角多为双栉齿状、少数为锯齿状，雌蛾多为丝状。幼虫胸部有峰突，静止时头尾翘起似“小舟”，所以称为舟蛾。幼虫以食叶为主，常见害虫种类如杨二尾舟蛾等。

（7）灯蛾科 体中型，色泽较鲜艳，多为白色、黄色、灰色、橙色，有黑色斑，腹部各节背中央常有一黑点，触角呈丝状或双栉齿状。幼虫体被辐射状毛丛，毛丛着生在毛瘤上，毛长短较整齐。常见害虫种类如美国白蛾。

（8）粉蝶科 体中型，白色或黄色，有黑色或红色斑。前翅呈三角形，后翅呈卵圆形，翅展时整个身体略呈正方形。前翅臀脉 1 条，后翅臀脉 2 条。幼虫体表有很多小突起及细毛，多为绿色或黄绿色，趾钩双序或三序，中带式。幼虫以食叶为主，常为害十字花科、豆科等植物，常见害虫种类如菜粉蝶 。

6. 膜翅目

膜翅目属有翅亚纲，包括蜂和蚁类昆虫。除一部分植食性昆虫外，大部分是捕食性昆虫和寄生性昆虫，很多是有益的种类。体微小到大型；口器咀嚼式或嚼吸式；翅 2 对、膜质，前翅大，后翅以翅钩列连接，翅的纵脉特化或退化；产卵器呈锯齿状或特化成螯刺；全变态或复变态。蜜蜂、茎蜂和胡蜂等与林果生产关系密切。

（1）茎蜂科 广腰亚目。体粗壮，前胸背板后缘弯曲，前足胫节有 1 个端距。幼虫无足，白色，皮肤多褶皱，腹末有尾状突起。幼虫以蛀茎为害为主，常见种类如梨茎蜂。

（2）茧蜂科 细腰亚目。体微小至小型。触角呈线状，前翅无第二回脉，翅面上常有雾斑。休息时触角时常摆动。产卵于鳞翅目幼虫体内。幼虫老熟时常爬出寄主体外，结黄白色小茧化蛹。常见种类如桃瘤蚜茧蜂。

（3）胡蜂总科 通常说的马蜂就属这类昆虫。体形较大，色泽鲜艳，多为黄色、黑色、棕色，有彩斑。触角一般雄虫 13 节、雌虫 12 节，偶有例外。前胸背板向后延伸达翅基片。休息时翅纵褶覆盖在虫体上。肉食性，多数有社会行为，是农林害虫的天敌，也是养蚕业、养蜂业的害虫。常见的有胡蜂科和马蜂科。

（4）蜜蜂总科　体小至大型，多数体被绒毛或由绒毛组成的毛带，少数体光滑或具有金属光泽。中胸背板的毛分枝或羽状是本总科的主要特征。触角雄虫 13 节、雌虫 12 节。前胸背板不伸达翅基片。转节 1 节，多数种类后足为携粉足。

（5）蚁科　俗称蚂蚁。体小，为黑色、褐色、黄色或红色，光滑或有毛。触角呈膝状，有 4~13 节，柄节很长，末端 2~3 节膨大。腹部第 1 节或第 1、第 2 节呈结状。有翅或无翅。前足的距大，呈梳状，为净角器（清理触角用）。本科为多态型的社会昆虫，已知 14000 多种。常见的有小黄家蚁等。

7. 双翅目

双翅目是昆虫纲中仅次于鞘翅目、鳞翅目、膜翅目的第 4 大目。昆虫小至大型；口器刺吸式或舐吸式；翅 1 对，前翅膜质，后翅变成平衡棒；全变态或复变态；触角形状不一，差异很大。例如，蚊、虻和蝇均为双翅目昆虫。

扫码看视频

（1）瘿蚊科　外形似蚊。身体纤弱，有细长的足；触角呈念珠状，有 10~36 节，每节生有长毛。前翅阔，生有毛和鳞片，翅脉简单，仅有 3~5 条纵脉，很少有横脉（图 1–24）。幼虫体纺锤形，或后端较钝，头部退化。植食性的可取食花、果、茎等，能形成虫瘿。常见害虫种类如枣瘿蚊。

（2）花蝇科　又叫种蝇科。体中小型，细长多毛，通常为黑色、灰色或黄色。中胸背板有 1 条完整的盾间沟划分为前、后 2 块；腋瓣大，翅脉全直，直达翅缘。幼虫蛆式，后端呈截形，有 6 对突起。常见种类如根蛆类。

（3）潜蝇科（图 1–25）体微小至小型，翅前缘中部有 1 个折断处，中脉间有 2 个闭室，其后面无臀室。幼虫蛆式，潜叶为害。常见害虫种类如美洲斑潜蝇。

（4）食蚜蝇科　体小至中型，体上常有黄、黑相间的斑纹，色彩鲜艳，外形似蜜蜂或胡蜂；前翅中央有 1 条两端游离的“伪脉”，外缘有 1 条与边缘平行的横脉。成虫善飞，

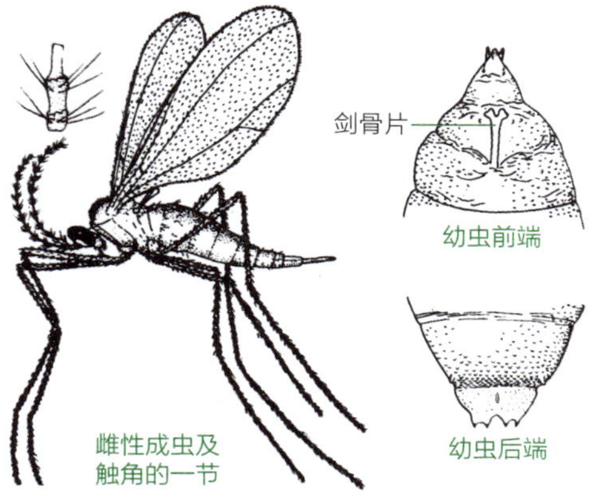

图 1–24　双翅目瘿蚊科代表（麦红吸浆虫）

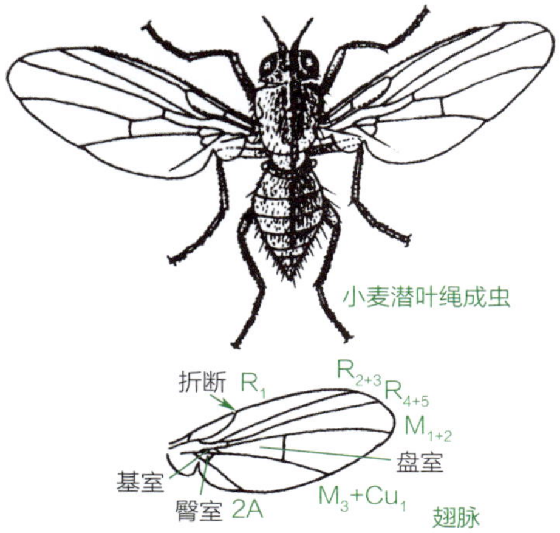

图 1–25　双翅目潜蝇科代表

注：字母是纵脉的名称。

可在空中静止飞行。幼虫蛆式，体表粗糙，主要捕食蚜虫、介壳虫、粉虱、叶蝉等。常见种类如大灰食蚜蝇。

（5）实蝇科 体小至中型，头大，无细颈；复眼大，常有绿色闪光；翅阔，有褐色和黄色斑纹，休息时翅展开并扇动。

8. 脉翅目

脉翅目属有翅亚纲。体小至大型；头下口式，口器咀嚼式；翅 2 对，膜质，前后翅形状相似；脉纹网状，纵脉在翅的边缘分叉；复眼发达；全变态或复变态，成虫和幼虫为捕食性。例如，草蛉、蚁蛉、褐蛉、粉蛉和螳蛉等。

实训任务

通过标本采集与观察、课堂知识传授与视频观看等方式相结合的理实一体化教学，了解昆虫的主要种类，掌握昆虫分类阶元及常见的目、科特征，并根据实际生产需要，通过外部形态特征准确鉴定常见昆虫。

1. 任务目标

1）能够准确描述昆虫分类阶元及常见的目、科特征。

2）能够通过外部形态特征准确鉴定常见昆虫种类。

2. 任务准备

1）材料。蝗科、蟋蟀科、蝼蛄科、螽斯科、蓟马科、步甲科、虎甲科、金龟科、象甲科、天牛科、瓢虫科、粉蝶科、蛱蝶科、夜蛾科、刺蛾科、尺蛾科、舟蛾科、胡蜂总科、蜜蜂总科、茎蜂科、蚁科等常见 8 个目昆虫的标本及图片。

2）器材。手持放大镜、体视显微镜、镊子、解剖针、泡沫塑料板等。

3. 任务实施

1）各个目特征的观察。要注意比较同一目昆虫标本的共同特征，特别注意口器类型、翅的类型、触角类型和足的类型。

2）各个目主要科特征的观察。要注意从形态上比较各个科之间的差异，掌握其主要特征，特别要注意细微特征的观察，如触角的节数和形态、单眼的有无和数量、下颚须和下唇须的形态等。

3）直翅目常见昆虫种类识别。取蝗虫、蟋蟀、蝼蛄、螽斯的标本及图片，分别对比观察几种昆虫的触角、足、翅、尾须、外产卵器等附肢，判断其类型或识别其特点，如触角长短、尾须长短、足的类型等。

4）缨翅目常见昆虫种类识别。取常见缨翅目昆虫标本或图片，观察其翅的特点、口器特征、体形特点，并识别常见种类。

5）半翅目常见昆虫种类识别。取斑须蝽、盲蝽、叶蝉、木虱、粉虱、蚜虫和介壳虫等昆虫的标本及图片，观察蝽类翅的特点及膜区翅脉和单眼的有无、蚜虫触角节数及腹管和尾片、介壳虫雌虫和雄虫的形态特征等。

6）鞘翅目常见昆虫种类识别。取常见步甲科、虎甲科、金龟科、象甲科、天牛科、瓢虫科等鞘翅目昆虫标本，观察该目昆虫翅的特点、触角类型、足的类型，并识别常见种类。

7）鳞翅目常见昆虫种类识别。取常见粉蝶科、螟蛾科、夜蛾科、刺蛾科、尺蛾科、舟蛾科等鳞翅目昆虫标本，观察该目昆虫翅的特点、触角类型、口器类型，并识别常见种类。

8）膜翅目常见昆虫种类识别。取胡蜂、蜜蜂、梨茎蜂、蚂蚁等膜翅目昆虫标本，观察翅室的多少、胸腹部连接处缢缩程度，识别并胸腹节，并识别常见种类。

9）双翅目、脉翅目常见昆虫种类的识别。取蚊、蝇、虻、草蛉等昆虫标本，观察翅特征、口器类型、幼虫特征，并识别常见种类。

任务评价

任务考核评价单

序号	评价内容及分值	评价标准	学生自评 10%	小组互评 10%	教师评价 60%	企业评价 20%
1	学习方法 10 分	课前完成必备知识的自学；课中认真观察思考，并主动操作实践；课后归纳反思				
2	学习态度 20 分	学习态度端正，具有吃苦耐劳、诚实守信、认真负责的品质；认真学习、钻研知识和技能				
3	沟通表达 10 分	能够及时与同组成员及指导教师、技术人员沟通交流				
4	合作能力 10 分	团队协作意识强				
5	创新实践 10 分	能够结合基础知识分析判断出家庭及学习生活所在地常见昆虫所属的目与科				
6	职业能力 10 分	能够准确识别直翅目、半翅目、缨翅目、鞘翅目、鳞翅目、膜翅目、双翅目、脉翅目昆虫				
7	学习成果 30 分	能够识别提供的直翅目、半翅目、缨翅目、鞘翅目、鳞翅目、膜翅目、双翅目、脉翅目昆虫标本及图片				
合计						

生产案例

2017 年，国家发展改革委等部门联合制定了《全国动植物保护能力提升工程建设规划（2017—2025 年）》，支持建设天敌繁育与生物制剂场。目前，全球有 500 多家商业化天敌公司，生产的“天敌昆虫”种类达 350 种，我国规模化的商业天敌企业已有 20 多家，能生产数十种天敌昆虫。

天敌工厂一般都是根据订单量来生产天敌昆虫。工作人员采集带有蚜虫的烟草、藜等植物，然后再放置瓢虫。瓢虫成虫有充足的蚜虫作为食物，一段时间后会在叶片上产卵。工作人员再将虫卵收集起来带回车间，制作成虫卡。制作虫卡时，先剪成一片片 1~2cm^2 带瓢虫卵的寄主叶片，再将寄主叶片放入虫卡中粘好，保证每个虫卡中至少装有 20 个瓢虫卵。

瓢虫卵的虫卡制作完后，存放 1 周左右卵能够正常孵化。捕食螨成品生产出来后，在 4~8℃的低温环境下也可以放置 1 周左右，而东亚小花蝽和烟盲蝽需要在 24h 内释放。因此虫卡生产完成后，应立刻发往需要的农企和农户手中。

捕食螨是一种以叶螨、蓟马、粉虱卵等为主要食物的一种肉食性益螨，种类很多，常见的有智利小植绥螨、胡瓜钝绥螨、巴氏钝绥螨、斯氏钝绥螨、胡瓜新小绥螨、加州新小绥螨、巴氏新小绥螨、斯氏新小绥螨和西方盲走螨等。果树上使用时应在每片叶害螨数量少于 2 头时释放捕食螨，每株挂 1 袋。在纸袋上方 1/3 处斜剪 1 个缺口，钉挂在树冠内背阳的主干上，袋底靠枝条（不要吊在空中）。如果害虫基数过高，应在释放捕食螨前 10d 左右进行全面喷药防治，然后再释放捕食螨。释放捕食螨后 30d 内禁止喷施化学药剂。

2010 年，某市部分果农在农业技术人员及科研工作者的推荐下，在果园中放置了捕食螨纸袋来控制叶螨，但 2 周左右后害螨数量增长很快，在释放捕食螨 20d 后开始在果园喷施杀螨剂，以螨治螨失败。2022 年二斑叶螨开始在部分梨园为害，因其抗药性强，化学防治效果不佳，农业技术人员在分析往年防治失败的原因后，建议购买并释放智利小植绥螨等捕食螨防治。防治失败的原因有以下几个方面：一是 10 年前该市的货运物流较慢，运输环节耗时较长，导致每袋有效活螨数量不达标甚至没有活螨；二是货物运送到农企和农户手中后，没有在短时间内使用，也没有在较低温度下贮藏；三是果园叶螨虫口密度大，在释放捕食螨之前没有喷药防治降低虫口密度；四是释放捕食螨偏早，果园内叶螨数量过低，捕食螨食料不足，同时气温较低，捕食螨发育较慢，成螨数量较少，而若螨活动能力较弱，大量滞留在袋内，没有起到作用。

通过本生产案例，你认为南疆特色果树生产过程中以螨治螨是否可行？利用昆虫的生物学特性大规模生产天敌时要控制好哪些生产条件？如何有效利用天敌控制害螨？请提出合理建议。

植保天地

上下求索为科研，著书立说报家园
——“蝶神”周尧先生

鸟语花香，虫鸣蛙鼓，是大自然赋予人们最美妙的乐章，也是我国现代昆虫分类学奠基人周尧先生一生奋斗的事业。

早年就读于江苏南通大学农学院的周尧先生，创办了我国第一个昆虫学术团体“昆虫趣味会”及我国第一份昆虫分类学杂志《趣味的昆虫》。1936年，周尧先生远赴意大利攻读昆虫学博士学位，师从当时的国际昆虫分类学权威西尔维斯特利先生。周尧先生留学期间所著的《透明介壳虫的重记载》获得西尔维斯特利先生的高度赞扬，前景一片光明。然而，1937年卢沟桥事变爆发，日本对我国发起全面侵略战争，无数海外学子悲愤不已，远赴意大利求学的周尧先生说下了令导师哑然的话：“报国之日短，求学之时长，大虫（日本）不杀，杀小虫何用！”随后，毅然回到了战乱中的祖国，回到广州的第2天就投笔从戎穿上军装奔赴抗日一线。

1939年冬，周尧受聘于西北农学院（西北农林科技大学前身之一），自此扎根西北60余载。中华人民共和国成立前夕，战火蔓延至西北农学院。面对此局势，国民党领导下的校方自乱阵脚，有的自顾逃到西安，有的主张迁校至江南，唯周尧等数位学者坚持留在学校。

中华人民共和国成立初期，小麦吸浆虫席卷华北、华中等17省区，造成了巨大的经济损失。周尧先生主动请缨，带领师生不分昼夜观察、研究，终于查明了小麦吸浆虫的优势种。第2年，周尧先生又组织师生开展大面积调研和防效试验，进一步阐明了小麦吸浆虫的发生规律，最终成功控制了虫害。

周尧先生也是我国昆虫学史研究的开拓者。他废寝忘食，披沙沥金，从千万本古籍中开启了我国古代昆虫学史的大门，完成了《中国昆虫学史》初稿，证明了我国先民对益虫利用和害虫防治早于欧美国家十几个世纪。该书后来被译成德语、英语、意大利语等多种译本。国际昆虫学界将这部著作称为“不朽的著作”。除此之外，周尧先生主编的《中国蝶类志》于1994年正式出版。该书编排了我国蝴蝶的分类系统，为我国蝴蝶名称的系统化奠定了基础。此后，他又完成了《中国蝴蝶分类研究》一书。因此，周尧先生还享有“蝶神”的美誉。

02 项目二 病害的基础认知

项目导学

- 植物在生长发育过程中易受到病原的侵染或者不良环境条件的影响，若该影响超出植物耐受限度，将造成植物发病，甚至死亡。植物发病的因素较为复杂，各种病害发生的原因、过程各不相同，病害造成的损失和控制病害的策略差异也很大。
- 本项目内容包括植物病害的症状识别、侵染性病原及其所致病害的识别。准确界定植物病害，掌握植物病害的症状，了解病原的类群、形态特征及所致病害的典型特征，了解植物病害的发生及发展情况，可以为正确诊断病害奠定基础，也可以最大限度地减少病害所造成的损失。

项目目标

- 知识学习目标：界定植物病害的范畴，认识植物病害的病状及其类型、病征及其类型；区分侵染性病害和非侵染性病害；认识导致植物病害的真菌、细菌、病毒、线虫、寄生性种子植物等病原的基本形态特征与主要种类。
- 技能培养目标：能够描述植物病害的症状特点；能根据症状特点初步判断引起病害的病原，并能通过显微镜镜检确定致病病原种类，正确诊断植物病害。
- 职业情感目标：提高学生掌握和应用科学知识的自觉性；培养学生的自我意识、社会责任感和公民素养；践行生态文明，守护绿水青山。

任务一　病害的症状识别

任务导入

症状识别是准确诊断林果病害的基础。我们需要通过观察病株病状类型、病征类型，以及病株在田间的分布特点，初步判断病害类型及病原种类。

必备知识

一、植物病害的概念

植物在生长发育或贮藏、运输过程中，有害生物或不良外界条件的影响程度超过了植物所能忍耐的限度，使其不能正常地进行生理活动，局部或整体的生长发育出现异常，甚至死亡的现象称为植物病害。

植物病害是由于遭受某些有害生物的侵染或不良环境条件的持续干扰而发生的。病害的表现有一个由细胞到组织、由生理到形态的病理变化过程（病理程序），并且表现出较稳定的症状，最后使植物或其产品受到品质及产量的损失。例如，幼叶感染葡萄白粉病后最初产生白色、放射状的小霉斑，随后霉斑不断扩展蔓延，进而连成一片，叶片褪绿，严重时白粉布满整个叶片的正反两面，导致叶片卷缩，提前干枯脱落。因此，植物病害不同于风、雪、冰雹和动物咬伤等伤害，因为后者无病理程序。

引起植物发生病害的原因称为病原。植物病害是植物和病原在一定环境条件下矛盾斗争的结果。其中病原和植物是病害发生的基本矛盾，而环境则是促使矛盾转化的条件。环境一方面影响病原；另一方面也影响植物的生长状态，增强或降低植物对病原的抵抗力。只有当环境不利于植物生长发育而有利于病原的活动和发展时，矛盾向着发病的方面转化，病害才能发生。反之，植物的抗病能力增强，病害就被控制。因此，植物能否发病不仅取决于病原与植物之间的关系，而且在一定程度上，还取决于环境条件对双方的作用。

二、植物病害的症状

植物发病后，经过一定的病理过程，最后表现出的异常变化状态，就是植物病害的症状。植物病害的症状由两类不同性质的特征——病状和病征组成。

1. 病状及其类型

病状是发病植物本身表现出的不正常状态。其主要类型为以下 5 种：

（1）变色　植物受害后色泽会发生改变。变色主要有 2 种类型：一种表现为黄化，是整株或叶片的部分或全部均匀褪绿、变黄，或呈现其他颜色，多数伴有整株或部分畸形；另一种表现为花叶，病株叶片色泽深浅不均，深绿色、浅绿色相间，一般遍及全株，上部叶片较为显著，是病毒病最常见的病状，无病征表现。

（2）坏死　表现为患病组织局部坏死，多发生在叶、茎、果等部位，一般有明显的边缘，成为形状、大小、颜色各不相同的斑点。斑点上还可以呈现轮纹、花纹、小黑点等，根据这些特点而称为黑斑、褐斑、紫斑、角斑、条斑、大斑、小斑、轮纹斑等。各种病原都可能引起坏死病状的发生。典型病状如炭疽、穿孔、疮痂、叶枯等。

（3）腐烂　患病组织崩解、变质，细胞死亡，表现为点发性或散发性。由于组织分解的程度不同，有软腐、干腐之分。根据腐烂的部位，可分为根腐、基腐、茎腐、果腐、花腐等，还伴有各种颜色变化的特点，如褐腐、白腐、黑腐等。木本植物枝干皮层坏死、腐烂，使木质部外露的病状称为溃疡。立枯病和猝倒病是由于植株幼苗茎基部组织被破坏、腐烂，植株上部表现萎蔫以致死亡。立枯病发病后立而不倒，猝倒病因基部腐烂而迅速倒伏。

（4）萎蔫　植株局部或整体由于失水使枝、叶萎垂的现象。与生理性的缺水萎蔫不同，病理性的萎蔫是由于输水组织受到病原的毒害或破坏，不能因供给水分而恢复。典型的萎蔫病状是植物根、茎的维管束组织受到破坏而发生的，皮层组织还是完好的。萎蔫病害常无外表的病征。由于病原及病状的不同，萎蔫又可分为枯萎、黄萎、青枯等病状类型。

（5）畸形　植物细胞组织受到病原的刺激，发生病变而导致各种畸形病状。例如，叶片的膨肿、皱缩、小叶、蕨叶，果实的缩果及其他畸形，植株的徒长、矮缩，局部器官的退化、变态形成的扁枝、肿瘤、癌肿、虫瘿，病株枝叶或须根密集发生形成的簇生、丛枝或发根等。

2. 病征及其类型

病征是病原在发病部位表现出的特征。通常只在病害发展的某一阶段表现显著。有些病害不表现病征。其主要类型有以下 5 种：

（1）粉状物　某些真菌孢子在病部所表现的特征。因形状、色泽的不同，可分为锈状物、白锈状物、白粉状物、黑粉状物等，如锈病、黑粉病、白粉病等。

（2）霉状物　真菌性病害常见的病征。由各种真菌的菌丝、孢子梗及孢子构成。霉层的颜色、形状、结构、疏密等特点的差异，标志着病原真菌种类的不同，如霜霉病、绵霉病、黑霉病、灰霉病、绿霉病、青霉病等。

（3）粒状物　病原真菌繁殖器官的表现，为褐色或黑色，在病斑中部散生颗粒状物，有的排列成轮纹状，如腐烂病、炭疽病病部的黑色粒点状物等。

（4）菌核与菌索　真菌菌丝交结形成的一种致密的组织结构。菌核大小、形状不一，初期为浅色，然后颜色逐渐变深至黑色或棕色，质地变硬。菌索呈绳索状。例如，根腐病、白绢病等，此类病害多称为菌核病。

（5）菌脓　多数细菌性病害在潮湿时病部溢出污色黏液，干燥时结成污白色薄层或鱼子状小胶粒，也称溢脓、菌胶，如梨火疫病等。

症状是植物和病原在外界环境影响下相结合所表现的特征。不同病害的症状（特别是病征）具有一定的特异性和稳定性，许多病害都是根据特有的症状命名的，如丛矮病、花叶病、黑粉病、霜霉病等。因此，熟悉病害症状对诊断植物病害具有重要意义。但是完全依靠症状诊断病害也有一定的局限性，因为许多病害常产生相似的症状；同一病害因植物种类、发育阶段、发病部位、环境条件不同，症状也会有较大差异。在这种情况下，必须借助其他方法才能诊断。

三、植物病害的类别

引起植物病害的病原有生物因素和非生物因素两类。根据病原可以将病害分为非侵染性病害和侵染性病害。

1. 非侵染性病害

非侵染性病害是由不适宜的环境因素持续作用引起的植物病害，无侵染过程，不具有传染性，所以也称为非传染性病害或生理性病害。常见的非侵染性病害有以下 4 种：

（1）营养失调　包括营养缺乏、各种营养间的比例失调或营养过量。营养缺乏包括缺氮、磷、钾、铁、锰、硼、锌、铜、钼、氯、钙等；表现为老叶、叶脉发黄、早衰，幼叶黄化、顶枯，叶色褪绿或变色，植株生长迟缓、矮小，叶片出现斑点或皱缩、簇生，根系不发达等。营养过量主要指某些微量元素过量，导致对植物的毒害，如钠、镁过量导致碱伤害，使植株吸水困难；硼和锌过量导致植株褪绿、矮化、叶枯等。

（2）气候异常　包括温度、水分和湿度、光照、风等异常。高温容易造成灼伤，使开花结实异常，如果树的花芽被破坏或花朵畸形。低温的影响主要是冷害和冻害，低于10℃的冷害常造成变色、坏死和表面斑点，出现芽枯、顶枯；0℃以下的低温所造成的冻害，使幼芽或嫩叶出现水渍状暗褐色斑，之后组织逐渐死亡。土壤水分过多，植物根部窒息，导致根变色或腐烂，地上部叶片变黄、落叶、落花；土壤水分过少，引起植物旱害，植物叶片萎蔫下垂，叶尖、叶缘、叶脉间或嫩梢发黄枯死，造成早期落叶、落花、落果，严重时植株凋萎，甚至枯死。光照不足导致植株徒长、黄化，结构脆弱，易倒伏；光照过强，一般伴随高温、干旱，引起日灼、叶烧和焦枯。高温季节的强风加大蒸腾作用，导致植株水分失调，严重时导致萎蔫，甚至枯死。

（3）环境污染　主要指空气污染，其他还有水源污染和土壤污染、酸雨等。空气污染最主要的来源是化工废气，如氟化氢、二氧化硫和二氧化氮等。环境污染引起植物斑驳、褪绿、矮化、枯黄、“银叶”，叶片呈红褐色或黄褐色，叶缘焦枯，小叶扭曲、早衰、提早落叶等。

（4）药害　指使用化学药剂或激素不当对植物引起的伤害，表现为斑点、穿孔、焦灼、枯萎、黄化、畸形、落叶、落花、落果、基部肥大、生长迟缓等症状。

非侵染性病害的诊断是较为复杂的事情。首先要研究排除侵染性病害，然后再分别检查发病的症状（部位、特征、为害程度），分析发病因素（发病时间、气候条件、地形、土壤、肥料、水分等）。例如，晚霜害多在春季冷空气过后晴朗无风的夜晚发生，永久萎蔫一般发生在长期干旱或水涝情况下，空气污染往往发生在强大污染源周围的植物种植区，日灼病常发生在温差变化很大的季节。对缺乏某种元素所产生的缺素症，通常要观察植株外部特征、叶片的颜色变化等，同时，可进行缺素症的试验，从而确定其为某种缺素症。非侵染性病害有时也可能是由几种因素综合影响的结果，这种情况更为复杂，必须做每个影响因素及综合因素的试验研究，方能得出结论。在确定是否为非侵染性病害时，必须用显微镜检查有没有病原，或用电子显微镜结合生物测定，确定是否有病毒感染。也可以用组织化学方法进行分析，如检查幼苗猝倒病，可将病茎组织用3%高锰酸钾溶液加热染色2~3min。如果是侵染性病害，病茎组织中菌丝则染成深褐色，其他组织呈浅褐色；如果是非侵染性病害，则无深褐色的菌丝存在。有时也用组织分离法来诊断，如果是非侵染性病害，在发病部位不能分离出病原，但是对病毒性病害则难以分辨。有时在非侵染性病害的发病部位，可能有寄生或腐生菌存在，在这种情况下，利用显微镜难以确定，必须进行接种试验来检查，才能确定是否为非侵染性病害。

2. 侵染性病害

侵染性病害是植物受到病原侵染而引起的病害，具有传染性，所以又称为传染性病害。

引起侵染性病害的病原主要有真菌、原核生物、病毒。此外，还有线虫、寄生性植物等。

扫码看视频

非侵染性病害和侵染性病害往往互为因果关系。不适宜的环境因素引起植物发生非侵染性病害，削弱了植物对病原侵染的抵抗力；同时，也为病原入侵提供了条件，容易诱发侵染性病害，如在氮肥使用过多、光照不足、潮湿的条件下，果树常因组织幼嫩易发生白粉病。同样地，侵染性病害也会削弱植物对外界环境的适应能力，如果树感染白粉病后，由于叶片大量早落，影响了枝梢的木质化，致使冬季易受冻害，引起枯梢。因此，在确定病因时，要全面考察各种因素，细致分析，才能得出正确结论，为植物病害防治提供可靠的理论依据。

实训任务

通过各种植物病害标本和图片观察、显微镜观察、相关视频观看与课堂知识传授等方式相结合的理实一体化教学，了解植物病害的概念、植物病害的症状，掌握不同病害病状与病征的类型，区分病害与机械损伤，区分侵染性病害和非侵染性病害。识别林果生产中常见的植物病害症状，为果树常见病害的诊断和综合防治奠定基础。

1. 任务目标

1）能够区分不同植物病害的病状及病征。

2）能够区分植物病害和机械损伤。

3）能够准确识别林果业生产中常见的植物病害。

2. 任务准备

1）材料。锈病、白粉病、霜霉病、腐烂病、黄化病、枣疯病等植物病害标本，蒸馏水或纯水等。

2）器材。生物显微镜、挑针、载玻片、盖玻片、镊子、培养皿。

3. 任务实施

（1）病状类型观察　对病害标本的观察，首先要区分是病状还是病征，然后进行归类观察。观察植物病害标本的叶片颜色变化，叶片是局部变色还是全变色，变深色还是浅色，是否有绿色深浅不均的斑驳状。对于腐烂病，观察是干腐还是湿腐，萎蔫植株是否仍然保持绿色。哪些病害属于丛枝、矮化、徒长、肿瘤、畸形，并进行分类统计。

（2）病征类型观察　观察植物病害标本病斑表面霉状物的颜色，是否产生粉状物，有没有锈状物，病斑表面是否有黑色小颗粒。对各种病害病征进行归类统计，描述病害病征特点。

（3）田间植物病害调查　针对当地植物种类开展调查，并对主要的植物病害症状进行细致地观察。分别对叶片、枝干、果实、根部等为害部位分类调查，并根据病状和病征的类型分类统计，任意选取 5 种已观察的当地常发病害实物标本或图片标本，记录调查结果。要求详细描述病害的症状特征，注意观察症状的颜色、形状、大小、各个为害部位的症状差异，确定病害名称，调查发病部位、病害发生的严重程度。

任务评价

任务考核评价单

序号	评价内容及分值	评价标准	学生自评 10%	小组互评 10%	教师评价 60%	企业评价 20%
1	学习方法 10分	课前完成必备知识的自学；课中认真观察思考，并主动操作实践；课后归纳反思				
2	学习态度 20分	学习态度端正，具有吃苦耐劳、诚实守信、认真负责的品质；认真学习、钻研知识和技能				
3	沟通表达 10分	能够及时与同组成员及指导教师、技术人员沟通交流				
4	合作能力 10分	团队协作意识强				
5	创新实践 10分	能够通过植物病害病状及病征特点，初步判断病害种类				
6	职业能力 10分	能够准确判断植物病害病状类型及病征类型				
7	学习成果 30分	能够判断所提供观察材料的病状类型及病征类型				
合计						

任务二　侵染性病原及其所致病害的识别

任务导入

侵染性植物病害的病原有真菌、原核生物、病毒、线虫、寄生性植物等，只有确定了植物病害的病原，才能正确鉴定和诊断植物病害；以病原的种类为基础选择的防治药剂，才能起到良好的防治效果。

必备知识

一、植物病原真菌

真菌是生物中一个庞大的类群，属于真菌界真菌门，是一大类真核细胞型微生物。目前世界上已知有 1 万多个属的 12 万余种真菌，广泛存在于自然界中。真菌是引起植物病害的最大一类病原。在植物病害中，真菌所致病害达 90% 以上。真菌危害严重且常见的病害有黑斑病、白粉病、锈病、霜霉病、腐烂病、立枯病等。但也有许多真菌直接或间接用于医药、化工、纺织、造纸、饲料、发酵等。木耳、香菇是重要的食用菌，灵芝、茯苓、冬虫夏草可直接入药。

（一）真菌的基本形态

真菌是一类具有真正细胞核的异养生物，无叶绿素，不能进行光合作用，以吸收的方式获取营养。真菌形态复杂，大多数为多细胞，有营养体和繁殖体的分化。营养体简单，大多为菌丝体，细胞壁的主要成分为几丁质或纤维素；繁殖时产生各种孢子。

1. 真菌的营养体

真菌的营养体一般为丝状体，称为菌丝体，其上的单根丝状体称为菌丝。部分真菌的营养体为原生质团或单细胞（图 2-1）。

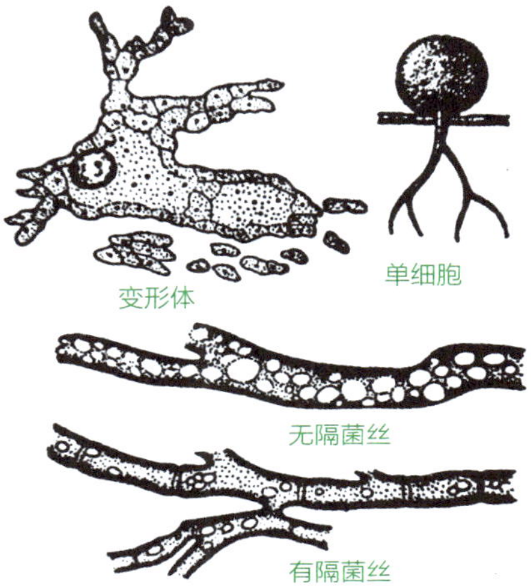

图 2-1　真菌的营养体

菌丝通常呈圆管状，无色透明或暗色；粗细不一，一般直径为 5~6 μm，少数小至 0.5 μm、大至 100 μm。菌丝有无隔和有隔之分，低等真菌的菌丝没有隔膜，称为无隔菌丝；高等真菌的菌丝有横隔膜，称为有隔菌丝。真菌菌丝一般是由孢子萌发、产生芽管发育形成的。菌丝多由顶端部分延伸而生长，且不断分枝，真菌菌体的每一部分都有潜在的生长能力，任何一段菌丝在条件适宜时均可发育成新的菌丝体。

2. 菌丝的变态

真菌的营养菌丝可以形成吸器、假根、菌环和菌网等多种特殊的变态结构，并具有相应功能以适应生活的需要。

（1）吸器　真菌深入到活的寄生植物细胞内吸取养分并有固着作用的菌丝变态类型。吸器的形状因真菌而异，如霜霉菌吸器为丝状、白锈菌吸器为小球状、白粉菌吸器为掌状等（图 2-2）。

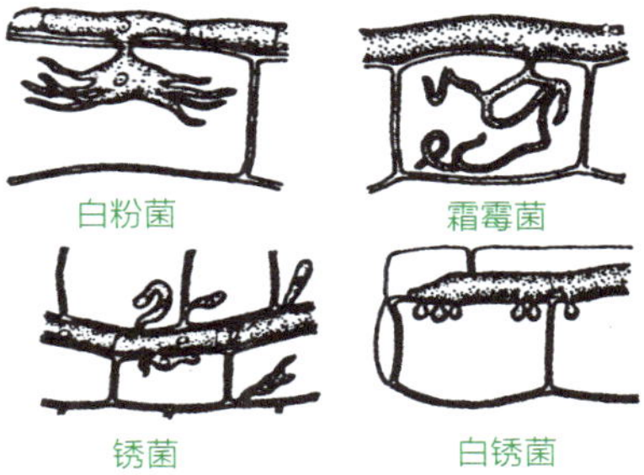

图 2-2　真菌的吸器

（2）假根　真菌伸入到基质内吸取养分并有固着作用的根状菌丝变态类型，如根霉菌（图 2-3）。

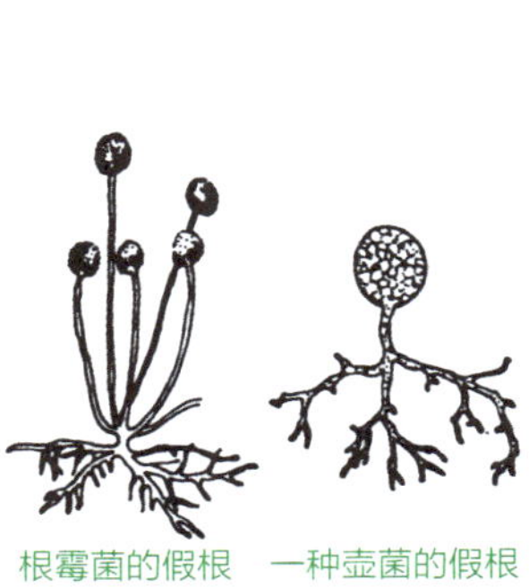

图 2-3　真菌的假根

（3）菌环与菌网　捕食性菌网的一些菌丝分支特化形成的环状或网状结构，用以套住或黏住小动物（如线虫），获取养料（图 2–4）。

3. 菌丝组织

（1）菌丝组织的分类　真菌的菌丝体一般是分散的，但有时可以密集地纠结在一起形成菌丝组织。低等真菌或无隔菌丝真菌一般不形成菌丝组织，高等真菌或有隔菌丝真菌可以形成菌丝组织。真菌的菌丝组织有两种，即拟薄壁组织和疏丝组织（图 2–5）。

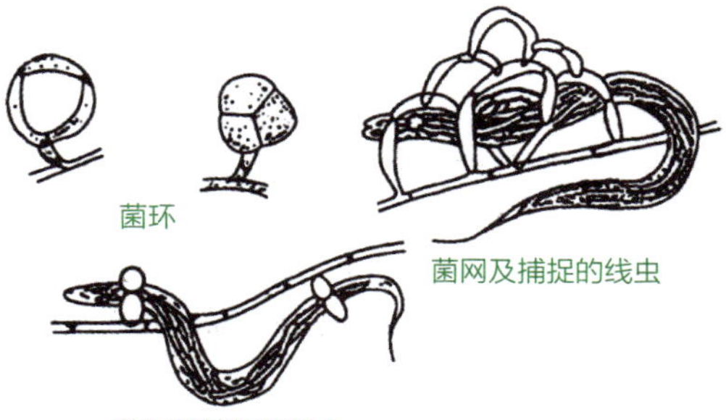

图 2–4　真菌的菌环与菌网

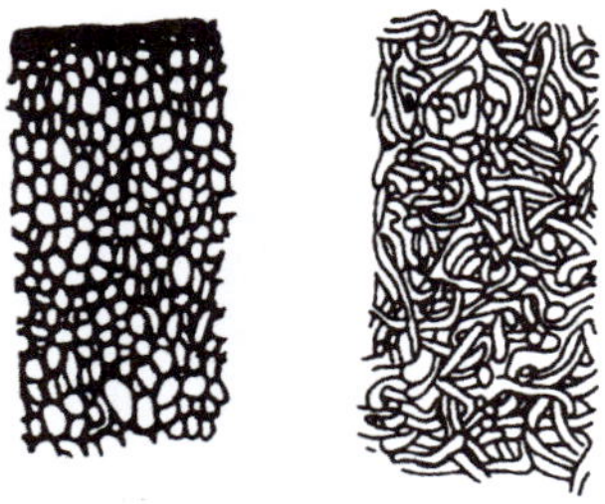

图 2–5　真菌菌核内的菌组织

1）拟薄壁组织。真菌的菌丝体纠结十分紧密，菌丝组织中的菌丝细胞接近圆形、椭圆形或多角形，与高等植物的薄壁细胞相似，称为拟薄壁组织。

2）疏丝组织。真菌的菌丝体纠结比较疏松，还可以看出菌丝的长型细胞，菌丝细胞大致平行排列，称为疏丝组织。

（2）菌丝组织体　拟薄壁组织和疏丝组织可进一步构成各种菌丝组织体，如菌核、子座和菌索等。

1）菌核。由疏丝组织和拟薄壁组织共同构成的具有抵抗不良环境能力的菌丝结构，度过不良环境以后，在条件适宜的情况下，菌核萌发，形成新的菌体。菌核大小、形状和颜色因为不同真菌种类而不同。

2）子座。由疏丝组织和拟薄壁组织构成的在其上产生繁殖体的菌丝结构。它可为繁殖体贮存营养，提供保护。

3）菌索。由菌丝组织形成的绳索状结构，外形与高等植物的根近似，所以也称为根状菌索。菌索的粗细不一，长短不同，有的可长达几十厘米。菌索可抵抗不良环境，有助于菌体蔓延和侵入。

4. 真菌的繁殖体

菌丝体生长发育到一定阶段后，部分分化为繁殖器官或产生繁殖器官。真菌的繁殖分无性繁殖和有性繁殖两种方式。

（1）无性繁殖　真菌的无性繁殖是指不经过两性结合的繁殖方式。无性繁殖所产生的孢子称为无性孢子（图 2–6）。

1）芽孢子。由细胞产生小突起而逐渐膨大，与母细胞相连处的细胞壁收缩，最后脱

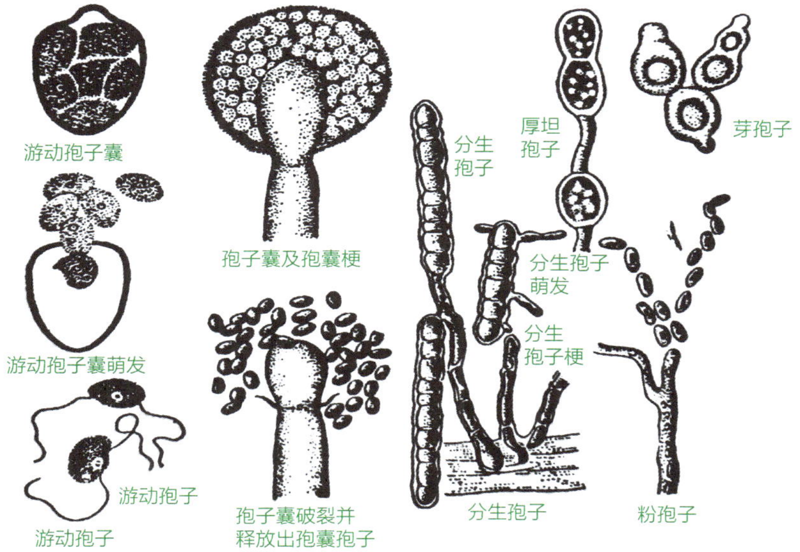

图 2-6　真菌的无性孢子类型

离母细胞而形成独立的孢子，称为芽孢子，如酵母菌的芽孢子。

2）粉孢子。由菌丝顶端细胞收缩、断裂形成的一种无性孢子，如白粉菌的无性孢子。

3）厚垣孢子。真菌菌丝的某些细胞膨大变圆、原生质浓缩、细胞壁加厚而形成的。厚垣孢子形成后可以脱离菌丝体或继续连在菌丝体上。它可以抵抗不良环境，条件适宜时萌发形成菌丝。

4）游动孢子。产生于孢子囊中的可以游动的孢子，产生游动孢子的孢子囊称为游动孢子囊。游动孢子囊由菌丝或孢囊梗顶端膨大而形成，呈球形、卵形或不规则形。游动孢子囊成熟时，以割裂的方式将原生质分割成原生质小块，这些小块发育成熟后形成游动孢子被释放出来。游动孢子为肾形、梨形或球形，无细胞壁，具有 1~2 根鞭毛，可在水中游动，所以称为游动孢子。

5）孢囊孢子。产生于孢子囊中不能游动的孢子，是在孢子囊中以原生质割裂方式产生的。孢子囊由孢囊梗顶端膨大而形成。孢囊孢子呈球形，有细胞壁，无鞭毛，释放后可随风飞散。

6）分生孢子。产生在特化的菌丝上的一种外生孢子，这个特化的菌丝称为分生孢子梗。分生孢子梗以芽殖、断裂的方式产生分生孢子。分生孢子梗单生、丛生、束生在菌丝上或着生在特殊的器官内，分枝或不分枝。分生孢子的种类很多，它们的形状、大小、色泽、形成和着生的方式都有很大的差异。粉孢子可以看作分生孢子的一种特殊类型。

（2）有性繁殖　真菌的有性繁殖是指真菌通过性细胞或性器官的结合而产生孢子的繁殖方式。其整个过程可分为质配、核配和减数分裂 3 个阶段。真菌的性细胞称为配子，性器官称为配子囊。有性繁殖产生的孢子称为有性孢子。常见的有性孢子有结合子、卵孢子、接合孢子、子囊孢子和担孢子 5 种类型（图 2-7）。

1）结合子。通常由 2 个配子结合而成。

2）卵孢子。由 2 个异型配子囊结合而形成的。厚壁，抵抗不良环境能力强。雌性配子囊个体较大，内部有卵球，称为藏卵器；雄性配子囊个体较小，称为雄器。

3）接合孢子。由 2 个同型配子囊融合成 1 个细胞，并在这个细胞中进行质配和核配后形成厚壁孢子。

4）子囊孢子。通常由 2 个异型配子囊——雄器和产囊体相结合，分化形成子囊。子囊是无色透明、棒状或卵圆形的囊状结构。每个子囊中一般形成 8 个子囊孢子，子囊孢子形态差异很大。

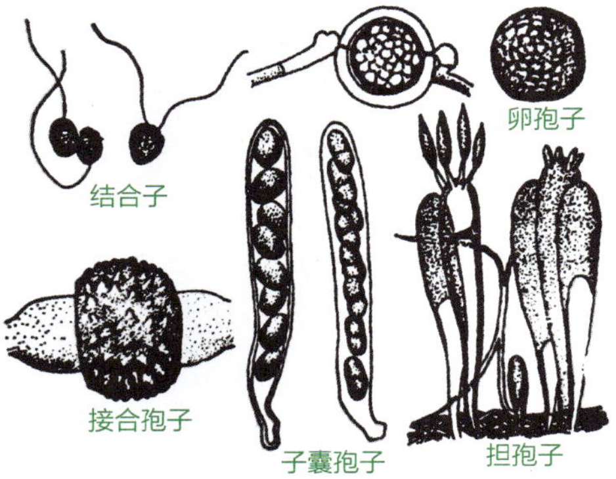

图 2-7　真菌的有性孢子类型

5）担孢子。通常直接由性别不同的菌丝结合成双核菌丝后，双核菌丝顶端细胞膨大成棒状的担子，在担子上产生 4 个外生的单倍体的担孢子，也有些真菌的双核菌丝细胞壁加厚形成冬孢子，冬孢子萌发再产生担子和担孢子。

真菌的有性孢子大多是在侵染植物后期或经过休眠期后产生的，如一些子囊菌越冬后第 2 年春季才形成成熟的子囊孢子。真菌有性繁殖产生的结构和有性孢子具有度过不良环境的作用，是许多植物病害的主要初侵染来源。

真菌的孢子和产生孢子的菌丝结构共同构成子实体，如分生孢子盘、分生孢子器、子囊果、担子果等（图 2-8）。不同的真菌可以形成不同类型的子实体，因此子实体可作为识别真菌种类的重要依据。

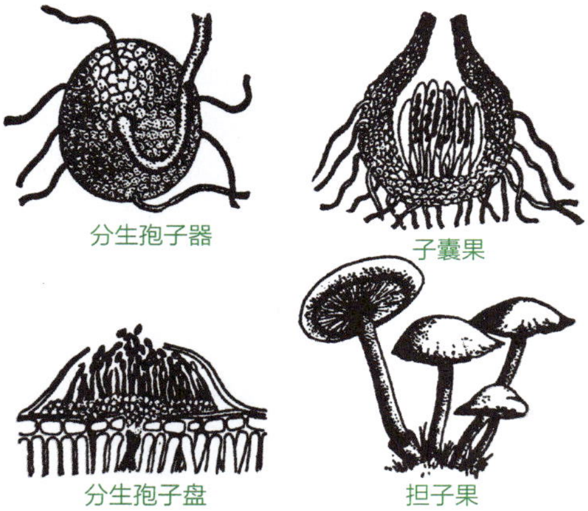

图 2-8　真菌的主要子实体类型

5. 真菌的生活史

真菌的生活史是指从一种孢子开始发育，经过一定的营养生长和繁殖，最终产生同一种孢子的过程。真菌的典型生活史可以分为 4 个主要阶段：孢子萌发、菌丝生长、生殖器官形成和孢子形成。

真菌的孢子在适宜条件下萌发产生芽管，发展成菌丝体，在植物细胞间或细胞内吸取养分，生长蔓延，经过一定的营养生长之后，产生无性孢子飞散传播，无性孢子再萌发，又形成新的菌丝体，并扩展繁殖，这就是无性阶段。无性孢子的繁殖力强，在一个生长季节中可发生多次，产孢的数量多，常成为植物病害发生流行的重要原因。但无性孢子对不良环境的抵抗力弱、寿命短，当环境条件不适宜或在真菌病害发生的后期，则进行有性繁殖，产生有性孢子。有性孢子一般 1 年只发生 1 次，数量较少，对不良环境的抵抗力强，通常是休眠孢子，经过越冬或越夏后，第 2 年再行萌发，并且常常成为初次侵染的来源。

少数真菌在生活史中可产生多种类型的孢子，称为孢子多型性，如典型的锈菌在其生活史中可以形成冬孢子、担孢子、性孢子、锈孢子和夏孢子 5 种不同类型的孢子。多数真菌的生活史可以在一种寄主上完成。少数种类的真菌需要两种以上的寄主才能完成生活史，称为转主寄生现象，如梨胶锈菌。

真菌的种类很多，不是所有真菌按典型生活史模式都可完成个体发育，有些真菌只有无性繁殖阶段，极少进行有性繁殖；也有的真菌以有性繁殖为主，无性孢子很少产生或不产生；甚至有些真菌在整个生活史中不形成任何孢子，全由菌丝体完成。了解真菌的生活史，可找到真菌生活史中的薄弱环节，并切断真菌生活史，达到防治病害的目的。

（二）真菌的分类和命名

真菌的分类主要基于形态学和生物学特性，可以分为酵母菌、丝状真菌（霉菌）、双相真菌等。真菌的各级分类单元为界、门、纲、目、科、属、种，必要时在两个分类单元之间还可增加一级，如亚门、亚纲、亚目、亚科、亚属、亚种等。种是真菌最基本的分类单元，许多亲缘关系相近的种就归于属。种的建立以形态为基础，种与种之间在主要形态上应该有显著而稳定的差别，有时还应考虑生态、生理、生化及遗传等方面的差别。有时真菌在种下面还可分为变种、专化型和生理小种。变种也是根据一定的形态差别来区分的。专化型和生理小种在形态上基本没有差别，而是根据其致病性的差异来划分的。专化型的划分大多是以同一种真菌对寄主植物不同科、属的致病性差异为依据；生理小种的划分大多是以同一种真菌对寄主植物不同种和品种的致病性差异为依据。

真菌的命名与其他生物一样采用双名法，用拉丁文表示，如苹果白纹羽病病菌：*Rosellinia necatrix*（Hart.）Berl.。如果种的下面还分变种或专化型，则在种后加相应的变种或专化型的名称，如桃白粉病病菌 *Sphaerotheca pannosa*（Wallr.）Lev. var. *persicae* Woronich、黄瓜枯萎病病菌 *Fusarium oxysporum*（Schl.）f.sp.*cucumerinum* Owen。生理小种一般用编号来表示。

有些真菌有两个学名，这是因为最初命名时只发现其无性阶段，后来发现了有性阶段时又另外命名。一种生物应该只有一个学名，但为了应用上的方便，目前默许部分真菌有两个学名。例如，葡萄黑痘病病菌无性阶段的学名为 *Sphaceloma ampelinum* de Bary.，有性阶段的学名为 *Elsinoe ampelina*（de Bary.）Shear.。通常真菌无性阶段的学名更为常用。

（三）真菌的主要类群

1. 鞭毛菌亚门

鞭毛菌亚门真菌的营养体多为无隔菌丝体，少数为原生质团或具有细胞壁的单细胞；无性繁殖产生具有鞭毛的游动孢子；游动孢子多为球形、梨形或肾形，无细胞壁，顶生或侧生 1~2 根鞭毛，利用鞭毛在水中游动。有的鞭毛上具有纤细绒毛，称为绒鞭；有的鞭毛上无绒毛，称为尾鞭。游动孢子初期为梨形，顶生鞭毛，游动一段时间后变为不动的静止孢子，静止孢子可以再次伸出鞭毛形成肾形游动孢子，然后再收缩鞭毛形成无鞭毛静止孢子，最后萌发出菌丝，称为游动孢子双游式。但有些种类真菌的游动孢子第 1 次形成静止孢子就萌发出菌丝，没有第 2 次游动过程，称为游动孢子单游式。有性繁殖形成结合子或卵孢子。鞭毛菌亚门真菌大多生于水或湿土中，少数具有两栖和陆生习性。鞭毛菌亚门一般分为 4 个纲，即根肿菌纲、壶菌纲、丝壶菌纲和卵菌纲，有 10 个目 190 个属 1100 多种真菌。划分纲的依据主要是游动孢子上鞭毛的数目、类型及着生位置等。在鞭毛菌亚门中，与植物病害关系最密切的主要是卵菌纲真菌，其中有不少是重要的植物病原。

依据菌体形态、卵球数目及游动孢子等情况，通常把卵菌纲分为 4 个目，即链壶菌目、水节霉目、水霉目和霜霉目。霜霉目真菌能寄生高等植物并引起严重病害，少数水霉目真菌也能引起植物病害。

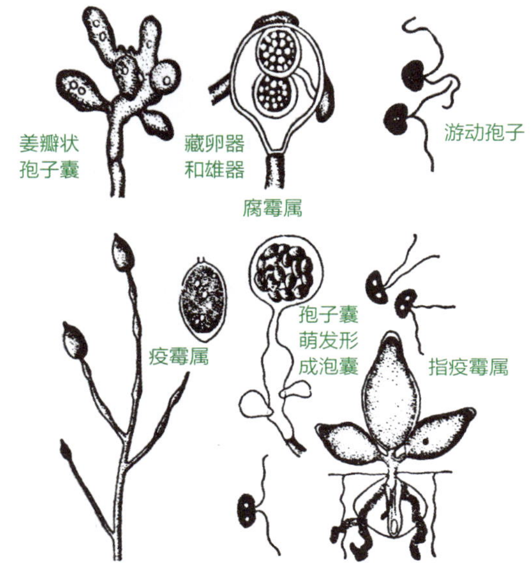

图 2-9　腐霉科的主要属

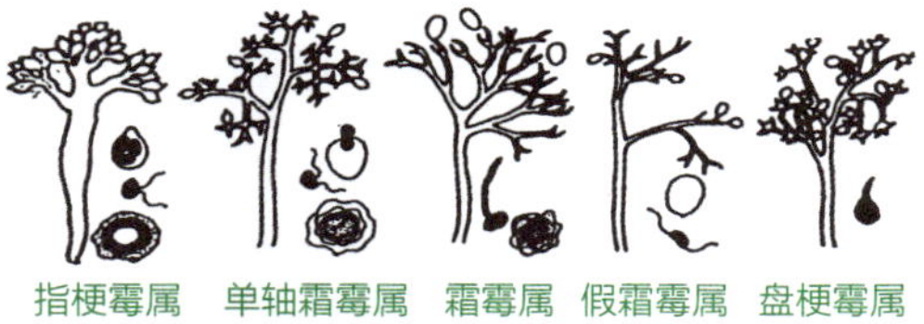

图 2-10　霜霉科的主要属

霜霉目分类主要是根据孢囊梗的形态、孢子囊的产生方式、生活习性，以及寄生性等。一般分为 4 个科，即腐霉科（图 2-9）、霜疫霉科、霜霉科（图 2-10）和白锈科。其中的重要属如下所述：

（1）腐霉属（*Pythium*）　孢囊梗与菌丝差别不大，孢子囊呈棒状、姜瓣状或球形，着生在孢囊梗顶端或菌丝中间。孢子囊萌发时先形成泡囊，在泡囊内产生游动孢子。藏卵器内仅产生 1 个卵孢子。腐霉属真菌常引起幼苗猝倒病等。

（2）疫霉属（*Phytophthora*）　孢囊梗呈不规则合轴式分枝。孢子囊顶生，呈梨形、卵形或不规则形，顶部具有乳状突起，成熟后脱落，萌发时产生游动孢子，不形成泡囊。雄器侧生或包围在藏卵器基部。疫霉属真菌常引起辣椒疫病、番茄和马铃薯晚疫病等。

（3）霜霉属（*Peronospora*）　孢囊梗顶部对称二叉状锐角分枝，末端尖细。孢子囊无乳状突起，病部产生白色或灰黑色霜霉状物。

（4）假霜霉属（*Pseudoperonospora*）　孢囊梗主干单轴分枝，以后又做 2~3 回不对称二叉状锐角分枝，末端尖细。孢子囊呈椭圆形，有乳状突起。假霜霉属真菌引起瓜类霜霉病等。

（5）单轴霜霉属（*Plasmopara*）　孢囊梗单轴分枝，分枝与主枝呈直角，分枝末端平钝。

（6）白锈属（*Albugo*）　孢囊梗不分枝，短棍棒状，密集在寄主表皮下呈栅栏状，孢囊梗顶端串生孢子囊。孢子囊成熟时突破寄主表皮，散出白色锈粉，如牵牛花白锈病。

2. 接合菌亚门

接合菌亚门真菌的共同特征是营养体为发达的无隔菌丝体，无性繁殖形成孢子囊，产生不动的孢囊孢子，有性繁殖产生接合孢子。与生产关系密切的主要是根霉属、毛霉属。

（1）根霉属（*Rhizopus*） 菌丝体发达，以假根附着在植物上，匍匐枝向外蔓延。孢囊梗2~5根与假根对生，不分枝，顶端膨大成孢子囊。孢子囊初为白色，成熟后变为黑色，破裂时散出大量球形、卵形的孢囊孢子。接合孢子为黑褐色、球形，壁厚，表面有瘤状突起，如匍枝根霉（图2-11）。根霉属真菌常引起瓜果、薯类的软腐病和瓜类的花腐病等，如桃软腐病、南瓜软腐病和百合鳞茎软腐病等。

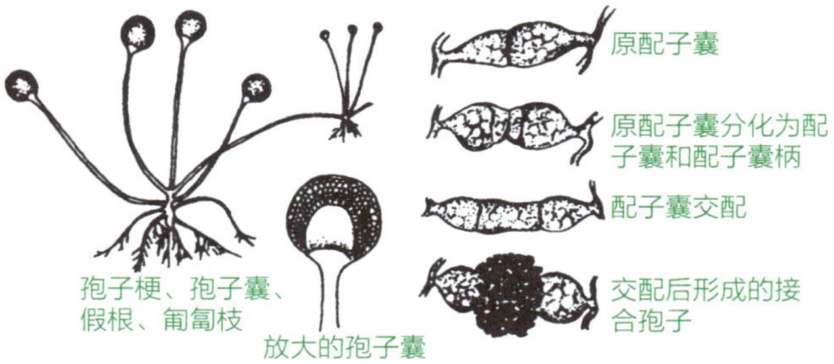

图2-11　匐枝根霉

（2）毛霉属（*Mucor*） 菌丝体分化出直立、不分枝或有分枝的孢囊梗，不形成匍匐丝与假根。毛霉属真菌引起果实及贮藏器官的腐烂。

3. 子囊菌亚门

营养体除酵母菌为单细胞外，其他子囊菌都是发达的有隔菌丝体，许多子囊菌的菌丝体还可以形成子座和菌核等结构。子囊菌的共同特征是无性繁殖产生分生孢子，有性繁殖形成子囊和子囊孢子。子囊多呈棍棒形或圆桶形，一般1个子囊内形成8个子囊孢子。子囊大多产生在由菌丝形成的子囊果内，少数裸生，不形成子囊果。子囊果有4种类型：子囊果完全封闭，没有固定的孔口称为闭囊壳；子囊果有固定孔口的称为子囊壳；子囊果呈盘状的称为子囊盘；子囊产生在子座组织内，这种内生子囊的子座称为子囊座（图2-12）。寄生植物的子囊菌形成子囊果后，往往在病害组织表面形成黑粒或小黑点状的病征。根据子囊果的有无及类型和子囊的

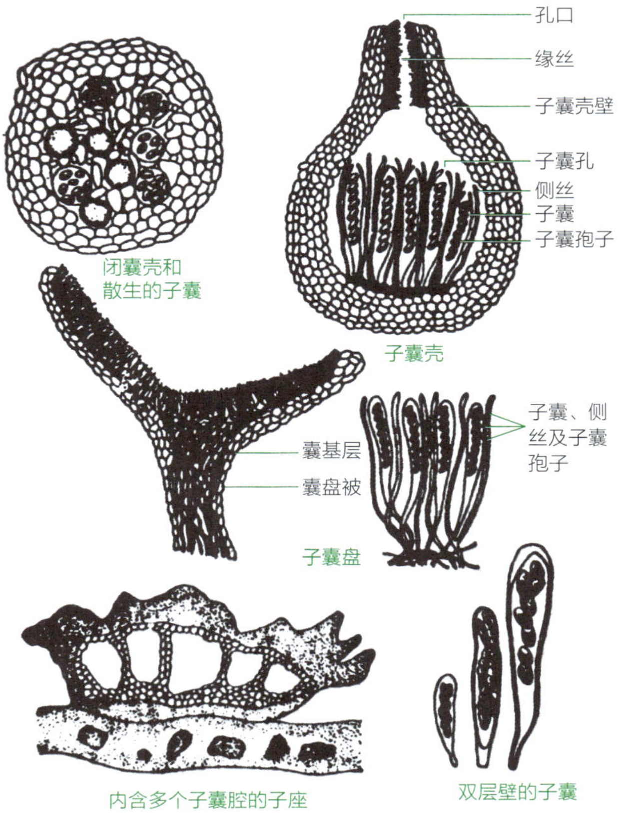

图2-12　子囊果的类型

特征，本亚门有 5 个纲与植物关系密切，除不整囊菌纲，其他纲的介绍如下：

（1）半子囊菌纲　本纲的主要特征是子囊裸生，不形成子囊果。引起植物病害的只有外囊菌目中的外囊菌属。

外囊菌属（*Taphrina*）真菌为活体寄生。菌丝体粗壮，分枝多，无性繁殖不发达；子囊长圆形，平行排列在寄主表面，不形成子囊果。子囊孢子芽殖产生芽孢子。有性繁殖可由蔓延于寄主表皮或角质层下的菌丝直接形成子囊，突破角质层外露成为灰白色霉层。外囊菌属真菌都寄生于高等植物，可引起叶片、枝梢和果实的肿胀、皱缩，如引起桃缩叶病（图 2-13）等。

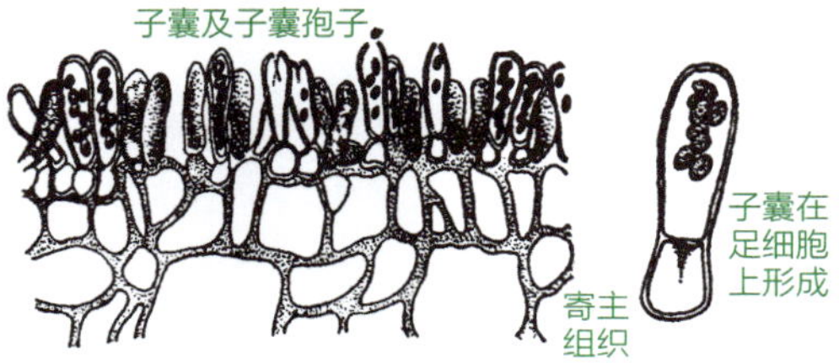

图 2-13　桃缩叶病病菌

（2）核菌纲　核菌纲是子囊菌亚门中真菌种类最多的纲，分布广泛；可腐生，也可寄生，寄生植物引起许多重要的病害。本纲的主要特征是营养体为发达的有隔菌丝；无性繁殖产生大量的各种类型的分生孢子；有性繁殖产生子囊壳和闭囊壳，子囊单层壁。核菌纲中与植物病害相关的主要有白粉菌目和球壳菌目。

白粉菌目真菌均为专性寄生菌，引起各种植物的白粉病。白粉菌的菌丝长在寄主表面，并形成指状或球状的吸器伸入寄主表皮或叶肉细胞。无性繁殖产生大量椭圆形的分子孢子，有性繁殖产生球形或近球形的闭囊壳，肉眼可见小黑点。闭囊壳四周或顶部着生各种形态的附属丝。附属丝的形态及壳内的子囊数目是分类的重要依据。常见的有白粉菌属（*Erysiphe*）、钩丝壳属（*Uncinula*）、球针壳属（*Phyllactinia*）、叉丝壳属（*Microsphaera*）、单囊壳属（*Sphaerotheca*）和叉丝单囊壳属（*Podosphaera*）（图 2-14）等。

球壳菌目真菌种类繁多，多数是腐生菌，也有寄生菌，有些引起重要的植物病害（图 2-15）。

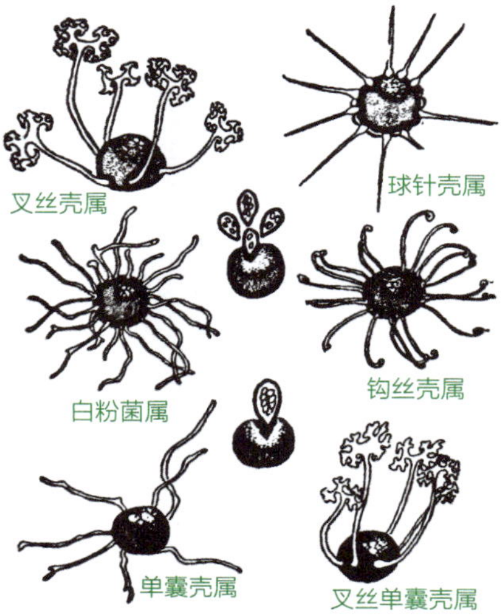

图 2-14　白粉菌目的主要属

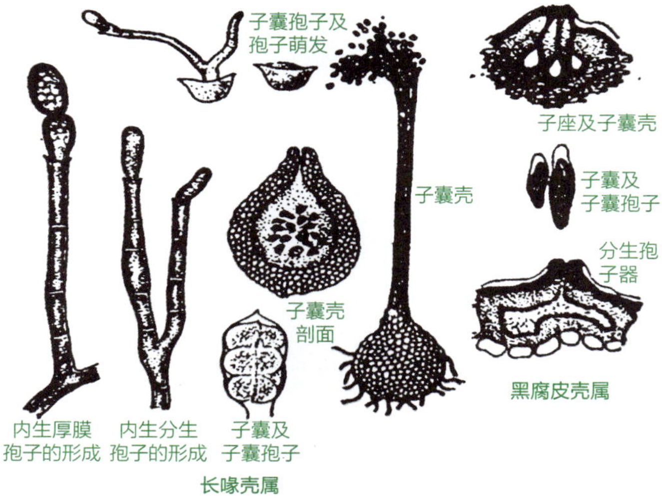

图 2-15　长喙壳属和黑腐皮壳属

1）长喙壳属（*Ceratocystis*）。子囊壳基部膨大成球形，有细长的颈，颈端裂成须状，壳壁为暗色。子囊呈方圆形。子囊孢子呈椭圆形、蚕豆形、针形或钢盔状。无性繁殖产生无色、单孢、圆柱状的内生分生孢子。例如，甘薯长喙壳菌可引起甘薯黑斑病。

2）黑腐皮壳属（*Valsa*）。子座埋生在树皮内。子囊壳呈球形或近球形，有长颈伸出子座。子囊呈棍棒形或圆柱形。子囊孢子无色、弯曲呈腊肠形。例如，苹果黑腐皮壳菌可引起苹果植株腐烂病。

（3）腔菌纲　子囊果为子囊腔，单个子囊散生在子座组织中，或许多子囊成束或成排着生在子座形成的子囊腔内。寄生类型的菌丝体多侵入寄主组织体内吸取养分。有性繁殖会在子囊腔内产生子囊孢子，子囊双层壁。本纲与植物病害关系较大的属有球腔菌属及黑星菌属等。

1）球腔菌属（*Mycosphaerella*）。子囊座着生在寄主叶片表皮下；子囊初期束生，后平行排列；子囊孢子椭圆形，无色，双细胞，大小相等。球腔菌属真菌常引起蚕豆褐斑病、黄瓜蔓枯病等。

2）黑星菌属（*Venturia*）。假囊壳大多在病残组织的表皮下形成，周围有黑色、多隔的刚毛，长圆形的子囊平行排列，成熟时伸长；子囊孢子椭圆形，双细胞，大小不等。黑星菌属真菌常引起果树黑星病。

（4）盘菌纲　子囊果呈盘状、杯状或近球形，称为子囊盘，有柄或无柄，盘内由子囊和侧丝整齐排列成子实层。一般缺乏无性阶段。盘菌为腐生菌，仅少数寄生植物。多数不产生分生孢子。本纲重要的有核盘菌属。

核盘菌属（*Sclerotinia*）真菌的菌丝体能形成菌核。菌核在寄主表面或组织内，球形、鼠粪状或不规则形，黑色。菌核产生子囊盘。子囊盘杯状或盘状，褐色。子囊孢子单孢、无色、椭圆形，不产生分生孢子。核盘菌属真菌可引起蔬菜菌核病。

4. 担子菌亚门

担子菌亚门真菌是最高级的一类真菌，因该亚门真菌都产生担子和担孢子而得名。主要特征是有性繁殖产生担子和担孢子。担子菌的营养体为有隔菌丝体，无性繁殖除锈菌和少数黑粉菌外，大多数不形成无性孢子；有性繁殖除锈菌外，直接产生担子和担孢子。担孢子产生在担子上，每个担子上一般形成 4 个担孢子。低等担子菌的担子裸生，不产生担子果。高等担子菌的担子着生在担子果上。与植物病害关系密切的主要有锈菌目和黑粉菌目。

（1）锈菌目（Uredinales）　锈菌目真菌全部为专性寄生菌（图 2–16）。菌丝体发达，寄生于寄主细胞间，以吸器穿入细胞内吸收营养。不形成担子果。锈菌目真菌主要根据冬孢子的形态、排列和萌发的形式等性状进行分类。锈菌主要是局部侵染，为害植物的绿色部分，形成许多褪绿斑点，病部产生黄色或褐色粉状物，似铁锈状，所以称为锈菌。与植物关系密切的主要有柄锈菌属和单胞锈菌属。

1）柄锈菌属（*Puccinia*）。冬孢子柄短，双孢，壁厚，深褐色，隔膜处缢缩不深，不能分离，引起豇豆锈病、蚕豆锈病等。

2）单胞锈菌属（*Uromyces*）。冬孢子有柄，单孢，常引起菜豆锈病、葱锈病等。

（2）黑粉菌目（Ustilaginales） 冬孢子萌发形成先菌丝和担孢子，担子无隔或有隔，担孢子直接产生在担子上。黑粉菌不是专性寄生，大多为兼性寄生，寄生性较强。黑粉菌的分类主要根据冬孢子的性状，如孢子的大小、形态、纹饰、是否有不孕细胞、萌发的方式及孢子堆的形态等。但是有些黑粉菌的寄主范围也作为种的鉴别性状。黑粉菌多半引起全株性侵染，也有局部性侵染的，在寄主的花期、苗期和生长期均可侵入。为害寄主植物时，通常在发病部位形成黑色粉状物，所以称为黑粉菌。

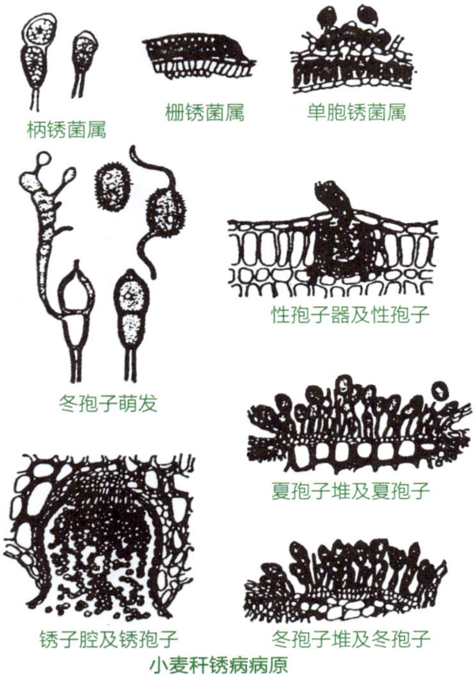

图 2-16 锈菌的代表属

5. 半知菌亚门

半知菌亚门是有性世代不明的真菌，有性阶段不明或不产生分生孢子，只有菌丝体。在真菌生活史中，可以看到有性繁殖时期和只进行无性繁殖的时期。由于对其生活史了解不足，因此得名半知菌。营养体为有隔菌丝体，少数为单细胞（酵母类）。菌丝体可以形成菌核或厚膜孢子等结构，也可以形成分化程度不同的分生孢子梗，梗上着生分生孢子。在繁殖过程中，可形成 4 种形状的无性子实体，分生孢子梗聚生呈丛状或束状，孢子梗分枝末端产生分生孢子的称为分生孢子梗束；分生孢子梗与菌丝体相互交织形成一个瘤状结构并突出于表面的称为分生孢子座；在寄主表皮下先由菌丝组成一个盘状结构，分生孢子梗及分生孢子着生在其中的称为分生孢子盘；由菌丝交织形成一个有孔口的球形或瓶形容器状结构，分生孢子梗和分生孢子着生其中的称为分生孢子器。

植物病原真菌中绝大部分是半知菌，其中与园艺植物相关的主要属如下：

（1）无孢菌目（Agonormycetales） 无性繁殖不产生分生孢子，有的能形成厚垣孢子或菌核。菌丝体发达，呈褐色或无色（图 2-17）。无孢菌目真菌主要为害植物的根、茎基或果实等部位，引起立枯、根腐、茎腐和果腐等症状。重

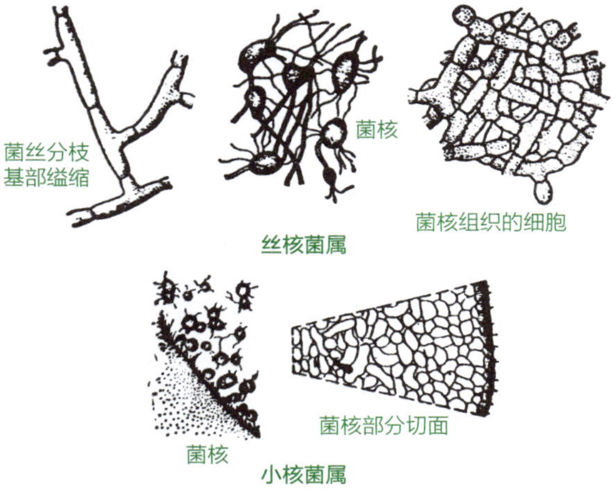

图 2-17 无孢菌目的代表属

要的植物病原有：

1）丝核菌属（*Rhizoctonia*）。菌丝多呈直角分枝且在分枝处缢缩，粗而短，褐色。菌核内外颜色相同，呈褐色至黑色，菌核之间有丝状体相连，不产生无性孢子。丝核菌属真菌侵染植物根、茎引起猝倒病或立枯病等。

2）小核菌属（*Sclerotium*）。产生较规则的圆形或扁圆形菌核，表面为褐黑色，内部为白色，菌核间无菌丝相连。小核菌属真菌引起白绢病。

（2）丝孢目（Hyphomycetales）分生孢子直接从菌丝上产生或从散生的分生孢子梗上产生，分生孢子与分生孢子梗无色或有色，重要的属有（图 2–18）：

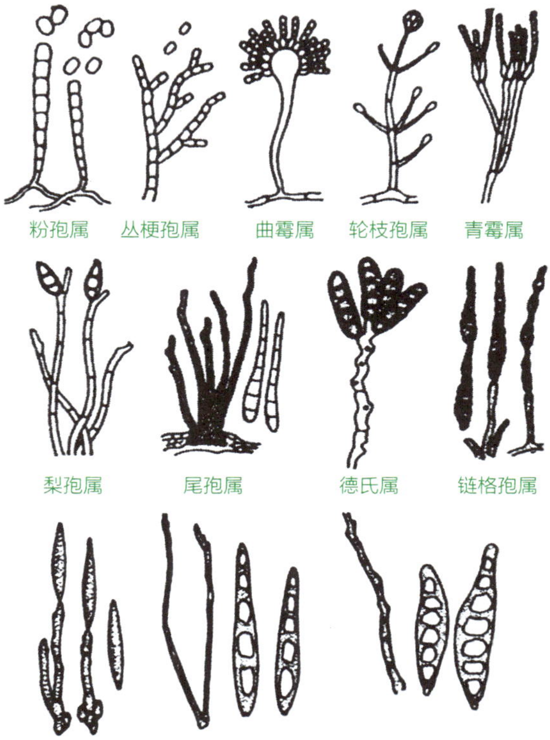

图 2–18　丝孢目的代表属

1）葡萄孢属（*Botrytis*）。分生孢子梗无色，顶端细胞膨大成球形，上面着生许多小梗；分生孢子单孢，无色，椭圆形，着生于小梗上聚集成葡萄穗状。葡萄孢属真菌引起多种植物幼苗、果实及贮藏器官的猝倒、落叶、花腐、烂果等，如灰霉病。

2）粉孢属（*Oidium*）。分生孢子梗直立，顶部产生菌丝型的分生节孢子（粉孢子）。分生孢子串生、单孢、无色，为白粉病的无性阶段。

3）青霉属（*Penicillium*）。分生孢子梗直立，顶部一至多次分枝，形成扫帚状，分枝顶端产生瓶状小梗，小梗顶端产生成串的分生孢子，分生孢子单孢、无色。青霉属真菌引起果实青霉病。

4）轮枝孢属（*Verticillium*）。分生孢子梗轮状分枝，孢子卵圆形至椭圆形、单细胞、单生或聚生。轮枝孢属真菌引起茄、辣椒黄萎病。

5）链格孢属（*Alternaria*）。分生孢子梗深色，顶端单生或串生浅褐色至深褐色、砖隔状分生孢子。孢子倒棍棒状椭圆形或卵圆形，顶端有喙状细胞。链格孢属真菌引起番茄、马铃薯早疫病等。

6）尾孢属（*Cercospora*）。分生孢子梗为黑褐色，不分枝，呈屈膝状，束生在子座组织上。子座明显突出叶片背面，呈黑色小点，排列成轮纹状。分生孢子呈鞭形或线形，具有分隔。尾孢属真菌引起叶斑病等。

7）梨孢属（*Pyricularia*）。分生孢子梗细长，无色，具有分隔，极少分枝，单生或丛生。分生孢子梨形，无色，2~3 个细胞，单生于分生孢子梗的顶端，如稻瘟病病菌。

8）黑星孢属（*Fusicladium*）。分生孢子梗呈黑褐色，较短，顶端着生分生孢子，脱落后在梗上留有明显的孢痕。分生孢子深褐色，椭圆形、梨形或瓜子形，单孢或双孢。有性阶段为黑星菌属，如梨和苹果黑星病。

（3）瘤座孢目（Tuberculariales） 分生孢子梗着生于分生孢子座上，分生孢子座呈球形、碟形或瘤状，鲜黄色或暗色。重要的属为镰孢属。

镰孢属（*Fusarium*），其分生孢子梗聚生于分生孢子座，分生孢子梗形状、大小不一。大型分生孢子多孢、镰刀型，小型分生孢子单孢、椭圆形至卵圆形，聚生呈粉红色。镰孢属真菌常引起蔬菜、瓜类枯萎病等。

（4）黑盘孢目（Melanconiales） 分生孢子着生于分生孢子盘内。其下的刺盘孢属（*Colletotrichum*），分生孢子盘着生在寄主表皮，有时生有褐色、具有分隔的刚毛；分生孢子梗无色至褐色，分生孢子无色、单孢，长椭圆形或新月形。刺盘孢属真菌引起炭疽病。

（5）球壳孢目（Sphaeropsidales） 分生孢子产生在分生孢子器内，分生孢子器呈球形，顶端有孔口。

1）叶点霉属（*Phyllosticta*）。分生孢子器呈暗色、扁球形至球形，有孔口；分生孢子梗短，分生孢子小、单孢、无色，呈卵圆形至长椭圆形。叶点霉属真菌寄生性强，可引起菜豆、豇豆、扁豆褐纹病，豌豆叶斑病，黄瓜叶斑病等。

2）壳针孢属（*Septoria*）。分生孢子器为黑色，近圆形，有孔口，着生于寄主表皮下，部分露出。分生孢子梗短，分生孢子细长、线形、无色，有数个分隔。壳针孢属真菌引起番茄斑枯病等。

3）拟茎点霉属（*Phomopsis*）。分生孢子器内产生 2 种分生孢子，常见的分生孢子呈卵圆形，单孢；另一种分生孢子呈线形，一端弯曲呈钩状。拟茎点霉属真菌常引起茄褐纹病等。

二、植物病原原核生物

原核生物是指其遗传物质（DNA）分散在细胞质中，无核膜包围，无明显的细胞核。细胞质中含有小分子的核蛋白体，但无内质网、线粒体等细胞器。原核生物界的成员很多，有细菌、放线菌、植原体、螺旋体等，通常以细菌作为原核生物的代表。

细菌属原核生物界、细菌门，为单细胞生物，大小介于真菌与病毒之间。目前已知的有 5 个属 40 多个种，近 200 多个致病变种。

（一）植物病原细菌的一般特征

细菌个体小，通常要经过染色后在高倍显微镜下放大 1000 倍才能观察到。植物病原细菌都是单细胞，具有细胞壁、原生质膜、原生质、核物质及各种内含体，但无核膜，有些有荚膜。细菌的形态有球状、杆状和螺旋状，植物病原细菌都是杆状。绝大多数都有鞭毛，少数种类无鞭毛。

植物病原细菌不含有叶绿素，因而是异养的，依靠寄生和腐生生存。通过细胞的渗透作用直接吸收，同时分泌酶类将不溶物转化为可溶物，供其吸收。所有的植物病原细菌都是死体营养生物，都可在人工培养基上生长繁殖。植物病原细菌以裂殖方式繁殖。在适宜条件下，每小时分裂一至数次，繁殖速度极快。植物病原细菌一般在中性偏碱的环境中生长良好，好气，生长的最适温度为 26~30℃。因此，一般高温、多雨（尤以暴风雨）、湿度大、氮肥过多等因素均有利于细菌病害的流行。

（二）植物病原细菌的主要类群

根据细菌的形态、染色反应、生理生化性状、血清反应及致病性等特征，把植物病原细菌主要分为 14 个属，与植物病害相关的主要有以下 5 个属：

（1）棒状杆菌属（*Corynebacterium*）　革兰氏染色阳性。

（2）假单胞杆菌属（*Pseudomonas*）　革兰氏染色阴性，鞭毛极生，数根，菌落为白色。

（3）黄单胞杆菌属（*Xanthomonas*）　革兰氏染色阴性，鞭毛极生，1 根，菌落为黄色。

（4）土壤杆菌属（*Agrobacterium*）　革兰氏染色阴性，鞭毛周生，1~4 根，引起肿瘤。

（5）欧文氏菌属（*Erwinia*）　革兰氏染色阴性，鞭毛周生，多根，引起腐烂或萎蔫。

（三）细菌病害的症状及识别

（1）坏死型　主要发生在叶片和茎秆上，出现各种不同的斑点或枯焦，前者如黄单胞杆菌引起的棉花角斑病、柑橘溃疡病，后者如水稻白叶枯病。

（2）腐烂型　由于细菌分泌的果胶酶的分解作用而使受害植物的根、茎、块根、块茎、果实、穗等肥厚多汁器官的细胞解离、组织崩溃腐烂，甚至整株腐烂黏滑、发臭，如欧文氏菌引起的细菌性软腐病。

（3）萎蔫型　引起萎蔫型病害的细菌能产生毒素、破坏维管束或细菌大量繁殖堵塞导管，阻碍水分输送，引起局部或全株凋萎的现象。横切幼嫩维管束组织，并用力挤压，在切口处有污白色的液体流出。例如，假单胞杆菌引起的萎蔫病，欧文氏菌引起的梨火疫病。

（4）畸形　细菌产生的激素刺激植物的根、根颈及茎干上的细胞增生、组织膨大而形成肿瘤、毛根及丛枝等症状，如白菜根癌病等。

细菌与真菌引起的病害症状，虽然有时在寄主植物上的表现相似，但细菌病害的后期，如遇适宜温湿度条件，往往在病部溢出大量细菌的黏液，并形成菌脓、菌痂，同时伴有恶臭的气味。这是细菌性病害的重要标志，可作为田间鉴别的依据。

三、植物病原病毒

植物病原病毒是仅次于真菌的重要病原，目前已命名的植物病毒达 1000 余种。大田作物、果树、蔬菜、花卉、林木等都有病毒病，甚至在一种植物上常发生几种或几十种病毒病害。

（一）植物病毒的一般特征

病毒是个体微小的非细胞状态寄生物，结构简单，主要由核酸和蛋白质组成，又称为分子寄生物。病毒是一种严格寄生性的专性寄生物。

1. 植物病毒的形态

形态完整的病毒称作病毒粒体。高等植物病毒粒体主要为线状、杆状和球状（图 2-19），少数为弹状等。线状、杆状和短杆状的病毒粒体两端钝圆或平截。病毒的大小、长度，个体之间并不一致，一般是以平均值来表示。线状病毒粒体大小为 750nm×（10~13）nm，个别长达 2000nm 以上；杆状病毒粒体大小为（100~250）nm×（15~80）nm；球状粒体为多面体，称为多面体病毒或二十面体病毒，病毒粒体直径多为 20~35nm，少数可达 70~80nm；弹状病毒粒体大小为（58~240）nm×（18~90）nm。

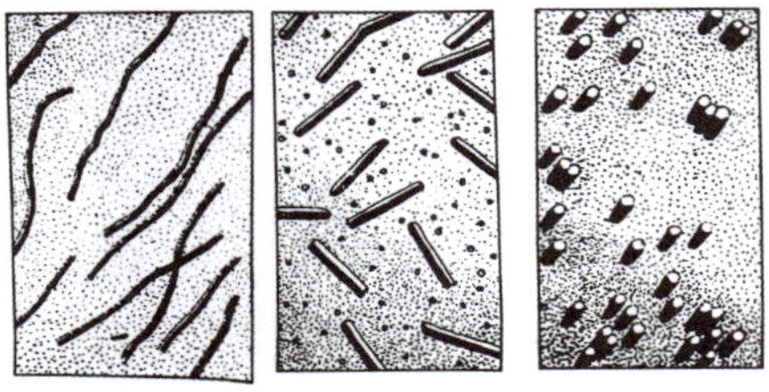

图 2-19　电镜下病毒粒体形态

2. 植物病毒的结构和成分

植物病毒粒体由核酸和蛋白质衣壳组成。蛋白质在外形成衣壳，核酸在内形成心轴，如烟草花叶病毒（图 2-20）。

植物病毒粒体的主要成分是核酸和蛋白质，核酸和蛋白质的比例因病毒种类而异，一般核酸占 5%~40%、蛋白质占 60%~95%。此外，还含有水分、矿物质元素等；有些病毒粒体还含有脂类、碳水化合物、多胺类物质；有少数植物病毒含有不止一种蛋白质或酶系统。

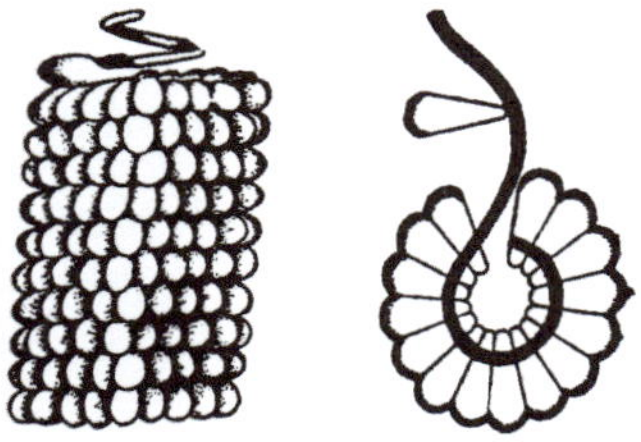

图 2-20　烟草花叶病毒结构

一种病毒粒体内只含有一种核酸（RNA 或 DNA）。高等植物病毒的核酸多数是单链 RNA，极少数是双链的（三叶草伤瘤病毒）。个别病毒是单链 DNA（联体病毒科）或双链 DNA（花椰菜花叶病毒）。

植物病毒外部的蛋白质衣壳具有保护核酸免受核酸酶或紫外线破坏的作用。蛋白质亚基是由许多氨基酸以多肽连接形成的。病毒粒体的氨基酸有 19 种或 20 种，氨基酸在蛋白质中的排列次序由核酸控制，同种病毒的不同株系，蛋白质的结构可以有一定的差异。

3. 植物病毒的复制和增殖

由于植物病毒的核酸主要是 RNA，而且是单链的，病毒的 RNA 分子并不是直接作为模板复制新的病毒 RNA，而是先形成相对应的“负模板”，再以“负模板”为模板不断复制新的病毒 RNA 。新形成的病毒 RNA 控制蛋白质衣壳的复制，然后核酸和蛋白质进行装配形成完整的子代病毒粒体。核酸和蛋白质的合成和复制及子代病毒的装配，都需要寄主提供的场所（通常在细胞质或细胞核内）、复制所需的原材料和能量、寄主的部分酶和膜系统，因而病毒的繁殖不同于一般细胞生物的繁殖，而是叫复制和增殖。

4. 病毒的稳定性

病毒对外界条件的影响有一定的稳定性，不同的病毒对外界环境影响的稳定性不同。

这种特性，可用作鉴定病毒的依据之一。

（1）失毒温度　即把病株组织的榨出液在不同温度下处理10min，在10min内使病毒失去传染力的临界处理温度称为该病毒的失毒温度。例如，烟草花叶病毒的失毒温度为90~93℃，黄瓜花叶病毒的失毒温度为55~65℃。

（2）稀释终点　即把病株组织的榨出液用水稀释，超过一定限度时，病毒便失去传染力，这个保持侵染能力的最大稀释倍数称为稀释终点。例如，烟草花叶病毒的稀释终点为100万倍左右，黄瓜花叶病毒的稀释终点为1000~10000倍。

（3）体外保毒期　即病株组织的榨出液在室温（20~22℃）下能保存其传染力的最长时间称为病毒的体外保毒期。例如，烟草花叶病毒的体外保毒期为1年以上，黄瓜花叶病毒的体外保毒期为1周左右。

（4）对化学因素的反应　病毒对一般的杀菌剂、硫酸铜、甲醛等的抵抗力都很强，但肥皂等除垢剂可以使病毒的核酸和蛋白质钝化，因此常把除垢剂作为病毒的消毒剂。

（二）植物病毒的传播侵入

病毒的传播途径可以分为介体传播和非介体传播2种。

1. 介体传播

介体传播是指病毒依附在其他生物体上，借其他生物体的活动而进行的传播，例如：

（1）昆虫介体传播　目前已知的昆虫介体有400种，有70%为半翅目的蚜虫、叶蝉和飞虱等。在蚜虫介体中大约有200种可传播160多种植物病毒。有的蚜虫只传播2~3种病毒，桃蚜可以传播100种以上的病毒。在160多种植物病毒中，有的只由1种蚜虫传播，有的可由多种蚜虫传播，黄瓜花叶病毒甚至可以由75种蚜虫传播。

有49种叶蝉是病毒的传播介体。仅飞虱亚目中的一部分飞虱能传播植物病毒，它们主要传播禾本科植物病毒，如小麦丛矮病和玉米粗缩病等。

昆虫在病株上获毒后，保持传毒能力时间的长短有很大差别。

1）根据昆虫获毒后传毒期限的长短，可分为3种类型。

①非持久性传毒：昆虫获毒后立刻就能传毒，但很快就会失去传毒能力。

②半持久性传毒：昆虫吸食病毒不能马上传毒，病毒要经过中肠到达唾液腺，再经唾液的分泌传染病毒。从吸食病毒到可以传毒这段时间叫作循回期。昆虫的传毒有循回期，传毒能力可以保持一定期限，但不可以终生传毒。

③持久性传毒：昆虫获毒后要经过循回期才可传毒，且可终生保持传毒能力或经过卵传毒。

2）根据病毒在刺吸式口器昆虫体上的存在部位及病毒的传染机制，将传毒类型分为3种。

①口针型带毒型：这类病毒存在于口针的前端，吸毒后可以马上传毒，其传染性状相当于非持久性病毒，如由一些蚜虫传播的花叶病毒。

②循回型：昆虫吸食病毒后不能马上传毒，要经过循回期才能传毒。传毒时间较长，

但病毒不能在昆虫体内复制。

③增殖型：病毒在虫体内有循回期，而且可在昆虫体内复制和增殖。其传染性状相当于持久性病毒，如灰飞虱传播小麦丛矮病病毒等。

（2）土壤中的线虫或真菌介体传播　目前已知 5 个属 38 种线虫可传播 80 种植物病毒或其不同的株系。由于线虫在土壤中移动很慢，传播距离有限，因此，这些病毒的远距离传播主要依靠苗木，大多数还可以通过感病野生杂草的带毒种子传播。小麦土传花叶病毒由土壤中的黏菌传播。

2. 非介体传播

病毒传播中无其他有机体介入的传播方式称为非介体传播，包括汁液接触传播、嫁接传播和花粉传播等。病毒随种子和无性繁殖材料传带而扩大分布的情况是一种非介体传播。

（1）汁液接触传播　汁液接触传播又称为机械传播，许多体外稳定性强的病毒，多数可通过机械擦伤的形式进行传播。自然情况下，病株与健株叶片的相互摩擦、田间的农事操作（整枝、打杈、绑蔓等）及农具接触，均能造成微伤而传播病毒病害。

（2）嫁接传播　果树嫁接、自然条件下的根接及菟丝子的寄生等，均能将病株体内的病毒粒体传给健株引起病害发生。可见，选择健康不带毒的砧木或接穗、切断病株与健株的根部接触及及时防治菟丝子的为害等，对控制植物病毒病为害极为重要。

（3）花粉传播　由种子传带的病毒中有许多是花粉传播的，即病株花粉传到健株上进行授粉，从而使所得种子带毒。有的甚至还能引起整个健株的系统性感病。有些果树病毒病的传播即是以这种形式完成的；在草本植物中也有类似情况，如菜豆花叶病毒等。

不同种类的病毒需要一定的传播方式，一种传播方式只能传播特定的病毒。

（三）重要的植物病原病毒

1. 植物病毒的分类

植物病毒的分类依据主要有以下几点：构成病毒基因组的核酸类型（DNA 或 RNA）；核酸是单链还是双链；病毒粒体是否存在脂蛋白包膜；病毒形态；核酸分段状况（多分体现象）等。

根据上述主要依据，已报道 977 种植物病毒，分别在 15 个科 73 个属中（包括 24 个未定科的悬浮属）。根据核酸的类型和链数，可将植物病毒分为双链 DNA 病毒、单链 DNA 病毒、双链 RNA 病毒、负单链 RNA 病毒及正单链 RNA 病毒等。

在植物病毒的分类系统中，以前多数学者认为病毒“种”的概念还不够完善，采用门、纲、目、科、属、种的等级分类方案不成熟。所以，近代植物病毒分类的基本单位不称为“种”，而称为成员（member），近似于属的分类单位称为组（group）。1995 年出版的国际病毒分类委员会（International committee on taxonomy of viruses，ICTV）第六次报告，将 729 个种分为 9 个科 47 个属，基本明确了科、属、种的关系。

株系（strain）和变株（variant）是病毒种下的分类单元，具有生产上的重要性。一般将自然存在的称为株系，人工诱变的称为变株。不同株系之间在蛋白质衣壳中氨基酸的成分、介体昆虫的专化程度、传染效率和症状的严重度等方面存在性状差异。

2. 植物病毒的命名

植物病毒的命名方法有多种，如目录法、双名法、俗名法等。一般来讲，前两种方法使用少，目前我国使用的植物病毒名称以俗名法为普遍，它也是目前国际上通用的方法。这种命名法是将寄主的俗名＋症状特点＋病毒组合而成。例如，烟草花叶病毒为 *Tobacco mosaic virus*，为了方便也可缩写成 TMV。

3. 常见的植物病毒

（1）烟草花叶病毒属（*Tobamovirus*）和烟草花叶病毒（TMV）　烟草花叶病毒属有 16 个种和 1 个暂定种，典型种为烟草花叶病毒。病毒形态为直杆状，直径为 18nm，长为 300nm；病毒粒体的沉降系数 S_{20w} 为 194S、相对分子质量为 40×10^6u，病毒粒体中核酸占 5%、蛋白质占 95% 左右；基因组核酸为一条（+）ssRNA 链；衣壳蛋白亚基为一条多肽。

烟草花叶病毒属中的大多数病毒寄主范围广，属于世界性分布；依靠植株间的接触、花粉或种苗传播，对外界环境的抵抗力强；可引起番茄、马铃薯、辣椒等茄科植物的花叶病。

（2）马铃薯 Y 病毒属（*Potyvirus*）和马铃薯 Y 病毒（*Potato virus Y*，PVY）　它是植物病毒中最大的一个属，病毒呈线状，通常长 750nm，直径为 11~15nm，具有一条正单链 RNA，病毒粒体中核酸占 5%~6%、蛋白质占 94%~95%。病毒粒体的沉降系数 S_{20w} 为 150~160S。马铃薯 Y 病毒属病毒主要以蚜虫进行非持久性传播，绝大多数可以通过接触传染，个别可以种传。所有病毒均可在寄主细胞内产生典型的风轮状内含体或核内含体和不定形内含体。

马铃薯 Y 病毒主要侵染马铃薯、番茄等植物，可在茄科植物和杂草上越冬，自然状态下由桃蚜等蚜虫以非持久性方式传播。

（3）黄瓜花叶病毒属（*Cucumovirus*）和黄瓜花叶病毒（*Cucumber mosaic virus*，CMV）　黄瓜花叶病毒属有 3 个种，即黄瓜花叶病毒、番茄不孕病毒（*Tomato aspermy virus*，TAV）和花生矮化病毒（*Peanut stunt virus*，PSV）。典型种为黄瓜花叶病毒，病毒粒体呈球状，直径为 28nm，属于三分体病毒。病毒粒体中 ssRNA 含量为 18%、蛋白质含量为 82%，沉降系数 S_{20w} 为 99S。在黄瓜花叶病毒病毒粒体中有卫星 RNA 的存在，黄瓜花叶病毒即成为卫星 RNA 的依赖病毒，并能影响黄瓜花叶病毒 RNA 的复制。黄瓜花叶病毒在自然界依赖蚜虫以非持久性方式传播，也可由汁液接触传播，少数报道可由土壤带毒而传播。

黄瓜花叶病毒寄主包括 10 余科的上百种双子叶植物和单子叶植物，且常与其他病毒复合侵染，使病害症状复杂多变。传播的介体昆虫主要是棉蚜和桃蚜，大约有 75 种蚜虫。由于病株体内的病毒含量很高，因此传毒效率也很高。

（四）植物病毒病的症状

植物病毒病常见的病状有变色、花叶、斑驳、黄化、丛枝、矮化、畸形及坏死斑等。有些病毒病也常形成内部病征，即在寄主表皮细胞内产生内含体、各种形态的结晶体等，可作为诊断病毒病的依据。

有些植物感染病毒后不表现症状，生长发育和产量也未受到显著影响，称为“带毒现象”，被寄生的植物称为“带毒寄主”。

一种植物病毒所引起的症状，可以随着寄主植物种类而有所不同，如烟草花叶病毒在普通烟草上引起全株性花叶，在心叶烟草上则形成局部性枯斑；而两种或两种以上病毒的复合侵染，症状表现更加复杂，如黄瓜花叶病毒引起番茄的蕨叶症状，与烟草花叶病毒复合侵染则引起严重的条斑。有时复合侵染的两种病毒会发生拮抗作用，最明显的是交互保护，即先侵染的病毒可以保护植物不受另一种病毒的侵染，如经诱变获得的番茄花叶病毒的弱毒疫苗 N14 的使用，可有效降低番茄条斑病的发病程度。

温度和光照对病毒病症状的影响很大，高温可以抑制许多花叶型病毒的表现症状，如烟草感染烟草花叶病毒后，在 10~35℃气温下，表现典型的花叶症状；若气温持续超过 35℃，则症状逐渐消失。这种植物体内有病毒，只因环境条件不适宜而不表现症状，当环境条件适宜时症状又可出现，称为“隐症现象”。

四、植物病原线虫

线虫又称蠕虫，是一类低等动物。多数线虫能独立生活于土壤和水流中，但也有不少种类寄生于人类、动物和植物。寄生于植物的类群称为植物病原线虫。线虫为害植物与一般害虫不同，它能引起寄主生理机能的破坏和一系列的病变，所以称为植物线虫病。

（一）植物病原线虫的一般特征

1. 植物病原线虫的外部形态及大小

植物病原线虫一般是圆筒状，两端尖，体形细小，长为 0.5~1mm，宽为 0.03~0.05mm。大多数为雌雄同型，少数为雌雄异型，雌虫为梨形、球形和长囊状等（图 2-21）。线虫虫体多为乳白色或无色透明，有些种类的成虫体壁可呈褐色或棕色。

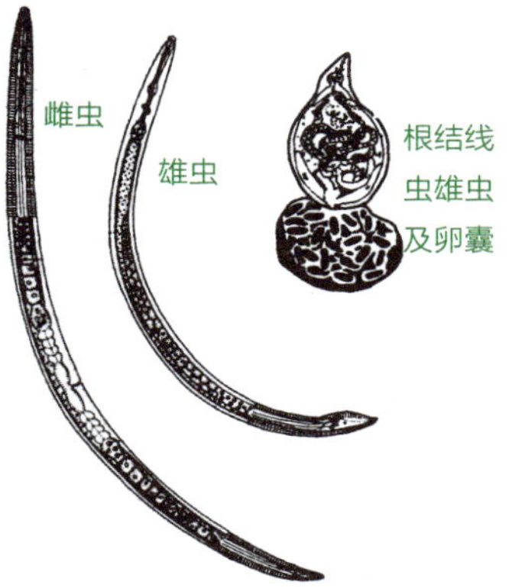

图 2-21 植物病原线虫形态

2. 植物病原线虫的内部结构

植物病原线虫外层为体壁，不透水、角质，有弹性，表面光滑或有纵横条纹，有保持体形、膨压和防御外来毒物渗透的作用。体壁下为体腔，其内充满体腔液，有消化、生殖、神经、排泄等系统。线虫无循环和呼吸系统，消化系统和生殖系统最为发达，神经系统和排泄系统相对较简单。

线虫的消化系统是从头部的口孔连接到肛门的直通管道。口孔上有 6 个突起称为唇；口孔后方有口腔；口腔下连食道，其中部可形成膨大的食道球，主要起唧筒作用，以吸取植物汁液；食道后端有分泌唾液或消化液的食道腺，或称为唾液腺；食道后面是肠，并连接到尾端的直肠和肛门。植物病原线虫口腔中有 1 根吻针，用以穿刺植物组织，分泌消化酶，溶解细胞中的物质，然后再将食物吸入食道。

线虫的生殖系统非常发达，占据体腔的大部分空间。雌线虫通常有 1~2 个卵巢，通过输卵管连到子宫和生殖孔，子宫的一部分可以膨大形成受精囊。雌虫的肛门与生殖孔是分开的。雄虫有 1~2 个精巢（又称睾丸），它连接输精管和虫体末端的泄殖腔。泄殖腔内有 1~2 根交合刺。有些雄线虫的尾端还有交合伞等结构。

3. 植物病原线虫的生物学特性

线虫在土壤或植物组织中产卵。1 龄幼虫往往在卵中蜕皮，卵孵化后形成 2 龄幼虫，2 龄幼虫侵入寄主为害。幼虫一般蜕皮 4 次即变为成虫。交尾后雄虫死亡，雌虫产卵。线虫完成生活史的时间长短不同，一般为 1 个月左右，1 年可繁殖几代。

不同线虫的寄生方式不同。大多数线虫仅在寄主体外以口针穿刺植物组织营寄生生活，称为外寄生，这类线虫不容易被发现；有些线虫则在寄主组织内营寄生生活，称为内寄生；少数线虫则是先进行外寄生然后进行内寄生。

线虫对植物的致病作用，除用口针刺伤寄主和在植物组织内穿行造成机械伤外，主要是线虫穿刺寄主时分泌的唾液中含有各种酶或毒素，造成各种病变，同时伤口也是许多病原的重要侵染途径。

线虫的传播途径主要是借寄主植物的种子及无性繁殖材料等进行远距离传播，如小麦粒线虫、谷子线虫、甘薯茎线虫等。近距离传播主要通过土壤、流水、人畜活动和农具等，线虫本身的主动传播距离有限。

不同种类的线虫对环境条件的要求不同。适于线虫发育和孵化的温度一般为 20~30℃。较高温度（45~55℃）对线虫不利，甚至可以致死。土壤湿度有利于线虫的活动，但不同种类的线虫对土壤水分的要求不同。大多数线虫在较干旱的条件下有利于生长和繁殖；而有些线虫则在淹水的条件下有利于生长和繁殖。此外，植物线虫病一般在沙壤土中发生严重，但有些则在黏重土中发生严重。

（二）植物病原线虫的主要类群

线虫为动物界、线虫动物门的低等动物。门下设侧尾腺口纲和无侧尾腺口纲。植物病原线虫分属于垫刃目、滑刃目和三矛目，目以下分总科、科、亚科、属、种。种的名称采用双名法。其中以下属与植物联系密切：

（1）胞囊线虫属（*Heterodera*）　寄生于植物的根和块根皮层组织内，为害根部但不形成根结。雄虫蠕虫形、透明柔软。雌虫 2 龄后逐渐膨大，呈梨形或球形、金黄色或深褐色，坚硬不透明。卵一般不排出体外，整个雌虫体形成卵袋称为胞囊。生长后期胞囊自病株脱落，在土壤中越冬。例如，大豆胞囊线虫等。

（2）根结线虫属（*Meloidogyne*）　内寄生于植物根部，刺激根形成根结。雌虫呈球形或梨形，存于根结内。卵产在尾端分泌的胶质卵囊内，不产生胞囊。卵在雌虫体内或卵囊内发育成幼虫，成为第 2 年初侵染来源。例如，花生根结线虫、瓜类根结线虫等。

（3）粒线虫属（*Anguina*）　寄生在植物地上部分，刺激病茎、叶、花、果形成虫瘿。雌虫、雄虫虫体均为圆筒状，但雌虫粗壮，头部钝化，尾端尖锐，虫体向腹面卷曲。例如，小麦粒线虫。

（4）茎线虫属（*Ditylenchus*） 寄生在植物地上部分或地下部块茎和鳞茎上。雌虫、雄虫虫体均为细长线状，尾端狭小呈圆锥形。例如，甘薯茎线虫。

此外，滑刃线虫属（*Aphelenchoides*）线虫可引起水稻干尖线虫病、谷子线虫病等。

（三）植物线虫病的特征

植物线虫为害时，主要侵染根、块根、块茎或鳞茎等，茎、叶、芽、穗及子房等也可受害。线虫侵染寄主后，除不断刺伤植物组织获取营养外，还分泌大量的唾液等物质。这些分泌物对寄主的生长发育影响很大，主要表现包括刺激细胞增大或加速细胞分裂、抑制植物根茎分生组织的分裂活动、溶解果胶质或细胞壁等。因此，线虫为害植物后，可以表现局部性症状和全株性症状。局部性症状多出现在地上部分，如顶芽坏死、茎叶卷曲、叶瘿、种瘿等；全株性症状则表现为营养不良、植株矮小、生长衰弱、发育迟缓、叶色变浅等，有时还有丛根、根结、根腐等症状。

五、寄生性种子植物

（一）寄生性种子植物的概念及特点

大多数植物为自养生物，能自行吸收水分和矿物质，并利用叶绿素进行光合作用合成自身生长发育所需要的各种营养物质。但是，大约有 2500 种高等植物和少数低等植物，由于叶绿素缺乏或根系、叶片退化，必须寄生在其他植物上以获取营养物质，这类植物称为寄生性植物。大多数寄生性植物为高等的双子叶植物，可以开花结籽，又称为寄生性种子植物，如菟丝子、列当等。还有少数低等的藻类植物，也能寄生在高等植物上，引起藻斑病等。

寄生性植物的寄主大多数是野生木本植物，少数是农作物或果树。从田间的草本植物、观赏植物、药用植物到果树林木和行道树等均可受到不同种类寄生性植物的为害。寄生性植物的寄主范围也各不相同，比较专化的只能寄生一种或少数几种植物，如亚麻菟丝子只寄生在亚麻上。有些寄生性植物的寄主范围很广，如桑寄生的寄主范围包括 29 科、54 种植物。桑寄生的寄主为阔叶树种。檀香科重寄生属的植物常寄生在槲寄生、桑寄生和大苞鞘花等桑寄生科的植物上，这种以寄生性植物为寄主的寄生现象称为重寄生。

根据寄生性植物对寄主植物的依赖程度，可将寄生性植物分为全寄生和半寄生两类。全寄生性植物无叶片或叶片已经退化，无叶绿素，根系蜕变为吸根，必须从寄主植物上获取包括水分、无机盐和有机物在内的所有营养物质，如菟丝子、列当等。全寄生性植物的导管和筛管与寄主植物相连，寄主植物体内的各种营养物质可不断供给全寄生性植物。半寄生性植物本身具有叶绿素，能够进行光合作用，但需要从寄主植物中吸取水分和无机盐，如槲寄生、桑寄生等，半寄生性植物的导管与寄主植物相连。

寄生性植物在寄主植物上的寄生部位不同，寄生在根上的称为根寄生，如列当；寄生在寄主地上部位的称为茎寄生，如菟丝子和槲寄生。

寄生性种子植物一般以种子进行繁殖，但传播的动力和传播方式有很大的差异。大多数是依靠风力或鸟类介体传播，有的则与寄主种子一起随调运过程而传播，这是被动方式的传播；还有少数寄生性种子植物的种子成熟时，果实吸水膨胀开裂，将种子弹射出去，这是主动传播的类型。桑寄生科植物的果实为肉质的浆果，成熟时色泽鲜艳，引诱鸟类啄食，随粪便排出时黏附在树枝上，在温湿度条件适宜时萌芽侵入寄主，并随鸟的飞翔活动而扩散。列当、独脚金的种子极小，成熟时蒴果开裂，种子随风飞散传播，一般可达数十米远。菟丝子等的种子或蒴果常随寄主种子的收获与调运而传播扩散。云南油杉寄生的果实成熟时，常吸水膨胀直至爆裂，将种子弹射出去，弹射的距离一般为 3~5m，最远的可达 15m。弹射出去的种子表面有黏液，易黏附在别的寄主植物表面，遇到合适的条件即可萌芽侵入。

（二）寄生性种子植物的主要代表

目前已发现寄生性植物大约有 2500 种，其中以桑寄生科为最多，约占 50%。在新疆常见的是菟丝子和列当。

1. 菟丝子

菟丝子是菟丝子属（*Cuscuta*）植物的总称。其叶片退化呈鳞片状，无叶绿素，茎藤细长呈丝状，黄白色或稍带紫红色，用以缠绕寄主。花很小，浅黄色，头状花序。蒴果不定形开裂，内有 2~4 粒种子。种子小，卵圆形，表面粗糙，黄褐色或深褐色，稍扁。

菟丝子的种子几乎与寄主植物种子同时成熟，收获时或散落于土壤中，或混杂于种子间，成为第 2 年的侵染来源。作物播种时，菟丝子种子也随作物种子发芽而萌发，同时生出旋转的幼茎，幼茎接触到寄主时即刻进行缠绕，并形成吸盘穿入寄主的维管束，以不断吸取营养为害。

目前我国已发现的菟丝子有 10 余种，其中最常见的有中国菟丝子和日本菟丝子。中国菟丝子茎细，花少，种子小，主要为害豆科和茄科草本植物。日本菟丝子茎稍粗，花多，种子大，主要为害木本植物。田间发生菟丝子为害后，一般是在开花前彻底割除菟丝子，或采取深耕的方法将种子深埋使其不能萌发。“鲁保一号”是防治菟丝子的生物农药，是一种菟丝子炭疽菌制剂。

2. 列当

列当是列当属（*Orobanche*）植物的总称。列当属植物在我国主要分布于西北、华北和东北地区，寄主为瓜类、豆类、向日葵、茄果类等植物。列当属植物为全寄生、根寄生，1 年生草本植物，茎肉质，单生或有分枝；仅在茎基部有退化为鳞片状的叶片，无叶绿素；根退化成吸根伸入寄主根内吸取养料和水分。花两性，穗状花序，花冠筒状，多为蓝紫色；果为球状蒴果，内有几百粒甚至数千粒种子；种子极小、卵圆形，深褐色，表面有网状花纹。

列当主要以种子形式借气流、水流、农事操作活动等传播。种子在土壤中可保持生活力达 10 年，遇到适宜的温湿度条件和植物根分泌物的刺激，种子就可以萌发。种子萌发后产生的幼根向寄主的根部生长，接触寄主的根后生成吸盘侵入寄主植物根部吸取水分和养分。之后茎开始发育并长出花茎，造成寄主生长不良和严重减产。

我国重要的列当种类有分枝列当（*Orobanche aegyptiaca* pers.），主要寄主为瓜类植物；弯管列当（*Orobanche cernua* loefl.），主要寄主为向日葵。

实训任务

通过实地调查、各种植物标本和图片观察、显微镜观察、相关视频观看与课堂知识传授等方式相结合的理实一体化教学，熟悉真菌营养体、繁殖体的一般特性及其类型的特性；掌握真菌各类群体所致病害的特点，学会通过症状观察识别真菌性病害；熟悉植物病原细菌、线虫、寄生性种子植物的形态特征，掌握其所致病害的症状特点；学会植物病原细菌、线虫、寄生性种子植物的初步识别及细菌的革兰氏染色法。

1. 任务目标

1）观察各亚门真菌常见属，准确识别各亚门主要真菌的形态特征，列举常见真菌病害。

2）观察病原细菌，认识植物病原细菌的形态特征；能熟练应用革兰氏染色法进行染色操作，以判断病原细菌是革兰氏阳性菌或革兰氏阴性菌；列举常见细菌病害。

3）准确识别植物病原线虫和寄生性种子植物。

4）准确区分不同病原及不同病原引起的植物病害的典型症状，并能利用生物显微镜开展植物病原镜检工作，完成植物病害的诊断任务。

2. 任务准备

1）材料。各类真菌、细菌、病毒病害的标本，根结线虫、菟丝子、列当标本及病原真菌玻片标本。

2）器材。手持放大镜、生物显微镜、镊子、挑针、载玻片、盖玻片、培养皿、烧杯、纱布、滴管、试剂瓶等。

3）药品。碱性品红、结晶紫或甲紫、95% 酒精、碘液、苯酚、二甲苯、蒸馏水。

3. 任务实施

（1）真菌的观察

1）真菌营养体观察。观察有隔菌丝和无隔菌丝，观察菌落、菌核、子座、吸器。

2）真菌的繁殖体观察。

①挑取根霉制片镜检孢子囊梗、孢子囊和孢囊孢子，注意观察孢子囊的形态及其着生位置，并观察孢囊孢子的形态、颜色和产生的数目。

②取青霉菌制片，观察分生孢子。

③厚壁孢子的观察。

④游动孢子的观察（条件具备时可观察）。

（2）各亚门真菌常见属的观察

1）霜霉属真菌的观察。葡萄霜霉病。

2）根霉属真菌的观察。

3）白粉菌的观察。葡萄白粉病。

4）外囊菌属的观察。桃缩叶病。

（3）病原细菌的观察

1）细菌的染色观察。用结晶紫或甲紫染色，判断病原细菌为革兰氏阴性菌或革兰氏阳性菌。

2）观察细菌病害的溢脓现象（喷菌现象）。切取一块大小约 0.5cm 的细菌性叶斑病或穿孔病的病叶，放于滴有水滴的载玻片中央，1~3min 后，盖上盖玻片，对光慢慢挤压，观察切口处，若为细菌性病害，切口处有混浊液流出；或将材料放在显微镜下观察，切口处也可看到大量细菌从病部喷出。

（4）病原线虫的观察　取根结线虫玻片标本，观察其雌成虫、雄成虫的形态特点。

（5）寄生性种子植物观察

1）观察菟丝子的吸盘及其花、果实特征。

2）观察列当的高度、颜色，花的数量及种子的大小、数量等特征。

任务评价

任务考核评价单

序号	评价内容及分值	评价标准	学生自评 10%	小组互评 10%	教师评价 60%	企业评价 20%
1	学习方法 10 分	课前完成必备知识的自学；课中认真观察思考，并主动操作实践；课后归纳反思				
2	学习态度 20 分	学习态度端正，具有吃苦耐劳、诚实守信、认真负责的品质；认真学习、钻研知识和技能				
3	沟通表达 10 分	能够及时与同组成员及指导教师、技术人员沟通交流				
4	合作能力 10 分	团队协作意识强				
5	创新实践 10 分	能够通过显微镜镜检判断病害种类				
6	职业能力 10 分	能够准确开展显微镜镜检工作				
7	学习成果 30 分	能够从发病部位挑取病原，正确制作简易玻片，并能在显微镜下找到清晰且特征显著的病原；判断观察病原所属类群，绘制病原简图				
合计						

生产案例

如何通过田间症状鉴别果树各类病害

鉴别果树病害，需从田间症状的观察与诊断开始。症状是病害诊断的重要依据，就像医生对病人的望闻问切一样，同时也要注意病害在果园的分布与发生发展情况。

通过对症状的现场细致诊断后，首先把病害与机械伤、人工损伤或虫害区分开；其次把侵染性病害与生理性病害区分开；最后把真菌性病害、细菌性病害与病毒性病害区分开。

1）从植株病害症状分布来看。病毒性病害、生理性病害多表现为全株性症状；而真菌性病害、细菌性病害以植株局部性症状居多。

2）从病部上的病征表现来看。真菌性病害往往可见霉状物、粉状物、小黑点（粒）等病征；细菌性病害潮湿时可见胶黏状物（俗称菌脓）；病毒性病害病部上虽无明显病征，但有花叶、皱缩、矮化、根肿等特有病状。

3）从病害在田间的分布情况来看。生理性病害无传染蔓延的迹象，田间分布较普遍和相对均匀，而且发病地点常与地形、土质或特殊环境条件有关。

由霜冻、寒潮、干旱等恶劣气象条件引起的生理性病害，常大面积连片发生，受害的也不止一种果树。

由土壤酸碱度不适或某种营养元素缺乏（缺素症）引起的生理性病害，也往往连片发生。

由农药、化肥引起的生理性病害，只发生在喷过药、施过肥的果园里，而且被灼伤的斑点大小、形状极不规则。

2023 年部分梨园在 4 月中下旬出现了花期全株叶色呈橙黄色的异常现象，如图 2-22 和图 2-23 所示。请判断此果园梨树是哪一类病害？请说出判断依据，并提出解决问题的建议。

扫码看高清彩图

图 2-22　叶色呈橙黄色至橙红色的梨树枝条

图 2-23　全株叶色异常

植保天地

爱尔兰大饥荒

19 世纪 40 年代中期，由致病疫霉造成的马铃薯晚疫病在爱尔兰大暴发，引发了爱尔兰大饥荒。这是爱尔兰社会发展历史的一个重要分水岭，给爱尔兰人民带来了前所未有的苦难。在短短几年时间里，爱尔兰的人口数量急剧下降了 1/10，社会经济结构遭受了毁灭性的打击，整个国家经济满目疮痍。

当爱尔兰人民满怀希望地翻开泥土，刨出马铃薯块茎，却发现所有的马铃薯都腐烂成泥，连带叶片表面都遍布恶心的白色霉斑。这对仅依靠马铃薯维持生活的爱尔兰民众来说是一场灾难性的打击，饥饿和病痛如同阴霾笼罩着这片绿岛。爱尔兰民众试图拯救他们的命脉，他们将马铃薯地翻开晾晒，烧毁旧植株，用整整一个季度的时间来对抗病菌。然而，健康的马铃薯如同昙花一现，最终还是以悲剧结尾，家家户户的储备粮食丧失殆尽。死亡的气息开始在爱尔兰弥漫，更为惨痛的是，此时爱尔兰正处于英国殖民统治时期，远在伦敦的英国政府并未及时做出反应，最终导致大约 100 万人饿死。这场百年不遇的大饥荒被后人称为“爱尔兰大饥荒”。

我国人民也曾历经严重饥饿的考验，度过了那些充满困苦与挑战的岁月。在那段艰难时期，我国人民在生存的险峻边缘奋力挣扎，展现出顽强的生存意志和不屈的精神。随着杂交水稻这一农业革命性成果问世，我国水稻产量显著提升，我国人民终于挣脱了饥荒的枷锁，步入了物质丰裕的新时代。自 2019 年起，我国每年的“中央一号文件”始终聚焦于农业、农村和农民问题，强调发展农业经济的重要性，保护农民的合法权益，并坚持实施最严格的耕地保护政策，严格划定并守住了 18 亿亩（1 亩 $\approx$ 666.7m^2）耕地保护红线，夯实国家粮食安全基础。同时，国家大力研发与推广高产粮食品种，淘汰品质退化的品种，实现高产量、高质量发展。2021 年 4 月 29 日，第十三届全国人民代表大会常务委员会第二十八次会议通过《中华人民共和国反食品浪费法》，自此，弘扬传统美德、厉行节约、防止食品浪费、保障粮食安全有法可依。

03

项目三 病虫害的防治及农药的科学使用

项目导学

- 病虫害防治的历史与人类从事农业生产的历史一样悠久。农业生产中病虫害的防治措施，根据作用原理和应用技术可分为 5 大类：植物检疫、农业防治技术、物理防治技术、生物防治技术及化学防治技术。实践证明，单一的防治措施是无法全面治理病虫害的。只有坚持综合防治的原则，才能有效控制病虫害的发生和发展，保障农业发展，以及保护生态环境。
- 本项目学习内容包括 5 大防治措施的基本要点、农药的分类、农药的加工剂型、农药的使用方法、合理使用农药，以及常用农药防治对象和使用方法。

项目目标

- 知识学习目标：了解病虫害防治措施的基本内容；掌握植物检疫证书办理的程序；掌握农药的分类及果树常用农药的特点。
- 技能培养目标：会填写植物检疫证书的相关表格；能够正确运用农业栽培措施防治病虫害；会熟练使用各种防虫器械；掌握诱杀法、人工捕杀法、阻隔法等基本操作；能够鉴别农药的质量，并能够根据生产需要选购适合的农药，在生产中合理使用农药；能够制定不同果园病害、虫害的综合防治方案，并组织实施。
- 职业情感目标：培养学生动手、动脑能力；培养团队协作精神、安全防护意识和生态环保意识。

扫码看视频

任务一　病虫害的防治

任务导入

人类几千年的农业生产史，也是与植物病虫害做斗争的历史。过去，防治植物病虫害的措施单一，病虫害的发生对产量影响很大。20 世纪 40 年代后，随着滴滴涕（现已禁止生产、销售）等有机合成农药的问世，化学防治在农业生产中发挥了重大作用。然而，由于人们长期、连续、大量地使用化学药剂，出现了病虫害的抗性、农药的残留、害虫的再猖獗为害三大问题，即“3R”问题。

人们在不断地探索中，逐步建立了综合防治有害生物或有害生物综合治理（Integrated

pest management，IPM）的正确观点。我国于1975年提出了“预防为主，综合防治”的植保方针。综合防治是对有害生物进行科学管理的体系，其基本观点是，从农业生态系统总体出发，根据有害生物和环境之间的相互关系，充分发挥自然控制因素的作用，因地制宜地协调运用必要的措施，将有害生物控制在经济损失允许水平之下，以获得最佳的经济、生态和社会效益。

植物病虫害综合防治的措施有植物检疫、农业防治技术、物理防治技术、生物防治技术及化学防治技术5大类。通过学习、熟悉各类措施，为制定合理适用的防治方案提供思路。

必备知识

一、植物检疫

（一）植物检疫概述

扫码看视频

1. 植物检疫的由来

检疫（Quarantine）一词来源于拉丁语Quaratum，原意为40d。在14世纪，威尼斯曾规定外国船舶进港前，在附近隔离岛屿停泊40d，使鼠疫等传染病患者度过潜伏期、表现症状，经强制性检查证明无病者方可登陆上岸。由此看来，检疫最早是控制人类传染病的需要，后来逐渐用于动植物检疫。

在自然条件下，植物有害生物的分布常有一定的区域性。但是，在农业生产活动中由于人为的传带，种子和种苗的频繁交换、调动，使某些危险性有害生物在国家间或地区间传播开来，造成严重的经济损失，其实例屡见不鲜。例如，红铃虫，是清朝末年美国通过棉籽的倾销将该虫传入我国的；甘薯黑斑病、蚕豆象在抗日战争时期由日本传入我国；美国白蛾是通过林木及其产品的远距离调运进入我国并逐步传播开的。为了防止危险性有害生物的侵入及传播，各国政府制定了检疫法令，设立了检疫机构，进行动植物有害生物检疫。

2. 植物检疫的概念

植物检疫是一个国家或地方政府颁布法令，设立专门机构，禁止或限制危险性病、虫、杂草人为传入或传出，或者传入后为限制其继续扩展所采取的一系列带有强制性的预防措施，是保护植物生态的一项主要手段。

植物检疫分为对外检疫和对内检疫。

（1）对外检疫　对外检疫也称国际检疫，其任务是禁止危险性有害生物随着植物及其产品从国外传入或从国内输出。对外检疫一般是在港口、国际机场等设立机构，对进出口货物、邮件等进行检查。对外检疫工作也可以在产地设立机构进行。

《中华人民共和国进出境动植物检疫法》及其实施细则、《中华人民共和国进境植物检疫性有害生物名录》《中华人民共和国禁止携带、寄递进境的动植物及其产品和其他检疫物名录》是我国进行对外植物检疫的依据。对外植物检疫由中华人民共和国海关总署主管。

（2）对内检疫　对内检疫也称国内检疫，其任务是将在国内局部地区已经发生的危险性病、虫、杂草封锁，使其不能传播到无病区，并在疫区将其消灭。对内检疫工作由各地设立机构进行。

《植物检疫条例》《全国农业植物检疫性有害生物名单》《全国林业检疫性有害生物名单》是我国进行对内植物检疫的依据。国内的植物检疫由中华人民共和国农业农村部、国家林业和草原局分别负责，国内县级以上各级植物检疫机构受同级农业或林业行政主管部门的管理。

3. 植物检疫对象的确定

为害植物的病、虫、杂草种类很多，分布很广；而植物及植物产品也很多，调运情况又复杂，所以植物检疫不可能也不必要把所有病、虫、杂草都作为实施检疫的对象。《植物检疫条例》第四条规定：局部地区发生的危险性大、能随植物及其产品传播的病、虫、杂草，应定为检疫对象。被列为植物检疫对象必须具备以下 3 个条件：①只能靠人为力量随种子、苗木及其包装运输物而传播蔓延的；②在经济上造成严重损失而防治又特别困难的；③在局部地区尚未发生或分布不广的。

4. 划定疫区和保护区

疫区指在某一植物检疫性有害生物分布未广的情况下，为了防止其向未发生地区传播扩散，在发生了这一有害生物的地区，经省（自治区、直辖市）人民政府批准划定，并采取封锁、消灭措施的区域。有检疫对象出现，而没有正式划定为疫区的地区，不能称为疫区，只能称为检疫对象发生区或病区。

保护区指在某一植物检疫性有害生物发生已较普遍的情况下，对尚未发生这一有害生物的地区，为了防止其被污染或被人为传入植物检疫性有害生物，经省（自治区、直辖市）人民政府批准划定，并采取保护措施的区域。

（二）植物检疫措施

1. 产地检疫

产地检疫是植物检疫机构对申请检疫的单位或个人所生产的种子、苗木等繁殖材料及农产品等，在原产地生产期间进行的检疫检查、检测和必要的监督除害处理，并根据检疫检查、检测和除害处理结果办理相关证明的全过程。例如，上海市计划从山东省某市调运一批三球悬铃木种苗，在该批种苗生长期间，上海市植物检疫主管部门须派植物检疫人员到山东省该市的种苗原产地，在当地检疫人员和生产人员的配合下，对这批种苗实施检疫。

经过产地检疫确认没有植物检疫性有害生物后，发放《产地检疫合格证》，在调运时不再进行检疫，凭《产地检疫合格证》直接换取《植物检疫证书》；不合格者，不发放《产地检疫合格证》，相关植物及其产品不准外调。

2. 调运检疫

调运检疫是指植物检疫机构在植物及其产品调运过程中所采取的检疫处理措施，多在车站、码头、机场、公路及其他调运现场实施。

调运检疫是国内检疫工作的核心，也是防止危险性病虫害随植物及其产品在国内人为传播的关键。根据调运植物及其产品的方向，调运检疫分为调出检疫和调入检疫。调运检疫程序包括报检、受理检疫、现场检疫、检疫处理和签发证书 5 个环节。

（1）报检　申请检疫的单位或个人向所在辖区的农业或林业植物检疫机构申请调运检疫，并填写《植物检疫报检单》，出示《产地检疫合格证》（未经产地检疫的填写《植物调运检疫申请书》），提交调入地植物检疫机构出具的《植物检疫要求书》。若植物及其产品系外地调进的，需要调出时则应按照 GB 15569—2009《农业植物调运检疫规程》或 GB/T 23473—2009《林业植物及其产品调运检疫规程》的要求，出示《植物检疫证书》。

（2）受理检疫　检疫机构受理《植物检疫报检单》后，受理检疫业务的检疫员要认真审查《植物检疫报检单》及所有单证、票证是否真实有效，并明确检疫要求。

（3）现场检疫　按照 GB 15569—2009《农业植物调运检疫规程》和 GB/T 23473—2009《林业植物及其产品调运检疫规程》规定的比例和方法抽样，以确定是否带有检疫性病虫害，能做出可靠判断的，当场即可做出放行或除害处理的决定；现场不能做出可靠判断的，需要进行室内检疫。

（4）检疫处理　经现场检疫和室内检疫之后，发现检疫性病虫害或其他危险病虫的，植物检疫机构需签发《检疫处理通知单》，责令受检单位（个人）按规定要求进行除害、退回或销毁处理。

（5）签发证书　经现场检疫和室内检疫合格的，签发《植物检疫证书》。

二、农业防治技术

根据植物栽培管理的需要，结合农事操作，有目的地创造有利于作物生长发育而不利于病虫害发生的农田生态环境，以达到抑制和消灭病虫害的目的，称为农业防治技术。其优点是不伤害天敌，能控制多种病虫害，作用时间长，经济、安全、有效。它是植物病虫害综合防治的基础。

1. 选育、推广抗病虫草的品种

这是一项较为经济有效的病虫害长效防治措施。特别是病害，选用抗病品种往往是防治措施中最根本的途径。利用生物技术培育的转基因抗虫棉已在生产上广泛种植。

2. 改进耕作制度

农田长期种植一种作物，会为病虫提供稳定的环境和丰富的食料，容易引起病虫的猖獗发生。合理的轮作换茬，不仅会使作物健壮生长、抗性提高，而且可以恶化某些病虫的生活环境和食物条件，达到抑制病虫的目的。例如，在棉花枯萎病发生区实行水旱轮作，可有效控制病害的发生。

3. 运用合理的栽培技术

合理的栽培技术，如深耕改土、改进播种方式、合理密植、科学施肥与灌溉、适时中耕除草、清洁田园、改进收获方式，都可增强作物抗病虫能力，同时又能阻止病虫发生，如在黄淮海夏玉米种植区，适当晚播可有效预防玉米粗缩病的发生。

三、物理防治技术

利用各种物理因素和机械设备防治有害生物，称为物理防治技术。此法简单易行，经济安全。物理防治技术主要有诱杀法、捕杀法、温度处理法和阻隔法。

1. 诱杀法

利用害虫的趋性，人为设置器械或饵物诱杀害虫的方法，称为诱杀法。常见的诱杀法如下：

（1）灯光诱杀　利用害虫的趋光性，人为设置光源诱杀害虫的方法。目前生产上应用的有频振式杀虫灯、太阳能诱虫灯、高压电网灭虫灯等。灯光诱虫效果易受天气影响，以无月光、天气闷热、无风时诱虫效果最好。如遇雨天、大风、月光明朗的夜晚及重要天敌盛发期，则应停止开灯。

（2）色板诱杀　利用某些害虫的趋色性诱杀的方法，如诱虫板（黄板）诱杀蚜虫、粉虱、斑潜蝇，在保护地、果树生产中应用普遍。

（3）潜所诱杀　利用某些害虫的越冬、化蛹或白天隐蔽的习性，人为设置类似的环境来诱杀害虫的方法，如利用麻袋片或布条捆绑树干，引诱叶螨越冬，然后再处理麻袋片。

此外，还可利用害虫的趋化性进行糖醋液诱杀、性诱剂诱杀等。

2. 捕杀法

根据害虫的生活习性，利用人工或简单的器械直接消灭害虫的方法，如人工扒土捕杀地老虎幼虫、振杀叶甲和金龟子、人工摘除卵块。

3. 温度处理法

夏季利用室外日光晒种，能杀死潜伏其中的害虫。利用作物种子耐热力略高于病原的特点进行温汤浸种，以消灭潜伏在种子内外的病原。例如，豌豆和蚕豆进行沸水浸种、日光晒种可杀死豌豆象和蚕豆象而不影响发芽率和品质；将棉籽放在55~60℃温水中浸泡30min，可以预防炭疽病。

4. 阻隔法

阻隔法指人为设置各种障碍，以切断病虫侵染途径的方法。例如，果实套袋，树干涂白、涂胶，纱网阻隔，土壤覆膜或盖草，为阻止草履蚧、春尺蠖雌虫上树而在树干缠绕胶带，都能有效阻止害虫产卵、为害，也可防治有害生物的传播蔓延。

四、生物防治技术

利用有益生物或有益生物的代谢产物来防治有害生物，称为生物防治技术。生物防治技术的优点是对人畜安全，不污染环境，控制病虫害作用比较持久，一般情况下，病虫不会产生抗性。因此，生物防治是病虫害防治的发展方向。典型的生物防治技术有以虫治虫、以菌治虫、以菌治病等。

1. 以虫治虫

以虫治虫是利用天敌昆虫来防治害虫。天敌昆虫有捕食性和寄生性两大类。

利用天敌昆虫防治害虫，主要途径有以下 3 种：①保护、利用自然天敌昆虫；②繁殖和释放天敌昆虫；③引进天敌昆虫。

目前我国在生产上已推广应用的天敌昆虫有赤眼蜂、周氏啮小蜂、肉食性瓢虫和草蛉等。

2. 以菌治虫

以菌治虫是利用真菌、细菌和病毒及其代谢产物控制害虫。

（1）真菌　真菌以孢子或菌丝体侵入昆虫体内，以虫体各种组织和体液为营养，随后在虫体上长出菌丝，产生孢子，随风和水流进行再侵染。感染的昆虫常食欲减退、虫体萎缩，死后虫体僵硬，体表布满菌丝和孢子，呈白色、绿色等颜色。在我国，球孢白僵菌和金龟子绿僵菌已有多个登记制剂应用在农业生产中。

（2）细菌　病原细菌主要通过消化道侵入虫体，杀死昆虫。被细菌感染的昆虫食欲减退，口腔和肛门具有黏性排泄物，死后虫体颜色加深，并迅速腐败变形、软化，组织溃烂，有恶臭味。在农业生产中大量使用的有苏云金杆菌。

（3）病毒　在已知的昆虫病毒中，防治应用较广的有核型多角体病毒（Nucleopolyhedrosis virus，NPV）、颗粒体病毒（Granulosis virus，GV）和质型多角体病毒（Cytoplasmic polyhedrosis virus，CPV）。在自然情况下，病毒往往只寄生在一种害虫上。昆虫感染病毒后，虫体多卧于或悬挂在叶片及植株表面，后期流出大量液体，但无臭味，体表无丝状物。目前生产上应用比较多的有棉铃虫核型多角体病毒。

3. 以菌治病

利用微生物或其分泌的某种特殊物质，抑制、溶化或杀伤微生物，这种特殊物质称为抗生素，能产生抗生素的菌类称为抗生菌。抗生菌主要是放线菌和真菌中的一些种类。目前推广应用的抗生素有井冈霉素、春雷霉素、多抗霉素等，微生物有枯草芽孢杆菌、多黏类芽孢杆菌等。

五、化学防治技术

化学防治技术指利用化学药剂防治有害生物的技术。化学防治技术在有害生物综合防治中占有非常重要的位置，在保证农业增产、增收上一直起着重要作用。它具有以下优点：

1）防治效果显著，收效快，既可在病虫害发生之前进行预防，又可在病虫害发生之后作为急救措施，迅速消除病虫害，收到立竿见影的效果。

2）使用方便，受地区性和季节性限制小。

3）可大面积使用，便于机械化施用。

4）防治对象广，几乎所有为害作物的病虫均可用化学药剂防治。

5）可工业化生产、远距离运输和长期保存。

扫码看视频

但化学防治技术有其局限性，由于长期、连续、大量地使用化学药剂，相继出现了一些新问题：①病、虫、草产生抗药性；②化学防治成本上升；③破坏生态平衡；④污染环境。

我们应充分认识化学防治技术的优缺点，趋利避害，扬长避短，使化学防治技术与其他防治技术相互协调，配合使用。

实训任务

通过在农业生产企业、校内外果树生产实训基地的现场教学、标本与图片观察、防治操作、视频观看及课堂知识传授等方式相结合的理实一体化教学，理解综合治理的基本思想，熟悉各类防治技术的特点、适用范围，并能根据生产实际的需要，灵活选用并熟练操作常用的具体措施，如灯光诱杀、色板诱杀、清洁田园、保护和利用天敌等。

1. 任务目标

1）能够根据要求完成调运检疫环节的报检工作。

2）能够使用各种防虫器械。

3）能够掌握诱杀法、捕杀法、阻隔法等基本操作。

2. 任务准备

1）材料。当地病虫害调查资料、病虫害预测和预报资料、气象资料、植物检疫对象名录、植物检疫手册（包括植物检疫办理程序中调入、调出的检疫证书、申请等）、主要果树栽培品种介绍资料、各类果园栽培管理措施和条件资料、主要病虫害发生情况和天敌种类资料。

2）器材。各种施药器械、黄板、昆虫诱捕器、昆虫性诱芯（梨小食心虫等）、粘虫胶、胶带、剪刀、刷子、细铁丝或细绳、木棍、修枝剪、地膜、药剂、量筒、天平、笔记本、铅笔、调查用表、计算器等；常用的检验工具，包括手持放大镜、不同孔径的筛子、解剖工具、不同容积的容器、化学药品、超净工作台。

3. 任务实施

1）对省与省之间或省内各地区间调入和调出的苗木要有植物检疫机构签发的《植物检疫证书》方可调入或调出。

2）对调入的植物及其产品根据检验要求，按照植物检疫方法进行简单复检。可采取直接现场初验、过筛、解剖、染色等检验方法，需要时可进一步分离培养、接种、分子水平检测等。

3）选择一定面积的果园调查了解当地昆虫天敌的种类、管理状况（包括施肥、灌溉、修剪、对病虫害已采取的防治措施等），针对管理现状，寻找管理中存在的问题，从农业防治、物理防治、生物防治、化学防治等不同的角度提出合理建议。

4）对本任务的完成情况进行分组讨论、总结、整理，提出具有可行性的综合管理方案。

5）本项目学习任务实施的重点是果树害虫的物理防治，包括以下具体措施：

①涂抹粘虫胶。3 月选择有草履蚧或春尺蠖发生的果园或林地，在植株主干涂抹粘虫胶以阻止害虫上树为害。可以采用胶带配合粘虫胶的方法，即在主干分枝以下距离地面 50~100cm 处缠绕 1 圈宽约 5cm 的胶带，然后在胶带上涂抹粘虫胶。也可采用单一涂胶的方法。涂胶前轻轻刮去老树皮和老翘皮，幼树可直接涂胶。环绕树干涂抹 1 圈，涂胶宽度为 8~10cm。

②悬挂诱虫板。选择发生蚜虫、粉虱的田地，悬挂诱虫板。

③悬挂诱捕器。根据诱芯的种类，在相应害虫成虫发生初期，将含诱芯的诱捕器悬挂于植株上。

任务评价

任务考核评价单

序号	评价内容及分值	评价标准	学生自评 10%	小组互评 10%	教师评价 60%	企业评价 20%
1	学习方法 10 分	课前完成必备知识的自学；课中认真观察思考，并主动操作实践；课后归纳反思				
2	学习态度 20 分	学习态度端正，具有吃苦耐劳、诚实守信、认真负责的品质，能够认真学习、钻研知识和技能				
3	沟通表达 10 分	能够及时与同组成员及指导教师、技术人员沟通交流				
4	合作能力 10 分	团队协作意识强				
5	创新实践 10 分	能够根据病虫害在当地的发生情况，有针对性地制定防治措施				
6	职业能力 10 分	能够制定综合防治措施				
7	学习成果 30 分	能够系统认识植物检疫、农业防治技术、物理防治技术、生物防治技术和化学防治技术，并能够正确熟练操作物理防治技术的常用措施				
合计						

任务二　农药的科学使用

任务导入

2022 年第 2 次修订的《农药管理条例》将农药定义为“用于预防、控制危害农业、林业的病、虫、草、鼠和其他有害生物以及有目的地调节植物、昆虫生长的化学合成或者来源于生物、其他天然物质的一种物质或者几种物质的混合物及其制剂”。

相对于其他植物病虫害防治措施，农药具有高效、速效、方便、适应性广、经济效益显著等特点。果树种植，如果不使用农药，很难达到高产、稳产的目的，但大量使用农药，将会造成果品农药残留、环境污染、人畜中毒、有害生物产生抗药性等严重后果。因此，农药的使用量应控制在合理范围内，并配合使用其他防治方法。

必备知识

一、农药的分类

农药的种类很多，一般可按防治对象、化学成分、作用方式等进行分类。按防治对象分类，农药可分为杀虫剂、杀菌剂、杀螨剂、除草剂、杀鼠剂、植物生长调节剂等；按化学成分分类，农药可分为无机农药、有机农药、植物性农药、矿物性农药、微生物农药等；按作用方式分类，杀虫剂又可分为胃毒剂、触杀剂、内吸剂、熏蒸剂、忌避剂、拒食剂、引诱剂、昆虫生长调节剂等，杀菌剂还可分为保护剂、治疗剂等。一般先根据农药的防治对象、来源或用途分几大类，然后再根据作用方式进一步分类。

（一）杀虫剂

杀虫剂按其作用方式可分为以下 7 种类型：

1. 胃毒剂

药剂经害虫的口器，通过消化系统进入体内，引起害虫中毒死亡。这种杀虫作用称为胃毒作用，其药剂称为胃毒剂，无机杀虫剂多数是胃毒剂，适合防治咀嚼式口器的害虫。

2. 触杀剂

药剂通过接触害虫的体壁渗入体内，引起害虫中毒死亡。这种杀虫作用称为触杀作用，其药剂称为触杀剂，如辛硫磷、联苯菊酯、溴氰菊酯等。触杀剂对各类口器的害虫都有毒杀作用，但对体壁骨化程度高和蜡层较厚的种类，如介壳虫、木虱、粉虱等作用效果不好。

3. 内吸剂

药剂易被植物组织吸收，并在植物体内运输、传导到植株的各部分，或经过植物的代谢作用而产生更毒的代谢物。这种作用称为内吸作用，其药剂称为内吸剂，如吡虫啉等。内吸剂对刺吸式口器的害虫，如蚜虫、飞虱等防治效果好，对咀嚼式口器的害虫也有一定效果。

4. 熏蒸剂

药剂以气体分子状态充斥其作用的空间，通过害虫的呼吸系统进入虫体，引起害虫中毒死亡。这种作用称为熏蒸作用，其药剂称为熏蒸剂，如磷化铝、溴甲烷等。熏蒸剂应在密闭条件下使用，如用磷化铝片剂防治蛀干害虫时，要用泥土封闭虫孔；用溴甲烷进行土壤消毒时，必须用薄膜覆盖等。

5. 拒食剂

害虫接触药剂后不再取食或减少取食量，使害虫饥饿而死，这类药剂称为拒食剂，如印楝素。

6. 昆虫生长调节剂

此类药剂是昆虫的内激素类药剂，接触或取食药剂后，干扰昆虫的生长发育，影响昆虫的蜕皮、变态或发生生理变化，产生畸形等，如灭幼脲、氟啶脲、扑虱灵等。

7. 其他杀虫剂

其他杀虫剂包括忌避剂，如驱蚊油、樟脑；粘捕剂，如松脂合剂；引诱剂，如白蚁性引诱剂。这类杀虫剂本身并无多大毒性，而是以其特殊的性能作用于昆虫，一般将这些药剂称为特异性杀虫剂。

实际上，杀虫剂的杀虫作用并不完全是单一的，多数杀虫剂往往兼具几种杀虫作用，如敌敌畏具有触杀、胃毒、熏蒸作用，但以触杀作用为主。在选择使用农药时，应注意选用其主要的杀虫作用。

（二）杀菌剂

杀菌剂按其作用方式可分为以下 2 种类型：

1. 保护剂

在植物感病前，将药剂喷布于植物体表面，形成一层保护膜，阻碍病原的侵染，从而使植物免受其害的药剂称为保护剂，如波尔多液等。

2. 治疗剂

在植物感病后喷洒药剂，以杀死或抑制病原，使植物病害减轻或恢复健康的药剂称为治疗剂，如三唑酮等。

二、农药的加工剂型

农药原料合成的液体产物为原油，固体产物为原粉，统称原药。绝大多数农药原药由于理化性质和有效成分含量很高而不能直接使用，在实践当中，需要加工成不同的剂型。目前常用的农药剂型有以下 12 种：

1. 乳油

乳油（Emulsifiable concentrate，EC）主要是由农药原药、溶剂和乳化剂组成，有些乳油中还加入少量的助溶剂和稳定剂等。溶剂的主要用途是溶解和稀释农药原药，帮助乳化分散，增加乳油流动性等，常用的有二甲苯、苯、甲苯等。

乳油要求外观清晰透明、无颗粒、无絮状物，在正常条件下贮藏不分层、不沉淀，并保持原有的乳化性能和药效。乳油加到水中后应有较好的分散性，乳液为浅蓝色透明或半透明溶液，并有足够的稳定性，即在一定时间内不产生沉淀、不析出油状物。稳定性好的乳液，油球直径一般在 0.1~1μm 之间。

目前乳油是使用的主要剂型，但由于乳油中含有大量有机溶剂，施用后增加了环境负荷，所以有减少的趋势。

2. 粉剂

粉剂（Dustable powder，DP）是由农药原药和填料混合加工而成的粉状物，有些粉剂中还加入稳定剂。填料种类很多，常用的有黏土、高岭土、滑石、硅藻土等。

粉剂的质量要求，包括细度、水分含量、pH 等。粉粒细度指标，一般 95%~98% 的粉剂通过 200 目筛，粉粒平均直径为 30μm；通过 300 目筛，粉粒平均直径为 10~15μm；通过 325 目筛（超筛目细度），粉粒平均直径为 5~12μm。水分含量一般要求小于 1%。pH 为 6~8。

粉剂主要用于喷粉、撒粉、拌毒土等，不能加水喷雾。

3. 可湿性粉剂

可湿性粉剂（Wettable powder，WP）是由农药原药、填料和表面活性剂及其他助剂混合粉碎所得到的一种很细的干剂。可湿性粉剂对填料的要求及选择与粉剂相似，但对粉粒细度的要求更高。湿润剂采用纸浆废浆液、皂角等，用量为制剂总量的 8%~10%；如果采用有机合成湿润剂（如阴离子型或非离子型）或者混合湿润剂，用量一般为制总量剂的 2%~3%。

可湿性粉剂的质量要求为好的湿润性和较高的悬浮率。悬浮率不高的可湿性粉剂，不但药效差，而且往往引起植物药害。悬浮率的高低与粉粒细度、湿润剂种类及用量等因素有关，粉粒越细，悬浮率越高。粉粒细度指标为 98% 的可湿性粉剂通过 200 目筛，粉粒平均直径为 25μm，湿润时间小于 15min，悬浮率一般为 28%~40%；粉粒细度指标为 96% 的可湿性粉剂以上通过 325 目筛，粉粒平均直径小于 5μm，湿润时间小于 5min，悬浮率一般大于 50%。可湿性粉剂经贮藏后，悬浮率往往会下降，尤其是经高温后悬浮率下降很快。若在低温下贮藏，悬浮率下降较缓慢。

可湿性粉剂加水稀释后，可用于喷雾。

4. 颗粒剂

颗粒剂（Granules，GR）是指农药原药和适宜的辅料混合制成的具有一定粒度的干燥颗粒状制剂。载体对原药起附着和稀释作用，是形成颗粒（粒基）的基础。因此要求载体不分解农药，具有适宜的硬度、密度、吸附性和遇水解体率等性质。常用作载体的物质有白炭黑、硅藻土、陶土、紫砂岩粉、石煤渣、黏土、红砖、锯末等。常见的助剂有黏结剂（包衣剂）、吸附剂、湿润剂、染色剂等。

颗粒剂的粒度范围一般为 10~80 目（直径为 178~2000μm）。按粒度大小分为微（细）粒剂（50~150 目，即直径为 109~280μm）、粒剂（10~50 目，即直径为 280~2000μm）、大粒剂（丸剂，大于 10 目，即直径大于 2000μm）。

颗粒剂用于撒施，具有使用方便、操作安全、应用范围广及延长药效等优点。高毒农药颗粒剂一般进行土壤处理或拌种后沟施。

5. 水剂

水剂（Aqueous solution，AS）主要是由农药原药和水组成，药剂以离子或分子状态均匀分散在水中，有的还加入少量防腐剂、湿润剂、染色剂等。该类制剂是以水作为溶剂，农药原药在水中有较高的溶解度，有的农药原药以盐的形式存在于水中。水剂加工方便，成本低廉，但有的农药在水中不稳定，长期贮存易分解失效。

6. 悬浮剂

悬浮剂（Suspension concentrate，SC）又称胶悬剂，是一种可流动的液体状制剂，由农药原药和分散剂等助剂混合加工而成，药粒直径小于 1μm。悬浮剂使用时需兑水喷雾。

7. 超低容量喷雾剂

超低容量喷雾剂（Ultra low volume，ULV）是一种油状剂，又称为油剂，由农药原药和溶剂混合加工而成，有的还加入少量助溶剂、稳定剂等。这种制剂专供超低量喷雾机使用，或飞机超低容量喷雾，不需要稀释而直接喷洒。由于该喷雾剂药粒直径小、浓度高、单位受药面积上附着量多，因此加工该种制剂的农药必须高效、低毒，要求溶剂挥发性低、密度较大、闪点高、对植物安全等。

油剂不含乳化剂，不能兑水使用。

8. 可溶性粉剂

可溶性粉剂（Soluble powder，SP）是指可溶于水的粉剂和农药，是农药的一种加工剂型，由水溶性较大的农药原药或水溶性较差的原药附加了亲水基，与水溶性无机盐和吸附剂等混合磨细后制成。粉粒细度要求 98% 通过 80 目筛（孔径约为 178μm）。

9. 微胶囊剂

微胶囊剂（Microcapsules，MC）是微量物质包裹在聚合物薄膜中的技术，是一种贮存固体、液体、气本的微型包装技术。微胶囊粒径一般为 1~500μm，壁厚 0~150μm，由农药原药（囊蕊）、助剂、囊皮等制成。囊皮常为人工合成或用天然的高分子化合物制成，如聚酰胺、聚酯、动植物胶（如海藻胶、明胶、阿拉伯胶）等，是一种半透性膜，可控制农药释放速度。该制剂为可流动的悬浮体，使用时兑水稀释，微胶囊悬浮于水中，供叶面喷雾或土壤施用。农药从囊壁中逐渐释放出来，达到防治效果。微胶囊剂属于缓释剂类型，具有延长药效、高毒农药低毒化、使用安全等优点。

10. 烟剂

烟剂（Fumigant，FU）也称烟雾剂，它引燃加热后，有效成分若以固体微粒 0~5μm 分散悬浮于空气中的称为烟，以液体微粒 1~50μm 分散悬浮于空气中的称为雾，是由农药原药、燃料（如木屑粉）、助燃剂（氧化剂，如硝酸钾）、消燃剂（如陶土）等制成的粉状物。细度为通过 80 目筛，袋装或罐装，配有引火线。烟剂点燃后可以燃烧，但没有火焰，农药有效成分因受热而汽化，在空气中受冷又凝聚成固体微粒，沉积在植物上，达到防治病害或虫害的目的。空气中的烟粒也可通过昆虫呼吸系统进入虫体产生毒效。烟剂主要用于防治森林、仓库、温室等病虫害。

11. 水乳剂

水乳剂（Emulsion in water，EW）是将液体与溶剂混合制得的液体农药原药以 0.5~1.5μm 的小液滴分散于水中的制剂，为水包油型不透明浓乳状液体。水乳剂由不溶性液体农药原药、乳化剂、分散剂、稳定剂、防冻剂及水经均匀化工艺制成。水乳剂的特点有：不使用或仅使用少量的有机溶剂；以水为连续相，农药原药为分散相，用量少；可抑制农药蒸汽的挥发；成本低于乳油；无燃烧、爆炸危险，贮藏较为安全；避免或减少了乳油制剂所用有机溶剂对人畜的毒性和刺激性，降低了对农作物的药害危险，使用较为安全。水乳剂原液可直接喷施，可用于飞机或地面微量喷雾。

12. 水分散粒剂

水分散粒剂（Water dispersible granule，WG）是入水后能迅速崩解、分散形成悬浮液的粒状农药剂型，产生于20世纪80年代初，是正在发展中的新剂型。这种剂型兼具可湿性粉剂和悬浮剂的悬浮性、分散性、稳定性好的优点，并克服了二者的缺点。与可湿性粉剂相比，它具有流动性好、易于从容器中倒出、无粉尘飞扬等优点；与悬浮剂相比，它可克服贮藏期间沉积结块、低温时结冻和运费高的缺点。

三、农药的使用方法

农药的品种繁多，加工剂型也多种多样，同时防治对象的为害部位、为害方式、环境条件等也各不相同，因此，农药的使用方法也多种多样。常用的具体方法如下：

1. 喷雾法

喷雾法是借助喷雾器械将药液均匀地喷布于目标植物上的施药方法，也是目前生产上应用最广泛的一种方法。其优点是药液可直接接触防治对象，分布均匀，见效快；缺点是药液易飘移流失，对施药人员的安全性差。根据单位面积的喷液量分为以下3类：

1）高容量喷雾（常量喷雾）。每亩喷药液量不少于30L，是一种针对性喷雾方法。

2）低容量喷雾。每亩喷药液量为0.5~30L，是一种针对性与飘移性相结合的喷雾方法，省药、省工，但不适用于喷洒除草剂和高毒农药。

3）超低容量喷雾。每亩喷药液量不超过0.5L，是一种飘移累积性喷雾方法，适于喷洒内吸剂或触杀剂，以防治具有一定移动能力的害虫，不适于喷洒保护性杀菌剂和除草剂。

适宜喷雾的剂型有乳油、可湿性粉剂、可溶性粉剂、胶悬剂、水剂、水分散粒剂等。喷雾时最好不要在炎热的中午进行，以免发生人中毒事故。

2. 粉尘法

粉尘法是专用于防治保护地植物病虫害的新方法，施药时利用喷粉器械将粉尘剂对空吹散，使其在植物间扩散飘移、多向沉积，最后形成非常均匀的药粒沉积分布。此法具有防效好、效率高、污染少、简便省力、扩散均匀、不增加棚室内湿度等优点。

3. 毒土法

毒土法是将药剂与细土、细沙等混合均匀，撒施于地面，然后进行耧耙翻耕的方法。此法主要用于防治地下害虫、杂草或某一时期在地面活动的害虫，如用5%辛硫磷颗粒剂1份与细土50份拌匀，制成毒土。

4. 毒谷、毒饵法

毒谷、毒饵法是用饵料与胃毒剂混合制成毒饵，用于防治害虫和害鼠的方法。农业害虫防治常用的饵料有麦麸、米糠、豆饼、花生饼、玉米芯、菜叶等。毒谷是用谷子、高梁、玉米等谷物作为饵料，煮至半熟有一定香味时，取出晾干，拌上胃毒剂，然后与种子同播或撒施于地面。

5. 种子处理法

种子处理法有拌种、浸种（浸苗）、闷种 3 种方法。拌种是指在播种前用一定量的药粉或药液与种子搅拌均匀，用于防治种传、土传病害和地下害虫。拌种用的药量，一般为种子质量的 0.2%~0.5%。浸种（浸苗）是指将种子或幼苗在一定浓度的药液中浸泡一定时间，用以消灭种子或幼苗所带的病原或虫体。闷种是把种子摊在地上，把稀释好的药液均匀地喷拌在种子上，然后堆起用麻袋等物覆盖熏闷，经 24h 后，晾干即可。此法具有保苗效果好、对害虫天敌影响小、农药用量少等优点。

6. 土壤处理法

土壤处理法是将药剂施在地面并耕翻入土中，用来防治地下害虫、土传病害和杂草的方法。此法处理时要将药剂均匀混入土壤中，与植株根部接触的药量不能过大。

7. 涂抹法

涂抹法是指直接在植物幼嫩部分涂抹内吸性杀虫剂，或将树干老皮刮掉，露出韧皮部后涂药，让药液随植物体液运输到各个部位的方法。此法又称内吸涂环法。

8. 熏蒸法

熏蒸法是在密闭环境下利用挥发性强的药剂产生毒气杀死病菌、害虫的方法，主要用于防治温室、大棚、仓库、果园、森林的病虫害及卫生害虫。此法具有功效高、不需要专门器械、不用水、携带方便等优点，但熏蒸的空间要求严格密闭。保护地最好在清晨或傍晚熏蒸。

9. 高压注射法和灌注法

高压注射法是用高压将药剂注入木本植物体内，达到防治病虫害的目的。其优点是药液利用率高，见效快，持效期长，没有环境污染。施药时需要有专用高压树干注入器，用药后要用木塞或泥密封注射孔。灌注法是用注射器将药液慢慢注入植物木质部，或用输液瓶将药液挂于植物上，针头插入适当部位将药液注入的方法。高压注射法和灌注法不太适合防治暴发性病虫害。

10. 虫孔注射法和堵塞法

虫孔注射法和堵塞法是将所需浓度药液用注射器直接注入害虫钻蛀的孔洞，或用木签、脱脂棉藏取药液塞入虫孔，然后密封孔洞，达到防治害虫的目的。

11. 农药施用方法的新进展

静电喷雾法、循环喷雾法、光敏间歇喷雾法、药剂直接注入喷雾系统的喷雾法和静电喷粉法等农药施用新技术已经在一定范围内应用，这些新技术可提高农药利用率、减轻环境污染。各种农药使用方法，可根据药剂的性能、有害生物的特点及当时、当地的经济条件、环境条件灵活运用。

四、合理使用农药

农药的合理使用就是要贯彻“经济、安全、有效”的原则，坚持生态学的观点，从综

扫码看视频

合治理的角度出发，科学使用农药。在农业生产中应注意以下 7 个问题：

1. 对症选药

各种药剂都有一定的性能及防治范围，即使广谱性药剂也不可能对所有的植物病害或虫害有效。一般来讲，杀虫剂不能治病害，杀菌剂不能治虫害；吡虫啉对蚜虫、蓟马等效果好，对叶螨则无效；丙环唑对白粉病、锈病效果好，对霜霉病则无效；防治霜霉病需要选择对鞭毛菌亚门真菌效果较好的烯酰吗啉。因此，在施药前应根据实际情况选择最合适的农药品种，切实做到对症下药，避免盲目用药。

2. 正确用药

根据病虫草害的发生特点及环境，选择适当的剂型和相应的施药方式。例如，可湿性粉剂不能作为喷粉用，而粉剂则不可兑水喷雾；在阴雨连绵的季节，防治大棚内的病虫害应选择粉剂或烟剂；对光敏感的辛硫磷拌种效果优于喷雾；防治地下害虫则宜采用毒谷、毒饵、拌种等；草甘膦等适宜用作茎叶处理的除草剂，不能用作土壤处理等。

3. 适时用药

在调查预测的基础上，根据病虫害的发生规律和习性，抓住有利时机用药，才能提高防治效果。一般药剂防治害虫时，应在幼龄期，若防治过迟，害虫不仅会蛀茎、卷叶，造成损失，且虫龄越大，抗药性越强，防治效果也越差，此时天敌数量较多，药剂也易杀伤天敌。药剂防治病害时，一定要用在植物发病之前或发病早期，尤其保护性杀菌剂必须在病原侵入植物前使用。除此之外，还要考虑气候条件。

4. 适量用药

应根据用量标准来施用农药，如规定的浓度、单位面积用量等，不可因防治病虫害心切而任意提高浓度、加大用药量或增加使用次数。否则，不仅会浪费农药、污染环境和增加成本，而且还易使植物产生药害，甚至造成人、畜中毒。另外，在用药前还应搞清农药的规格，即有效成分的含量，然后再确定用药量。例如，常用的杀菌剂氟硅唑，其规格有 10% 与 40% 乳油，若 10% 乳油稀释 2000~2500 倍使用，40% 的乳油则需稀释 8000~10000 倍。

5. 交叉用药

长期使用一种农药防治某种有害生物，容易产生抗药性，降低防治效果，增大防治难度。因为一种农药在同一种有害生物上反复使用时间越长，有害生物的适应性会越强，药效会逐渐降低，所以为了提高防治效果，不得不提高施药浓度、用量和次数，这样反而加重了抗药性的发展。因此应尽可能地轮换用药，所用农药品种也应尽量选用不同作用机制的类型。

6. 混合用药

混合使用两种或两种以上具有不同作用机制的农药，可达到同时兼治、提高防治效果、扩大防治范围、节省劳动力的目的，如化学药剂与生物农药混用、有机磷类农药与拟除虫菊酯类农药混用、保护性杀菌剂与内吸性杀菌剂混用等。农药之间能否混用，主要取决于农药本身的化学性质，以混合后不产生化学和物理变化为宜。

7. 安全使用农药

在使用农药防治植物病虫害的同时，要做到对人、畜、天敌、植物及其他有益生物安全，要选择对症的药剂、准确的浓度及适当的施药时间。在人口密集的居民区等处喷药时，要尽量安排在夜间进行，若必须在白天进行，应先提前通知，避免发生矛盾和出现意外事故。同时还应注意尽可能选用选择性、内吸性及生物农药等，以保护天敌。防治工作的操作人员必须严格按照用药的操作规程、规范工作。

（1）防止用药中毒　为了安全使用农药，防止出现中毒事故，必须注意下列事项：

1）用药人员必须身体健康，有皮肤病、高血压、精神失常、结核病、药物过敏的人员及孕期、经期、哺乳期的妇女等，不能参加该项工作。

2）用药人员必须做好一切安全防护措施，配药、喷药时应穿防护服、防护鞋，戴手套、风镜、口罩、防护帽等防护用品。

3）喷药应选在无风的晴天进行，阴雨天或炎热的中午不宜喷药；有微风的情况下，工作人员应站在上风口，顺风喷洒，风力超过 4 级时，停止喷药。

4）配药、喷药时，不能谈笑打闹、吃东西、抽烟等，中间休息或工作完毕时，必须用肥皂洗净手和面部，工作服也要洗涤干净。

5）喷药过程中，如果稍有不适或头晕目眩，应立即离开现场，寻找一个通风阴凉处安静休息；若症状严重，必须立即送往医院，不可延误。

6）在果树上禁用剧毒农药和限制使用农药。用药时尽量选择那些高效、低毒或无毒、低残留、无污染的农药品种。

（2）农药安全保管

1）农药应设立专库贮存，由专人负责。每种药剂贴上明显的标签，按药剂性能分门别类存放，注明名称、规格、数量、出厂年限、入库时间，并建立账本。

2）健全领发制度。领用药剂的品种、数量，必须经主管人员批准，药库凭证发放；领药人员要根据批准内容及药剂质量进行核验。

3）药品领出后，应由专人负责，严防丢失。当天剩余药品必须全部退还入库，严禁在库外存放。

4）药品应放在阴凉、通风、干燥处，与水源、食物严格隔离。油剂、乳剂、水剂要注意防冻。

5）药品用完后，包装材料（瓶、袋、箱等）一律回收，集中处理，不得随意乱丢乱放或派作他用。

（3）药害及其治疗　药害是指因用药不当对植物造成的伤害，有急性药害和慢性药害之分。急性药害是用药几小时或几天内，叶片很快出现斑点、失绿、黄化等；果实变褐，表面出现药斑；根系发育不良或形成黑根、鸡爪根等。慢性药害是指用药后，异常现象出现相对缓慢，如植株矮化、生长发育受阻、开花结果延迟等。

1）药害发生的原因。

①药剂种类选择不当：例如，波尔多液中铜离子浓度较高，多用于木本植物，草本植物由于组织幼嫩，易产生药害。葡萄树对石灰敏感，应采用石灰半量式波尔多液；桃树、梨树、苹果树、杏树、李树等对硫酸铜敏感，应采用石灰倍量式或多量式波尔多液。

②部分果树对某些农药品种过敏：桃树对敌敌畏敏感，桃树、梅树类对乐果敏感，李树类对波尔多液敏感等。

③在果树敏感期用药：各种果树的开花期是对农药最敏感的时期之一，用药宜慎重。

④高温、雾重及相对湿度较高时易产生药害：温度高时，植物吸收药剂及药剂蒸腾较快，药剂很快在叶尖、叶缘集中过多而产生药害；雾重、湿度大时，药滴分布不均匀也易出现药害。

⑤药剂浓度高、用量大：随意加大药剂浓度、用量，易产生药害。

2）治疗措施。除针对上述原因采取相应措施预防外，对于已经出现药害的植株，可采用下列方法处理：

①根据用药方式（如根施或叶喷）的不同，分别采用清水冲根或叶面淋洗的办法，去除残留毒物。

②加强肥水管理，消除或减轻药害造成的影响，使植株尽快恢复健康。

五、常用农药

（一）杀虫剂、杀螨剂

（1）矿物油　一种用白蜡机油加工而成的机油乳剂。具有窒息杀虫作用，属高效低毒、无公害的杀虫、杀菌剂。可防治螨类、蚜虫和介壳虫，并兼治白粉病。常见剂型有99%乳油，一般使用99%乳油200~300倍液喷雾。

（2）苏云金杆菌（*Bacillus thuringiensis*，Bt）　细菌杀虫剂，有效成分是细菌及其产生的毒素。可用于防治直翅目、鞘翅目、双翅目、膜翅目，特别是鳞翅目的多种害虫，对人、畜低毒。常见剂型有可湿性粉剂（每克含100亿个活孢子），可用于喷雾、喷粉、灌心等，也可用于飞机防治。例如，用每克含100亿个活孢子的菌粉2000倍液喷雾，可防治多种鳞翅目幼虫。

（3）白僵菌（*Beauveria bassiana*）　真菌杀虫剂，无环境污染，害虫不易产生抗性，可用于防治鳞翅目、同翅目、膜翅目、直翅目等的害虫。对人、畜安全，对蚕感染力很强。常见剂型为粉剂（每克含有50亿~70亿个活孢子）。一般用菌粉50~60倍液喷雾。

（4）核型多角体病毒　病毒杀虫剂，具有胃毒作用，对人、畜、鸟类、益虫、鱼类及环境和植物安全，害虫不易产生抗性。不耐高湿，被紫外线照射易失活，作用较慢。适宜防治鳞翅目害虫。常见的剂型有粉剂、可湿性粉剂（每克含10亿个核型多角体病毒）。一般每亩用粉剂100g，兑水50L喷雾。

（5）微孢子虫（Microsporidium） 专治蝗虫的生物农药，对人、畜无毒，无残留，不污染环境。常见的剂型有高浓缩水剂。一般用麦麸作为微孢子虫液的载体，加工制成麦麸饵料，使含孢量达到（1.5~3）$\times 10^8$ 个 /g，每亩施用 100~150g。

（6）印楝素（Azadirachtin） 植物源生物化学杀虫剂，具有胃毒、触杀、拒食、忌避及影响害虫生长发育等多种作用，并具有良好的内吸传导性。属新型的植物杀虫剂，能防治鳞翅目、同翅目、鞘翅目等多种害虫。对人、畜、鸟类及天敌安全，无残毒，不污染环境。常见的剂型有 0.3% 乳油，一般用 0.3% 乳油 800~2000 倍液喷雾。

（7）烟碱（Nicotine） 植物源生物化学杀虫剂，具有胃毒、触杀、熏蒸和杀卵作用。可用于防治同翅目、鳞翅目、双翅目等害虫。对人、畜中等毒。常见剂型有 2% 水乳剂，一般用 2% 水乳剂 800~1200 倍液喷雾。

（8）苦参碱（Matrine） 植物源生物化学杀虫剂，具有触杀和胃毒作用，对人、畜低毒。可用于防治蚜虫、叶螨、菜青虫及地下害虫等，常见剂型有 0.04% 水剂、0.1% 粉剂。可用作拌种、毒土、喷雾等。一般用 0.04% 水剂 400 倍液喷雾。

（9）除虫菊酯（Pyrethrin） 植物源生物化学杀虫剂，具有强力触杀作用，胃毒作用微弱，无熏蒸作用和传导作用。主要用于防治同翅目、缨翅目、鳞翅目和膜翅目的害虫。常见剂型有 3% 乳油，一般用 3% 乳油 800~1200 倍液喷雾。

（10）阿维菌素（Avermectin） 微生物源生物化学杀虫、杀螨剂，属抗生素类。具有触杀和胃毒作用，对鳞翅目、鞘翅目、同翅目、双翅目及蜱螨目的害虫高效，对人、畜高毒。常见剂型有 0.6%、1.0%、1.8% 乳油，一般用 1.8% 乳油 1000~3000 倍液喷雾。

（11）甲氨基阿维菌素苯甲酸盐（Emamectin benzoate） 微生物源生物化学低毒杀虫、杀螨剂，是在阿维菌素的基础上合成的高效生物药剂，具有活性高、杀虫谱广、混用性好、持效期长、使用安全等特点，尤其对鳞翅目害虫效果好。作用方式以胃毒为主，兼有触杀作用。常见剂型有 1.9% 乳油、5% 水分散粒剂，一般用 1.9% 乳油 3000~5000 倍液喷雾。

（12）多杀霉素（Spinosad） 微生物源生物化学杀虫剂，属抗生素类。具有胃毒和触杀作用，对人、畜低毒，对鳞翅目幼虫、蓟马等效果好。常见剂型有 2.5%、48% 悬浮剂，一般用 2.5% 悬浮剂 1000~1500 倍液喷雾。

（13）辛硫磷（Phoxim） 有机磷杀虫剂。具有触杀和胃毒作用。对人、畜低毒。见光易分解。可用于防治鳞翅目幼虫及蚜虫、螨类、介壳虫等。常见剂型有 3%、5% 颗粒剂，25% 微胶囊剂，50%、75% 乳油。一般用 50% 乳油 1000~1500 倍液喷雾或浇灌；5% 颗粒剂 2kg/ 亩，防治地下害虫。

（14）毒死蜱（Chlorpyrifos） 有机磷杀虫剂。禁止在蔬菜上使用。具有触杀、胃毒及熏蒸作用，对人、畜中毒，是一种广谱性杀虫剂。对鳞翅目幼虫、蚜虫、叶蝉及螨类效果好，也可用于防治地下害虫。常见剂型有 40%、40.7% 乳油，一般用 40.7% 乳油 1000~2000 倍液喷雾。

（15）联苯菊酯（Bifenthrin） 具有触杀、胃毒作用，对人、畜中毒。可用于防治鳞翅目幼虫、蚜虫、叶蝉、粉虱、叶螨等。常见剂型有2.5%、10%乳油，一般用10%乳油3000~5000倍液喷雾。

（16）顺式氰戊菊酯（Esfenvalerate） 触杀作用强，有一定的胃毒和拒食作用。效果迅速，击倒力强。对人、畜中毒，对鱼、蜜蜂高毒。可用于防治鳞翅目、半翅目、双翅目害虫的幼虫。常见剂型有5%乳油，一般用5%乳油2000~5000倍液喷雾。

（17）氯氰菊酯（Cypermethrin） 具有触杀、胃毒和一定的杀卵作用，对鳞翅目幼虫、同翅目和半翅目害虫效果好，对人、畜中毒。常见剂型有10%乳油，一般用10%乳油稀释2000~5000倍液喷雾。

（18）高效氟氯氰菊酯（Beta–cyfluthrin） 具有触杀、胃毒作用，对人、畜低毒。杀虫谱广，作用迅速，持效期长，对鳞翅目幼虫及刺吸式口器害虫均有效。常见剂型有2.5%乳油，一般用2.5%乳油2000~3000倍液喷雾。

（19）溴氰菊酯（Deltamethrin） 具有很强的触杀、胃毒作用，对人、畜中毒，高效、广谱。对鳞翅目、鞘翅目、双翅目和半翅目的害虫都有防治效果，但对螨类无效。对水生生物高毒。常见剂型有2.5%乳油，常用2.5%乳油2000~4000倍液喷雾。

（20）灭幼脲（Chlorbenzuron） 广谱特异性杀虫剂，属几丁质合成抑制剂。具有胃毒和触杀作用，效果缓慢，一般用药后3~4d药效明显，对人、畜低毒，对天敌安全，对鳞翅目幼虫有良好的防治效果。常见剂型有25%、50%胶悬剂，一般用50%胶悬剂1000~2500倍液喷雾，在幼虫3龄前用药效果最好，持效期为15~20d。

（21）杀铃脲（Triflumuron） 抑制昆虫几丁质合成酶形成，具有触杀及胃毒作用，适宜防治鳞翅目、鞘翅目和双翅目害虫，对人、畜低毒。常见剂型为25%可湿性粉剂，一般用25%可湿性粉剂2000~4000倍液喷雾。

（22）噻嗪酮（Buprofezin） 新型昆虫生长发育抑制剂，抑制几丁质合成，干扰新陈代谢。触杀作用强，兼具胃毒作用，对粉虱、叶蝉及介壳虫防治效果好，对人、畜低毒。常见剂型为25%可湿性粉剂，一般用25%可湿性粉剂1500~2000倍液喷雾。

（23）吡虫啉（Imidacloprid） 氯化烟酰类杀虫剂，具有高效的内吸作用。对传统杀虫剂有抗药性的害虫，使用吡虫啉仍可取得显著的效果，目前为蚜虫、叶蝉、蓟马等刺吸式口器害虫的首选杀虫剂。吡虫啉在植物木质部有很好的移动性，用其进行种子处理和土壤处理对防治一些害虫有很好的效果。对人、畜低毒，对鱼类安全。常见剂型有10%、20%、25%可湿性粉剂，4%、5%、10%乳油，一般用10%可湿性粉剂2000~4000倍液喷雾。

（24）啶虫脒（Acetamiprid） 氯化烟酰类杀虫剂，具有较强的内吸、触杀、胃毒作用，同时具有内渗作用，杀虫迅速，残效期可达20d左右。对人、畜低毒，对半翅目害虫如蚜虫等效果好。常见剂型有3%乳油，一般用3%乳油2000~2500倍液喷雾。

（25）噻虫嗪（Thiamethoxam） 氯化烟酰类杀虫剂，是新开发的第2代产品，具有胃毒、触杀及强内吸作用。其杀虫机理与烟碱、吡虫啉相似，用量少，活性强，持效期长，对环境安全，对人、畜低毒。能防治叶蝉、粉虱、蚜虫、介壳虫，以及潜叶蛾等多种害虫。常见剂型有 25% 水分散粒剂及 70% 可分散种子处理剂，一般用 25% 水分散粒剂 5000~8000 倍液喷雾，采用可分散种子处理剂处理种子，可防治地下害虫。

（26）虫螨腈（Chlorfenapyr） 吡咯类新型杀虫、杀螨剂，以触杀、胃毒作用为主，杀虫谱广，持效期长，对各种刺吸、咀嚼、钻蛀害虫及螨类均有良好的效果。常见剂型为 10% 悬浮剂，一般用 10% 悬浮剂 2000~3000 倍液喷雾。

（27）螺虫乙酯（Spirotetramat） 具有双向内吸传导性能的杀虫剂。高效广谱，可有效防治各种害虫，如蚜虫、蓟马、木虱、粉虱、介壳虫和叶螨等。常见剂型有 22.4% 悬浮剂。防治果树介壳虫、叶螨等可使用 22.4% 悬浮剂 4000~5000 倍液喷雾。

（28）噻螨酮（Hexythiazox） 具有强力杀卵、幼螨、若螨作用。药效迟缓，一般施药后 7d 才有明显效果，残效期达 50d 左右，对人、畜低毒。常见剂型有 5% 乳油、5% 可湿性粉剂，一般用 5% 乳油 1500~2000 倍液于每片叶均有 2~3 头螨时喷雾。

（29）哒螨灵（Pyridaben） 具有触杀和胃毒作用，可防治各个发育阶段的螨，残效期达 30d 以上，对人、畜中毒。常见剂型有 20% 可湿性粉剂、15% 乳油，一般用 20% 可湿性粉剂 2000~4000 倍液喷雾。因杀伤天敌，所以 1 年最好只用 1 次。

（30）四螨嗪（Clofentezine） 具有触杀作用；对螨卵活性强，对若螨也有一定的活性，对成螨效果差，持效期较长；对鸟类、鱼类及天敌昆虫安全，对人、畜低毒。常见剂型有 10%、20% 可湿性粉剂，20%、25%、50% 悬浮剂，一般用 20% 悬浮剂 2000~2500 倍液喷雾，10% 可湿性粉剂 1000~1500 倍液喷雾。

（31）吡螨胺（Tebufenpyrad） 新型酰胺类杀螨剂，可防治叶螨科、瘿螨科、细须螨科等的多种螨类及蚜虫、粉虱等害虫，对螨类各个发育阶段（卵、幼螨、成螨）均有速效、高效作用。持效期长，通常在植物生长季节处理 1 次即可奏效，对人、畜低毒。常见剂型有 10% 乳油、10% 可湿性粉剂，一般用 10% 乳油 1000~2000 倍液喷雾。

（二）杀菌剂

（1）波尔多液（Bordeaux mixture） 矿物源杀菌剂（无机杀菌剂）。由硫酸铜、生石灰和水配成的天蓝色胶状悬浮液，呈碱性，有效成分是碱式硫酸铜，几乎不溶于水，应现配现用，不能贮存。波尔多液有多种配比，使用时可根据植物对铜或石灰的忍受力及防治对象选择配比，如 1% 石灰等量式波尔多液配比为硫酸铜：生石灰：水 =1：1：100、1% 石灰半量式波尔多液配比为硫酸铜：生石灰：水 =1：0.5：100、0.5% 石灰等量式波尔多液配比为硫酸铜：生石灰：水 =0.5：0.5：100。

波尔多液的防治范围很广，可以防治霜霉病、疫病、炭疽病、溃疡病、疮痂病、锈病、黑星病等多种病害，但在不同的植物上使用时，要根据不同植物对硫酸铜和石灰的敏感程度，来选择不同配比的波尔多液，以免造成药害。

（2）石硫合剂（Lime sulfur） 石硫合剂是用生石灰、硫黄和水煮制成的红褐色透明液体，有臭鸡蛋气味，呈强碱性，有效成分为多硫化钙，溶于水，易被空气中的氧气和二氧化碳分解，游离出硫和少量硫化氢。因此，必须将其贮存在密闭容器中，或在液面上加

扫码看视频

一层油，防止氧化。石硫合剂是一种良好的杀菌剂，也可杀虫、杀螨，多在休眠期使用。

石硫合剂的熬制方法：石硫合剂的配方较多，常用的为生石灰 1 份、硫黄粉 2 份、水 10~12 份。将足量的水倒入铁锅中加热，然后放入生石灰制成石灰乳，煮至沸腾时，将事先用少量水调好的硫黄糊缓缓地倒入石灰乳中，边倒边搅拌，同时记下水位线，以便随时添加开水，补足蒸发掉的水分。大火保持沸腾 45~60min，并不断搅拌。待药液熬成红褐色，锅底的渣滓呈黄绿色即成。此过程药液颜色的变化是黄色→橘黄色→橘红色→砖红色→红褐色。熬制石硫合剂一定要选择质轻、洁白、易消解的生石灰；硫黄粉越细越好；熬制时间为 45~60min；水要在停火前 15min 加完。

按上述方法熬制的石硫合剂，一般可以达到 22~28° Bé（波美度）。工厂化生产的常见剂型有 29% 水剂、20% 膏剂、40% 固体及 45% 结晶，使用时直接兑水稀释即可。重量稀释倍数可按以下公式计算：

重量稀释倍数（kg）=［原液浓度（波美度）− 目的浓度（波美度）］÷ 目的浓度（波美度）

（3）氢氧化铜（Copper hydroxide） 保护性铜基广谱杀菌剂。药剂颗粒细，扩散和附着性好，施药后能均匀地黏附在植物表面，不易被雨水冲刷，病菌不易产生抗药性，能兼治真菌与细菌病害。对人、畜低毒。常见剂型为 77% 可湿性粉剂，一般用 77% 可湿性粉剂 500~700 倍液喷雾。

（4）多·硫悬浮剂（Carbendazim） 无机硫剂型，有效成分为硫黄粉，具有杀菌、杀螨双重作用。低毒，黏着性好，耐雨水冲刷，持效期长。可防治白粉病、叶斑病、褐腐病、炭疽病、叶螨类、瘿螨类等。常见剂型为 50% 悬浮剂，一般用 50% 悬浮剂 300~500 倍液喷雾。

（5）多抗霉素（Polyoxin） 低毒抗生素类杀菌剂，具有内吸性。可用于防治叶斑病、白粉病、霜霉病、枯萎病、灰霉病等多种病害。常见剂型有 10% 可湿性粉剂，一般用 10% 可湿性粉剂 1000~2000 倍液喷雾。

（6）嘧菌酯（Azoxystrobin） 是对四大致病真菌——子囊菌、担子菌、半知菌和卵菌类（大部分病原）均有效的新型杀菌剂。其以蘑菇的天然抗菌素为模板，通过人工仿生合成。具有杀菌谱广、药效强，对人、畜及地下水安全等特性。其在土壤中很快被分解为二氧化碳，是极具发展潜力的理想药剂。常见的剂型有 25% 悬浮剂，一般每亩用 25% 悬浮剂 66.7~160mL，兑水 50~60L 喷雾。

（7）醚菌酯（Kresoxim-methyl） 广谱性杀菌剂，具有良好的保护和治疗作用，杀菌谱与嘧菌酯相同。常见剂型有 50% 干悬浮剂，一般用 50% 干悬浮剂 4000~6000 倍液在果树上喷雾。

（8）吡唑醚菌酯（Pyraclostrobin） 兼具吡唑结构的甲氧基丙烯酸酯类广谱杀菌剂，具有保护、渗透、叶片传导作用，可防治子囊菌、担子菌、半知菌和卵菌纲真菌引起的多种病害。同时它又是一种激素型杀菌剂，能诱导许多植物的生理变化，如降低乙烯的生物合成、延缓植物衰老，当植物受到病毒袭击时，它能加速抵抗蛋白质的形成，促进植物的生长。常见剂型有 25% 乳油、250 g/L 乳油、25% 悬浮剂、20% 水分散粒剂，一般每亩用 25% 悬浮剂 2000 倍液喷雾。

（9）木霉菌（Trichoderma SP）属微生物源农药，真菌剂型。该药具有多重杀菌、抑菌功效，杀菌谱广，且病菌不易产生抗性。对人、畜及天敌昆虫安全，无残留，不污染环境。可防治猝倒病、立枯病、根腐病、白绢病、疫病、叶霉病、灰霉病、霜霉病等多种病害。常见的剂型有可湿性粉剂（每 g 含 2 亿活孢子），一般使用每克含 2 亿活孢子的可湿性粉剂 600~1500 倍液灌根或喷雾。

（10）氨基寡糖素（Oligosaccharins）属动物源生物化学药剂，主要成分为海洋生物类的甲壳质。具有阻碍病菌孢子发芽与菌丝生长、活化植物细胞、诱导植物产生抗病性和促进生长作用，对人、畜安全。可防治多种真菌、细菌、病毒病害。常见剂型为 0.5% 水剂，一般用 0.5% 水剂 600~800 倍液喷雾。

（11）代森锰锌（Mancozeb）有机硫类保护性广谱杀菌剂，对人、畜低毒。对霜霉病、炭疽病、疫病和各种叶斑病等多种病害有效，常与内吸性杀菌剂混配，用于延缓抗性的产生。常见剂型有 25% 悬浮剂、70% 可湿性粉剂、70% 水分散粒剂，一般用 25% 悬浮剂 1000~1500 倍液喷雾。

（12）苯醚甲环唑（Difenoconazole）低毒广谱性内吸杀菌剂，具有治疗效果好、持效期长的特点。可用于防治子囊菌亚门、担子菌亚门和半知菌亚门病菌引起的叶斑病、炭疽病、白粉病、锈病等。常见剂型为 10% 水分散粒剂、3% 悬浮种衣剂，一般用 10% 水分散粒剂 6000~8000 倍液喷雾。

（13）丙环唑（Propiconazol）属三唑类新型广谱内吸性低毒杀菌剂，具有保护和治疗作用。可被根、茎、叶吸收，并向上传导，可以防治子囊菌、担子菌和半知菌引起的白粉病、锈病、叶斑病、白绢病等，但对鞭毛菌亚门引起的霜霉病、疫霉病、腐霉病无效。常见剂型有 25% 乳油、25% 可湿性粉剂，一般用 25% 乳油兑水喷雾，保护性防治时为 5000 倍液，治疗性防治时为 2500 倍液。

（14）烯唑醇（Diniconazole）具有保护、治疗、铲除和内吸向上传导作用。杀菌谱广，特别对子囊菌和担子菌引起的白粉病、锈病、黑粉病和黑星病等病害高效。产生抗药性较慢，对人、畜低毒。常见剂型为 12.5% 超微可湿性粉剂，一般用 12.5% 超微可湿性粉剂 3000~4000 倍液喷雾。

（15）甲基硫菌灵（Thiophanate-methyl）广谱性内吸杀菌剂，对多种植物病害有预防和治疗作用。残效期为 5~7d。常见剂型有 50%、70% 可湿性粉剂，40% 胶悬剂，一般用 50% 可湿性粉剂 500 倍液或 70% 可湿性粉剂 1000 倍液喷雾。除含铜药剂外，可与多种药剂混用。

（16）咪鲜胺（Prochloraz）高效、广谱、低毒型杀菌剂，无内吸性，但有良好的传导性能和保护、铲除作用。对子囊菌和半知菌引起的多种病害防效好，见效快，持效期长。常见剂型有 25% 乳油、45% 水乳剂，一般用 45% 乳油 1000~2000 倍液喷雾。

（17）腈菌唑（Myclobutanil）杂环类杀菌剂。有较强的内吸性，具有高效、广谱、低毒等特点。对子囊菌亚门、担子菌亚门、半知菌亚门病原引起的多种病害有良好的预防和治疗效果。常见剂型有 12%、12.5%、25%、40% 乳油，一般用 12% 乳油 3000~4000 倍液喷雾。

（18）噻霉酮（Benzisothiazolinone） 新型治疗型杀菌剂，具有高效、广谱、低毒等特点。速效性好，持效期长，使用安全。渗透性与内吸作用强，黏着性好。可防治霜霉病、炭疽病、叶斑病等多种真菌病害，对细菌性病害也有防效。常见剂型有 1.5% 水乳剂，一般用 1.5% 水乳剂 800~1000 倍液喷雾。

（19）烯酰吗啉（Dimethomorph） 有机杂环吗啉类内吸治疗性杀菌剂，低毒、低残留，使用安全。内吸性强，可根施或叶面喷洒。该药易诱使病菌产生抗性，应多与代森锰锌、百菌清等药剂混用，对霜霉病、疫霉病、疫病有特效。常见剂型有 50% 可湿性粉剂，一般用 50% 可湿性粉剂 3000~4000 倍液喷雾。

（三）病毒抑制剂

（1）菇类蛋白多糖 为食用菌的代谢产物，含丰富的蛋白多糖、氨基酸及微量元素等物质，对由烟草花叶病毒、黄瓜花叶病毒等引起的病毒病害有显著的防治效果，并对植物生长发育有良好的促进作用。对人、畜无毒副作用，无残留，对环境无污染。可采取喷雾、浸种、灌根和浸根等方法施药，还可与中性或微酸性农药、叶面肥和生长素混用。常见剂型有 0.5% 水剂，一般用 0.5% 水剂 250~300 倍液喷雾或灌根。

（2）宁南霉素（Ningnanmycin） 广谱抗生素类生物农药，是我国研制的首例能防治病毒的抗生素，兼有防治多种真菌和细菌病害的作用。对人、畜低毒，无致癌、致畸、致突变作用，不污染环境。常见剂型有 2%、8% 水剂，一般用 2% 水剂 200~300 倍液喷雾。该药不可与碱性农药混用，但可与植物生长调节剂、叶面肥等混用。施药时期宜早，应立足预防用药。

（3）盐酸吗啉胍（Moroxydine hydrochloride） 广谱性病毒钝化剂，低毒、低残留，对人的皮肤、眼睛无刺激性，在植物体内代谢快，无蓄积作用。常与菌毒清、腐殖酸、硫酸锌等混配，制成复方病毒钝化剂，可防治多种病毒病。常见剂型为 20% 可湿性粉剂，一般用 20% 可湿性粉剂 500~600 倍液喷雾。

（四）杀线虫剂

（1）淡紫拟青霉（Paecilomyces lilacinus） 为活体真菌杀线虫剂，有效成分为淡紫拟青霉，是毒性极低的生物剂型，对人、畜和环境安全。可防治多种植物根部线虫病。常见剂型有高浓缩吸附粉剂，一般于播种时进行拌种。

（2）厚孢轮枝菌（Verticillium chlamydosporium） 新型微生物农药，有效成分是高效食线虫真菌——厚孢轮枝菌。施入土壤后，迅速萌发繁殖，包围和捕杀植物线虫，对根结线虫有较好的防治效果。低毒，无残留，作用时间长，使用方便。可以在植物定植时穴施，也可以在植物生长期追施。果树苗期每亩用微粒剂 1~1.5kg，施用前与细土混匀或与农家肥混匀。追肥期用量为 2kg/ 亩。

（五）除草剂

（1）异丙甲草胺（Metolachlor） 选择性芽前土壤处理剂。该药主要通过杂草幼芽吸收，而且禾本科杂草幼芽的吸收能力比双子叶杂草强。对人、畜、鸟类低毒。可防除马唐、狗尾草、牛筋草、马齿苋、苋、藜、反枝苋、碎米莎草、油莎草等杂草，但对铁苋菜防效差。持效期为 30~50d。常见剂型有 72% 乳油，一般每亩用 72% 乳油 100~150mL，兑水 40~50L，然后均匀地喷雾在土壤表面。

（2）嗪草酮（Metribuzin） 选择性内吸传导型土壤处理剂，药剂能被杂草根系、叶片吸收，在植物体内进行有限传导。主要防治藜、苋、扁蓄、马齿苋、繁缕、荠菜、苘麻、苍耳、稗、狗尾草等 1 年生杂草，对多年生杂草效果差。常见剂型有 50% 可湿性粉剂，一般每亩用 50% 可湿性粉剂 40~80g，兑水 40~50L，均匀地喷雾在土壤表面。该药安全性差，用药量过高、施药不均匀或施药后遇大雨易发生药害。

（3）敌草隆（Diuron） 选择性内吸传导型土壤处理剂，主要通过杂草根部吸收。持效期为 8~16 个月。主要防除稗、马唐、牛筋草、狗尾草、凹头苋、藜等 1 年生杂草。常见剂型有 50%、80% 可湿性粉剂，一般每亩用 50% 可湿性粉剂 500~800g，兑水 40~50L，均匀地喷雾在土壤表面。

（4）高效氟吡甲禾灵（Haloxyfop-R-methyl） 选择性内吸茎叶处理剂。可用于防除 1 年生和多年生禾本科杂草，如稗、马唐、牛筋草、狗尾草、看麦娘、千金子等。常见剂型有 10.8% 乳油，防除 1 年生禾本科杂草，一般每亩用 10.8% 乳油 25~40mL；防除多年生禾本科杂草，每亩用 60~120mL，分别兑水 30~40L，均匀喷雾处理杂草茎叶。

（5）草甘膦（Glyphosate） 内吸传导型广谱灭生性除草剂，植物的绿色部分均能很好地吸收，但以叶片吸收为主，叶和茎吸收后易向地下根茎转移。早期施用草甘膦对 1 年生杂草有较好效果，但多年生杂草未长出足够承受药剂的叶片，所以药效差。草甘膦在农业上的用途很广，主要用于 1 年生杂草及灌木丛的控制、改良及更新牧场、果园除草。采用定向喷雾或保护装置，在植物生长发育期也能有效防除田间杂草。常见的剂型有 10%、41% 水剂，杂草生长旺盛期，每亩用 10% 水剂 500~1000mL 或 41% 水剂 200~300mL，兑水 40~50L，均匀喷雾于杂草茎叶。

（六）植物生长调节剂

（1）赤霉素（Gibberellin） 赤霉素是植物体内普遍存在的内源激素，是广谱性植物生长调节剂。具有打破休眠，促进种子发芽、果实提早成熟，增加产量，调节开花，减少落花、落果，延缓衰老和保鲜等多种功效，对人、畜低毒。常见剂型有 10%、85% 粉剂，40% 水溶性乳剂，促进植物生长多用 10~20mg/kg 的药液。

（2）芸苔素内酯（Brassinolide） 具有高效、广谱、方便、改善品质、增强抗逆能力、提高植物免疫功能、解除药害、无毒、无公害、无残留等特点。该药为低毒植物生长调节剂，对人、畜和环境安全。常见剂型有 0.15% 乳油，使用方法有喷施、浸种、灌根等。

（3）矮壮素（Chlormequat） 赤霉素的拮抗剂，具有控制植株的徒长，促进生殖生长，使植株节间缩短、抗倒伏等作用，对人、畜低毒。常见剂型有 50% 水剂，控制植株徒长、增加花数，多用 300mg/kg 的药液喷雾。

（4）氯吡脲（Forchlorfenuron） 新型植物生长调节剂，是一种生物活性很强的细胞分裂素类化合物，对人、畜安全。具有促进植物细胞分裂、分化和器官形成、增强抗逆性和抗衰老等作用。常见剂型有 0.1% 可溶液剂，用 5~20mg/kg 的溶液喷洒幼果可增大果个，促进着色等。

（5）多效唑（Paclobutrazol） 植物生长调节剂。能抑制植株的营养生长，抑制根系和顶芽的生长，促进侧芽萌发和花芽的形成，提高坐果率，改善品质和增强抗逆性等，对人、畜低毒。常见剂型有 10%、15% 可湿性粉剂，5% 悬浮剂，一般使用方法为土壤处理、涂干和叶面喷雾等。

实训任务

通过在实训室或农药经销店实地观察学习、网络及文献资料查阅、视频观看及课堂知识传授等方式相结合的理实一体化教学，掌握果树病、虫、草害防治中常用的农药品种、剂型、类型及使用方法；能够进行简单的农药鉴别；能够选购合适的农药；能够准确配制、稀释农药，并合理安全地使用农药。

1. 任务目标

1）正确辨识农药的粉剂、可湿性粉剂、乳油、颗粒剂、水剂等剂型在物理外观上的差异。

2）能够根据防治对象的要求，选择不同剂型、不同类别的农药进行实际操作。

2. 任务准备

1）材料。农药的粉剂、可湿性粉剂、乳油、水分散粒剂、水剂、颗粒剂、悬浮剂、烟剂等各种剂型的农药。

2）器材。天平、药匙、试管、量筒、烧杯、玻璃棒、调查表、口罩、乳胶手套等。

3）查阅《农药标签和说明书管理办法》（2017 年版），重点关注颜色标志带，以及农药登记证号、农药生产许可证号、产品标准号的有关内容。

3. 任务实施

1）观察农药的性状。

①辨别物理性状：辨别不同剂型在颜色、形态等外观上的差异。

②鉴别可湿性粉剂的质量：取少量可湿性粉剂倒入盛有 200mL 水的量筒内，轻轻搅动后放置 30min，观察药液的悬浮情况，沉淀越少，药剂质量越高。

③测定乳油的质量：将 2~3 滴乳油滴入盛有 10mL 清水的试管中，轻轻振荡后呈半透明或乳白色稳定乳状液，无油状漂浮物，表明乳油的乳化性能良好。

2）填写农药性状观察记录表（表 3-1）。边观察边记录，填写农药性状观察记录表。要求准确描述农药性状。填写要细致、完整，对疑问应查阅有关资料、请教老师或展开小组讨论。

表 3-1　农药性状观察记录

序号	农药名称	商标	剂型	有效成分含量	毒性	防治对象

3）填写农药标签记录表（表 3-2）。

表 3-2　农药标签记录

序号	农药名称	有效成分含量	农药登记证号	农药生产许可证号	产品标准号	剂型	毒性	颜色标志带

4）结合果园管理，现场熬制石硫合剂或配制波尔多液，并施用于果树。

5）根据防治对象的要求，选择不同剂型、不同类别的农药进行实际操作，包括农药的稀释、药械的清洗、施药、残留药剂的处理等。施用方法包括喷粉、常规喷雾、超低容量喷雾、施放烟剂、室内熏蒸等。

任务评价

任务考核评价单

序号	评价内容及分值	评价标准	学生自评 10%	小组互评 10%	教师评价 60%	企业评价 20%
1	学习方法 10 分	课前完成必备知识的自学；课中认真观察思考，并主动操作实践；课后归纳反思				
2	学习态度 20 分	学习态度端正，具有吃苦耐劳、诚实守信、认真负责的品质；认真学习、钻研知识和技能				
3	沟通表达 10 分	能够及时与同组成员及指导教师、技术人员沟通交流				
4	合作能力 10 分	团队协作意识强				
5	创新实践 10 分	化学防治时能够选择高效、低毒、低残留、环境友好型农药				

（续）

序号	评价内容及分值	评价标准	学生自评 10%	小组互评 10%	教师评价 60%	企业评价 20%
6	职业能力 10分	能够根据防治对象选择适合的防治药剂				
7	学习成果 30分	正确填写农药性状观察记录表和农药标签记录表；能够判断农药的类型				
合计						

植保天地

生物防治，先民的大智慧

我国是世界上应用生物防治较早的国家。春秋时期，我国先民就发现了虫子之间的相克现象。《诗经》中记载“螟蛉有子，蜾蠃负之”，这里所说的螟蛉是一种绿色的小虫，而蜾蠃则是一种寄生性蜂类。蜾蠃会将捕捉到的螟蛉带回自己的巢穴中，并在其体内产卵，待这些卵孵化后，幼虫便以螟蛉为食。

嵇含在其著作《南方草木状》中记录了一段关于“蚁”的有趣描述：“交趾人以席囊贮蚁，鬻于市者，其窠如薄絮，囊皆连枝叶，蚁在其中，并窠而卖。蚁赤黄色，大于常蚁。南方柑树，若无此蚁，则其实皆为群蠹所伤，无复一完者矣。”这不仅展现了我国先民的智慧，也是世界农学史上运用“以虫治虫”生物防治方法最早的记录。唐代刘恂在《岭表录异》中也记录了岭南地区有人以收集和贩卖蚁为业的事例。经相关专家考证，嵇含和刘恂所提到的能够防治柑树害虫的蚁类为黄猄蚁。它能捕食多种柑树害虫，有效地控制了柑树的虫害。直至今日，“黄猄蚁治虫”的传统方法仍被广东、福建等地区的果农沿用。

我国人民的智慧和勇气不仅仅展现在过去历史的长河中，而且也在现代社会发展中持续闪耀。2000年，新疆地区遭遇数以万计的蝗虫入侵，它们所到之处寸草不生，当地老百姓顿时陷入了前所未有的困境中。国家立即派出了大量的人力、物力支援新疆。由于蝗虫数量太过庞大，农药消灭的蝗虫数量有限，不能完全阻止蝗灾。专家们深知，一味地增加化学药剂的使用量将对新疆脆弱的生态平衡造成无法逆转的伤害。在这关键时刻，浙江省急中生智，紧急派出了10万只鸭子，这些鸭子搭乘飞机抵达灾区，然后迅速投入战斗。它们在田间地头与蝗虫展开了激烈的较量，不久便为新疆人民打赢了这场“治蝗”战。这一智慧之举并非无迹可寻，明代陈经纶在其著作《治蝗笔记》中就详细记载了养鸭治蝗的经验。他曾目睹鹭鸟捕食蝗虫的场景，并由此联想到鸭子可能也有类似的效果。实践证明，鸭子在捕食蝗虫方面速度更快。这不仅体现了古人的智慧，也彰显了我国人民在面对自然灾害时的创新和勇气。

模块二

虫害的识别与防治

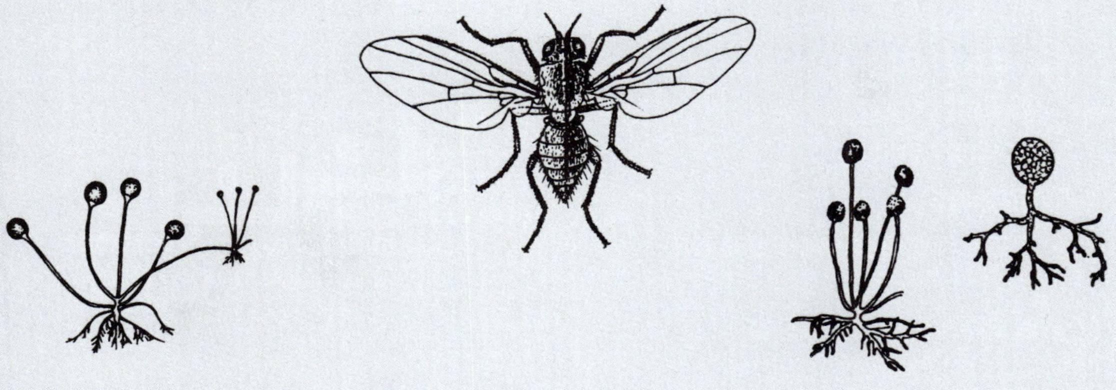

04 项目四 食叶类害虫的识别与防治

项目导学

- 食叶类害虫对果树及防护林都有危害，发生较普遍的是鳞翅目的春尺蠖、桑褶翅尺蛾、黄褐天幕毛虫和黄刺蛾。它们的共同特征是：具有咀嚼式口器，取食植物的叶片、嫩枝和嫩梢，形成孔洞、缺刻，减少光合作用面积，增加水分蒸发，严重时可将叶片食光，导致整株枝条枯死。
- 本项目学习内容包括果树生产上常见的食叶害虫（春尺蠖、桑褶翅尺蛾、黄褐天幕毛虫和黄刺蛾）的识别与防治，重点掌握它们的形态特征和综合防治措施，了解各类食叶害虫的为害特点和发生规律，为制定综合防治措施提供参考依据。

项目目标

- 知识学习目标：认识南疆特色果树主要食叶害虫的形态特征、为害特点。
- 技能培养目标：能够在准确识别为害南疆特色果树的食叶类害虫种类的基础上，分析它们的发生规律，制定有效的防治措施并实施。
- 职业情感目标：养成认真观察植物生长状态的习惯，培养服务“三农”的意识和在农业生产和研究中严格执行科学规范、追求卓越品质的意识。

扫码看视频

任务一　春尺蠖的识别与防治

任务导入

春尺蠖是新疆果树、林木上发生最早的食叶害虫，也是新疆重点监测的林业有害生物，每年 2 月中旬就需要结合果园管理开展防治工作。

必备知识

1. 寄主与分布

春尺蠖［*Apocheima cinerarius*（Erschoff）］属鳞翅目尺蛾科，别名杨尺蠖、柳尺蠖、榆尺蠖、沙枣尺蠖，在新疆广为分布，主要寄主有杨树、胡杨、榆树、沙枣树、柳树、槐树、梨树、苹果树、沙果树、桑树等。

2. 为害特点

春尺蠖以幼虫为害芽、花、叶和果。花蕾被害后，引起的伤流使花蕾不能正常开展；子房和幼果被害，造成果面虫疤；叶片被害后残缺不全（图 4–1）。若不加以有效防治，常暴食成灾，将植株食成光杆。

图 4–1 春尺蠖为害叶片

3. 形态特征

（1）成虫 虫体灰褐色，腹部背面各节有数目不等的成排黑刺。雌蛾体长为 7~9mm，无翅，触角呈丝状。雄蛾体长为 10~15mm，翅展为 28~35mm，触角呈羽毛状。前翅浅灰褐色至黑褐色，从前缘至后缘有 3 条褐色波状横纹（图 4–2），中间一条不明显。

图 4–2 束膜胶带下的春尺蠖雌成虫、雄成虫

（2）卵 长圆形，长为 0.8~1mm，有珍珠光泽。初产时为灰白色（图 4–3），孵化前为深紫色。

（3）幼虫 初龄幼虫体长约 2mm，黑黄色，2 龄以后体色变化很大，有褐色、绿色、棕黄色。老熟幼虫体长为 37mm 左右，黑褐色、灰黄色到青灰色不等。腹部第 2 节两侧各有 1 个瘤状突起，腹线均为白色。气门线为浅黄色。胸足 3 对，腹部第 6 节有腹足 1 对，末端有臀足 1 对（图 4–4）。

（4）蛹 长为 12~20mm，黄褐色，末端有臀刺，刺端分叉。雌蛹蛹壳上有翅芽的痕迹，但较短小。

图 4–3 老翘皮下的春尺蠖初产卵块

图 4–4 春尺蠖老熟幼虫

4. 发生规律

春尺蠖是一种专性滞育的昆虫，1 年发生 1 代，卵期 20d，以滞育蛹在寄主树冠下的土层中越夏、越冬，深度一般为 10~15cm。第 2 年早春，当 10cm 地温在 0℃左右时成虫开始羽化出土。南疆地区一般每年 2 月底、3 月初成虫羽化，3 月上中旬产卵，4 月上旬幼虫孵化，4 月中下旬为暴食为害期，5 月上中旬为幼虫大量入土化蛹期。蛹期长达 9 个多月。北疆地区春尺蠖各虫态的发生为害时期较南疆地区迟 10~20d。春尺蠖的雄成虫具

有强烈的趋光性。雌成虫无翅，靠爬行上树，与雄成虫在植株上交尾；卵聚产在树皮裂缝中或老翘皮下，1 头雌虫一生产卵 300~500 粒，卵的发育起始温度为 1.74℃，卵期与温度成负相关，最长为 29d，最短为 14d，当有效日积温达到 235.4℃时可见幼虫。

5. 综合防治措施

（1）农业防治　夏季灌溉林地，秋末翻耕土壤，破坏越夏、越冬化蛹场所。

（2）物理防治　用振落法振动幼树或树枝，人工捕杀吐丝下垂的高龄幼虫。有条件的果园，可架设频振式杀虫灯诱杀雄成虫。

1）2 月下旬捆塑料薄膜光滑带（裙）阻杀。成虫羽化前，一般于 2 月 20 日前后，在树干上设置塑料薄膜光滑带（裙），宽度为 10~15cm，以阻止雌成虫爬上树，每天清晨捕杀 1 次。

2）3 月下旬涂粘虫胶。被塑料薄膜光滑带（裙）阻止的雌成虫仍有可能在植株基部与雄成虫交尾并产下受精卵。因此，在幼虫孵化前夕，在塑料薄膜光滑带（裙）上端连同树干部位，刷 1 圈 6~8cm 宽的不干胶，粘杀初孵幼虫。不干胶的配方是黄蜡 1 份、松香 10 份、蓖麻油 10 份，在锅里熬制而成。

（3）生物防治　要抓准“榆钱落，幼虫多”这个防治的最佳时机。一般用 8000IU/μL 苏云金杆菌（Bt）悬浮剂 200~300 倍液喷洒施用；当 50cm 长的枝条上 2~3 龄幼虫数占总幼虫数的 85% 左右时，用春尺蠖核型多角体病毒防治，施用每克含 2×10^{10} 个春尺蠖核型多角体病毒的制剂，每亩按 3~5mL 加 20kg 水稀释后喷洒施用。

（4）化学防治　在未采取以上人工防治措施的果园，于春尺蠖幼虫 3 龄前采用高压喷雾进行 1 次药剂防治，效果明显。在成虫始见期刷 15cm 宽的毒环，防止成虫上树。毒环配方：1 份 10% 氯氰菊酯乳油、20% 氰戊菊酯乳油或 2.5% 溴氰菊酯乳油加 25 份柴油。

在幼虫 3 龄前喷洒 25% 阿维灭幼脲 2000 倍液，用药量为 12g/ 亩，兑水 100kg；1.2% 苦参碱乳油、0.3% 印楝素乳油 1000~3000 倍液，喷洒量为 100kg/ 亩。在春尺蠖虫口密度大、为害严重的区域应用 5% 甲维盐微乳剂 2500~3000 倍液，或 2.5% 溴氰菊酯乳油 2000~3000 倍液喷雾防治。

当虫害发生面积大、危害严重时，可用农用飞机进行低容量或超低容量喷雾防治。低容量喷雾可使用的药剂如甲维盐、苏云金杆菌、春尺蠖核型多角体病毒制剂，超低容量喷雾可选用 0.3% 印楝素乳油、1.2% 苦参碱乳油、16000IU/mg 苏云金杆菌油剂等，低容量喷雾药量为 2~2.67kg/ 亩，超低容量喷雾药量为 0.3~0.35kg/ 亩。

实训任务

通过在农业生产企业、校内外果树生产实训基地的现场教学、标本与图片观察及课堂知识传授等方式相结合的理实一体化教学，了解春尺蠖的外部形态特征及为害特点，掌握春尺蠖成虫性二型现象；在教师和专业技术人员的指导下制定防治方案，熟练运用关键防治技术，达到预期防治目标。

1. 任务目标

1）能准确识别春尺蠖雌虫、雄虫、卵块、各龄幼虫和蛹。

2）具备描述春尺蠖主要形态特征及为害特点的能力，以便指导果树生产。

3）能够根据春尺蠖在当地的发生规律，制定综合防治方案并实施。

2. 任务准备

1）材料。春尺蠖成虫、幼虫及蛹的标本（针插标本、液浸标本、玻片标本和被害植物），以及被害果树上采集的任一虫态。

2）器材。手持放大镜、体视显微镜、生物显微镜、镊子、解剖刀、挑针、培养皿、铁锹。

3. 任务实施

1）结合春季田间调查，观察春尺蠖越冬虫态及成虫羽化情况。

2）观察春尺蠖成虫外部形态特征和性二型现象。观察卵、幼虫、蛹、成虫的虫态特征，比较各虫态的形态区别。

3）观察春尺蠖幼虫的行走姿势及拟态现象。

4）结合生产实际及不同的时间节点，选择适当的防治措施；防治的过程中能正确选择防治药剂及施药方法。

任务评价

任务考核评价单

序号	评价内容及分值	评价标准	学生自评 10%	小组互评 10%	教师评价 60%	企业评价 20%
1	学习方法 10 分	课前完成必备知识的自学；课中认真观察思考，并主动操作实践；课后归纳反思				
2	学习态度 20 分	学习态度端正，具有吃苦耐劳、诚实守信、认真负责的品质；认真学习、钻研知识和技能				
3	沟通表达 10 分	能够及时与同组成员及指导教师、技术人员沟通交流				
4	合作能力 10 分	团队协作意识强				
5	创新实践 10 分	能够结合生产实际改进防治措施、降低防治成本、提高防治效率				
6	职业能力 10 分	能够准确诊断并防治春尺蠖				

（续）

序号	评价内容及分值	评价标准	学生自评 10%	小组互评 10%	教师评价 60%	企业评价 20%
7	学习成果 30 分	能准确识别春尺蠖；能根据发生规律制定春尺蠖的防治方案，并熟练实施关键防治技术				
合计						

任务二　桑褶翅尺蛾的识别与防治

任务导入

桑褶翅尺蛾与春尺蠖发生时期基本一致，是一种暴食性食叶害虫。近 10 年，桑褶翅尺蛾在新疆局部地区的种群数量上升，危害程度加重。2012 年起，桑褶翅尺蛾在北疆地区大面积为害榆树、杨树、白蜡树、海棠、梣叶槭等林木；2014 年，库尔勒市郊香梨园发现桑褶翅尺蛾幼虫；2015 年田间已有一定的虫口密度，并呈现逐年增长的趋势。

必备知识

1. 寄主与分布

桑褶翅尺蛾［*Zamacra excavata*（Dyar）］属鳞翅目尺蛾科刺尺蛾属，别名核桃尺蠖、桑褶翅尺蠖，在新疆分布于库尔勒、乌鲁木齐、哈密、鄯善、奎屯等地。它为害的植物有苹果树、梨树、杏树、核桃树、山楂树、红枣树、桑树、榆树、杨树、柳树、白蜡树、梣叶槭等。

2. 为害特点

桑褶翅尺蛾幼虫食叶，并在叶片上形成缺刻和孔洞，严重时会将叶片食光，从而影响树势和观赏效果。3~4 龄虫的食量最大，新叶、老叶、嫩枝一概都食，常将植物的顶部食成光秃。虫体保护性很强，观察叶面不易发现，但排粪量很多，检查地面较易发现。

3. 形态特征

（1）成虫　雌蛾体长为 14~15mm，翅展 40~50mm，体呈黑灰色或灰褐色。头部及胸部多毛。触角呈丝状。翅面有赤色和白色斑纹。前翅内、外横线外侧各有 1 条不太明显的褐色横线，后翅基部及端中为灰褐色，近翅基部处为灰白色，中部有 1 条明显的灰褐色横线。静止时四翅皱叠竖起。后足胫节有距 2 对。尾部有 2 簇毛。雄蛾体长为 12~14mm，全身体色较雌蛾略暗，触角呈羽毛状。腹部瘦，末端有成丛毛，其他特征与雌蛾相似（图 4–5）。

图 4–5　桑褶翅尺蛾成虫

（2）卵　扁椭圆形，0.3mm × 0.6mm，中央凹陷。初产时为深灰色，后变为黑褐色，带金属光泽（图 4–6）。

图 4–6　桑褶翅尺蛾卵

（3）幼虫　共 4 龄。老熟幼虫体长为 35~40mm，头顶为黄褐色，颊为黑褐色，前胸盾为绿色。腹足 2 对，体为绿色，第 1~8 节背部有黄绿色至红棕色刺突。不同龄期幼虫体色有明显变化：1 龄为黑色；2 龄为棕褐色；3 龄渐变为黄绿色，第 4~8 节背部有紫红色斑块；4 龄为绿色，第 4~8 节背部紫红色斑块消失。4 龄蜕皮后，一般还需要取食 4~7d，逐步变为锈绿色的老熟幼虫（图 4–7 和图 4–8）。

（4）蛹　椭圆形，红褐色，长为 14~17mm，末端有 2 个坚硬的刺。

（5）茧　灰褐色，半椭圆形，丝质，附有泥（图 4–9）。

图 4–7　桑褶翅尺蛾幼虫

扫码看视频

图 4–8　桑褶翅尺蛾卵及 1 龄幼虫

图 4–9　桑褶翅尺蛾贴在树干上的茧

4. 发生规律

1 年发生 1 代，以蛹在贴于树干基部处的茧内越冬，第 2 年 3 月中旬开始陆续羽化。

成虫白天潜伏于隐蔽处，夜晚活动，有假死习性，受惊后即落地，卵产于枝干上，4 月初开始孵化。幼虫食叶，停栖时头部常向腹面蜷缩于第 5 腹节下，以腹足和臀足抱握枝条。5 月中旬老熟幼虫爬到树干基部寻找化蛹处，然后吐丝作茧化蛹越夏、越冬。各龄幼虫均有吐丝下垂习性，受惊后或虫口密度大、食量不足时，即吐丝下垂随风飘扬，或转至其他寄主为害。

5. 综合防治措施

1）在苗木调运中，加强产地检疫。苗木在桑褶翅尺蛾发生区域，应当仔细检查调运苗木的根部，发现茧壳应当立即清除，可防止苗木带蛹，避免该虫的扩散或减少虫口密度。

2）农业防治。发生较严重的区域，采用挖树盘除蛹的措施，可直接杀死越冬蛹，降低越冬虫口密度。

3）人工除虫。3 月中下旬，仔细检查树干和枝条光滑处，发现卵块及时刮除，以降低虫口密度。4 月上中旬低龄幼虫为害期，利用幼虫受惊吐丝下垂的习性，采用人工摇树抖枝的方式，直接捕杀低龄幼虫。4 月下旬 ~5 月上旬高龄幼虫为害期，虫体大，暴食叶片，选择在有缺刻的叶片和枝条上，直接捕捉高龄幼虫。

4）灯光诱杀。2 月下旬 ~4 月上旬，采用频振式杀虫灯诱杀成虫。

5）化学防治。低龄幼虫为害期，喷洒 8000 IU/μL 苏云金杆菌悬浮剂 200~300 倍液、25% 灭幼脲悬浮剂 2000~2500 倍液、10 % 烟碱·苦参碱乳油 800~1000 倍液、10% 吡虫啉悬浮剂 1500~2000 倍液、5% 甲维盐微乳剂 2500~3000 倍液。

实训任务

通过在农业生产企业、校内外果树生产实训基地的现场教学、标本与图片观察及课堂知识传授等方式相结合的理实一体化教学，了解桑褶翅尺蛾成虫、幼虫的形态特征、成虫产卵习性、幼虫为害特点；在教师和专业技术人员的指导下制定防治方案，熟练运用关键防治技术，达到预期防治目标。

1. 任务目标

1）能准确识别桑褶翅尺蛾雌虫、雄虫、卵块、各龄幼虫和蛹。

2）具备描述桑褶翅尺蛾主要形态特征及为害特点的能力，以便于指导果树生产。

3）能够根据桑褶翅尺蛾在当地的发生规律，制定综合防治方案并实施。

2. 任务准备

1）材料。桑褶翅尺蛾成虫、幼虫及蛹的标本（针插标本、液浸标本、玻片标本和被害植物），以及被害果树上采集的任一虫态。

2）器材。手持放大镜、体视显微镜、生物显微镜、镊子、解剖刀、挑针、培养皿、铁锹。

3. 任务实施

1）结合春季田间调查，观察桑褶翅尺蛾越冬虫态及成虫羽化情况。

2）观察桑褶翅尺蛾不同龄期幼虫的特征，比较各龄期的形态区别。

3）观察桑褶翅尺蛾成虫的产卵习性，卵块的颜色。

4）针对当地桑褶翅尺蛾的发生情况，制定科学的防治方案，并组织实施，对防治效果进行调查总结。

任务评价

任务考核评价单

序号	评价内容及分值	评价标准	学生自评 10%	小组互评 10%	教师评价 60%	企业评价 20%
1	学习方法 10 分	课前完成必备知识的自学；课中认真观察思考，并主动操作实践；课后归纳反思				
2	学习态度 20 分	学习态度端正，具有吃苦耐劳、诚实守信、认真负责的品质；认真学习、钻研知识和技能				
3	沟通表达 10 分	能够及时与同组成员及指导教师、技术人员沟通交流				
4	合作能力 10 分	团队协作意识强				
5	创新实践 10 分	能够结合生产实际改进防治措施、降低防治成本、提高防治效率				
6	职业能力 10 分	能够准确识别并防治桑褶翅尺蛾				
7	学习成果 30 分	能准确识别桑褶翅尺蛾；能根据发生规律制定桑褶翅尺蛾的防治方案，并熟练实施关键防治技术				
合计						

任务三　黄褐天幕毛虫的识别与防治

任务导入

在新疆分布的天幕毛虫有黄褐天幕毛虫和双带天幕毛虫。黄褐天幕毛虫低龄幼虫有在植株枝杈上结天幕状网巢，夜间取食叶片、花，白天群集于网巢中，至老龄时方扩散为害的习性。防治黄褐天幕毛虫必须准确识别，并加强监测，在幼虫扩散之前及时采取防治措施。

必备知识

1. 寄主与分布

黄褐天幕毛虫［*Malacosoma neustria testacea*（Motschulsky）］属鳞翅目枯叶蛾科，又名天幕枯叶蛾、带枯叶蛾、顶针虫、杏毛虫、毛毛虫等。南疆、北疆地区均有分布，北疆地区较多；为害梨树、苹果树、桃树、杏树、扁桃树、海棠、核桃树、樱桃树、杨树、榆树等树种。

2. 为害特点

黄褐天幕毛虫食性很杂，但以为害叶片为主。幼虫刚孵化时群集于枝条，吐丝结成网巢，食害嫩芽、叶片；随长大逐渐向下移至粗枝上结网巢，白天群栖于巢上，夜出取食；5 龄后期分散为害，严重时把整株叶片食光，导致树势衰弱，造成减产。

3. 形态特征

（1）成虫　雌虫体长为 20mm 左右，黄褐色，翅展为 29~39mm，前翅中央有 1 条赤褐色横带，横带两侧有浅黄色细线。雄虫稍小，黄白色，体长 15mm，翅展为 30mm 左右，前翅中部有 2 条深褐色横线（图 4-10）。

（2）卵　短圆柱形，长约 1.3mm，灰白色，卵壳非常坚硬，200~300 粒环绕在小细枝上，黏结成 1 圈呈“顶针”状（图 4-11）。

图 4-10　黄褐天幕毛虫成虫

图 4-11　黄褐天幕毛虫卵

（3）幼虫　共 5 龄，老熟幼虫体长为 53mm 左右，头为蓝色，有 2 个黑斑。体侧有鲜明的灰蓝色、黄色或黑色条纹。体背面有明显的白色带，两边有橙黄色横线，气门为黑色，体背各节具有黑色长毛（图 4-12）。

（4）蛹　椭圆形，体长为 13~25mm，黑褐色，有浅褐色毛。

（5）茧　黄白色，丝质，表面附有黄白色粉状物。

图 4-12　黄褐天幕毛虫幼虫

4. 发生规律

黄褐天幕毛虫在新疆 1 年发生 1 代，以完成胚胎发育的幼虫在卵壳中越冬。第 2 年，当芽膨大、日均温为 11℃时幼虫钻出卵壳，先为害卵附近的芽和嫩叶，后转到枝杈处，吐丝结网成天幕状，所以名为天幕毛虫。幼虫发育期约为 1.5 个月，至 5 月下旬结茧化蛹，蛹期为 15~16d。成虫于 6 月上旬开始羽化，交尾、产卵后，以卵越冬。黄褐天幕毛虫 6 月在卵内已发育成幼虫，但并不破壳而出，而以小幼虫在卵内滞育越夏和越冬。

初孵幼虫群聚于卵块附近，剥食叶片，随着龄期增大，取食量也增大，较大幼虫一般在晚上活动取食。幼虫在活动期间，有群聚吐丝结网习性。老熟幼虫分散活动，将叶片连缀起来，在叶片内吐丝结茧化蛹。茧两层，外层松软，内层较坚韧。

5. 综合防治措施

1）农业防治。冬剪时剪除带卵块的枝条，集中烧毁或深埋。

2）根据幼虫吐丝结网、在网内集中取食的习性，采用人工捕捉，特别是在形成大而明显的巢幕时，以棍棒卷取网巢，可集中消灭幼虫。

3）灯光诱杀成虫。在 7 月上中旬期间可以利用黑光灯诱杀黄褐天幕毛虫成虫。

4）喷烟、喷雾法。幼虫大面积发生，虫口密度较大时，可以利用生物农药或仿生农药，如阿维菌素、Bt、灭幼脲、烟碱·苦参碱等进行喷烟、喷雾的方法控制虫口密度，降低种群数量，减轻危害程度。

实训任务

通过在农业生产企业、校内外果树生产实训基地的现场教学、标本与图片观察及课堂知识传授等方式相结合的理实一体化教学，了解黄褐天幕毛虫成虫、幼虫的形态特征和幼虫群聚吐丝结网习性；在教师和专业技术人员的指导下制定综合防治方案并实施。

1. 任务目标

1）能准确识别黄褐天幕毛虫为害特点及雌成虫、雄成虫、卵、各龄幼虫和蛹。

2）具备描述黄褐天幕毛虫主要形态特征及为害特点的能力，以便于指导果树生产。

3）能够根据黄褐天幕毛虫在当地的发生规律，制定综合防治方案并实施。

2. 任务准备

1）材料。黄褐天幕毛虫成虫、幼虫及蛹的标本（针插标本、液浸标本、玻片标本和被害植物），以及被害果树上采集的任一虫态。

2）器材。手持放大镜、体视显微镜、生物显微镜、镊子、解剖刀、挑针、培养皿、铁锹。

3. 任务实施

1）结合春季田间调查，观察黄褐天幕毛虫越冬虫态及成虫羽化情况。

2）观察黄褐天幕毛虫各虫态特征，比较各虫态的形态区别，详细观察成虫的体形、颜色及前翅特征。

3）观察黄褐天幕毛虫幼虫的为害特点；幼虫活动期及群聚吐丝结网习性。

4）针对当地黄褐天幕毛虫的发生情况，制定科学的防治方案，并组织实施。

任务评价

任务考核评价单

序号	评价内容及分值	评价标准	学生自评 10%	小组互评 10%	教师评价 60%	企业评价 20%
1	学习方法 10分	课前完成必备知识的自学；课中认真观察思考，并主动操作实践；课后归纳反思				
2	学习态度 20分	学习态度端正，具有吃苦耐劳、诚实守信、认真负责的品质；认真学习、钻研知识和技能				
3	沟通表达 10分	能够及时与同组成员及指导教师、技术人员沟通交流				
4	合作能力 10分	团队协作意识强				
5	创新实践 10分	能够结合生产实际改进防治措施、降低防治成本、提高防治效率				
6	职业能力 10分	能够准确诊断并防治黄褐天幕毛虫				
7	学习成果 30分	能准确识别黄褐天幕毛虫；能根据发生规律制定黄褐天幕毛虫的防治方案，并熟练实施关键防治技术				
合计						

任务四　黄刺蛾的识别与防治

任务导入

在新疆，过去没有黄刺蛾分布的记录，2000 年在阿克苏市依干其乡首次发现，截至 2023 年底，南疆地区均有分布，在喀什的疏附、疏勒，黄刺蛾已成为枣树夏季最严重的食叶害虫。黄刺蛾幼虫体表具有毒刺，人触碰后皮肤会红肿、疼痛。

必备知识

1. 寄主与分布

黄刺蛾［*Cnidocampa flavescens*（Walker）］属鳞翅目刺蛾科，俗称洋辣子，在新疆主要分布在阿克苏、喀什、伊犁，为害梨树、苹果树、杏树、桃树、枣树、柳树、核桃树等果树和林木。

2. 为害特点

该害虫以幼虫为害叶片，1~2 龄幼虫数个或数十个群栖于叶片背面取食叶片，将叶片食成网状，仅留下叶片上表皮，使叶片呈现苍白色或焦枯状；随着虫龄增加分散取食，将叶片食成缺刻，甚至将叶片吃光，仅留下叶柄。危害严重的果树树势衰弱，果实的产量和品质明显下降。

3. 形态特征

（1）成虫　成虫体为橙黄色。触角呈丝状。雌蛾体长 15~17mm，翅展 35~39mm。雄蛾体长 13~15mm，翅展 30~32mm。前翅为黄褐色，基部为黄色，端部为褐色，有 2 条暗褐色斜线，在翅尖上汇合于一点，呈倒“V”字形，内面一条伸到中室下角，为黄色与褐色的分界线，后翅为灰黄色。

图 4-13　黄刺蛾幼虫

（2）卵　扁椭圆形，一端略尖，长 1.4~1.5mm，宽 0.9mm，浅黄色，表面光滑。

（3）幼虫　老熟幼虫体长为 16~25mm，身体较肥大呈长方形，黄绿色，体背面有 1 个紫褐色“哑铃”形大斑。各体节有 4 个枝刺，胸部上面有 6 个，尾部有 2 个较大枝刺，后胸和腹部第 1、第 7 节最大。腹足退化、胸足极小（图 4-13）。

（4）蛹　黄褐色，近椭圆形。

（5）茧　坚硬，灰白色，粗大，长 13~15mm，表面有灰白色不光滑的条纹，形似麻雀蛋，结于枝条上（图 4-14）。

图 4-14　黄刺蛾茧

4. 发生规律

黄刺蛾 1 年发生 1 代，第 2 年 5 月化蛹，6 月中旬开始羽化，6 月下旬进入羽化盛期。成虫羽化多在傍晚，以 17: 00~22: 00 为盛，羽化时蛹体将茧盖顶开，露出茧外 1/3。成虫在夜间活动，有趋光性，白天静伏在叶片背面，成虫羽化后，即交尾产卵，每头雌虫产卵 49~67 粒，散产或数粒产在一起。卵多产于叶片背面，卵期为 1 周左右，7 月上中旬孵化，幼虫多在白天孵化，孵化前可见到卵壳内乳黄色的幼体和枝刺及黄褐色的口器等。初孵幼虫成群栖于叶片背面，随着长大分散取食，7 月中旬 ~8 月下旬危害严重，幼虫共分 6 龄，9 月底老熟幼虫在树上结钙质茧过冬。

5. 综合防治措施

1）清除越冬虫茧。黄刺蛾越冬代茧期长达 7 个月以上，此时农、林作业较空闲，结合冬、春季修剪，将有虫卵的枝条剪掉，或人工摘除茧，进行焚烧、掩埋（深度在 30cm 以下）。

2）黑光灯诱杀成虫。充分利用成虫具有趋光性的特点，于 6 月中下旬 19: 00~21: 00 悬挂杀虫灯，对成虫进行诱杀。

3）初孵幼虫有群集取食的习性，在幼虫期人工摘除虫叶，可以降低虫源基数。

4）化学防治。中、小龄幼虫，可喷施 Bt 乳剂 500 倍液、20% 氰戊菊酯乳油 1500~2000 倍液、2.5% 溴氰菊酯乳油 500~2000 倍液，25% 灭幼脲悬浮剂 2000~2500 倍液、20% 联苯菊酯乳油 4000~6000 倍液、1.8% 阿维菌素乳油 2000 倍液等药剂进行防治。

实训任务

通过在农业生产企业、校内外果树生产实训基地的现场教学、标本与图片观察及课堂知识传授等方式相结合的理实一体化教学，了解黄刺蛾成虫、幼虫的形态特征；在教师和专业技术人员的指导下，根据发生规律、发生时期制定综合防治方案并实施。

1. 任务目标

1）能准确识别黄刺蛾为害特点及雌成虫、雄成虫、卵、各龄幼虫、蛹、茧。

2）具备描述黄刺蛾主要形态特征及为害特点的能力，以便指导果树生产。

3）能够根据黄刺蛾在当地的发生规律，制定综合防治方案并实施。

2. 任务准备

1）材料。黄刺蛾成虫、幼虫、蛹及越冬虫茧标本（针插标本、液浸标本、玻片标本、黄刺蛾生活史标本和被害植物）。

2）器材。手持放大镜、体视显微镜、镊子、解剖刀、挑针、培养皿。

3. 任务实施

1）结合冬季果园调查，观察黄刺蛾越冬虫态及越冬虫茧。结合果树冬剪，彻底清除越冬虫茧。

2）观察本地常见的黄刺蛾成虫、幼虫等各虫态特征及被害植物，比较各虫态的形态。

3）观察黄刺蛾幼虫体背面的紫褐色“哑铃”形大斑，能够区分黄刺蛾幼虫与其他蛾类幼虫的不同点、初龄幼虫的群聚为害情况，注意比较初龄幼虫与老龄幼虫的形态差别及为害特点。

4）观察黄刺蛾卵的形状和颜色等。

5）针对当地黄刺蛾的发生情况，制定科学的防治方案，并组织实施。

任务评价

任务考核评价单

序号	评价内容及分值	评价标准	学生自评 10%	小组互评 10%	教师评价 60%	企业评价 20%
1	学习方法 10 分	课前完成必备知识的自学；课中认真观察思考，并主动操作实践；课后归纳反思				
2	学习态度 20 分	学习态度端正，具有吃苦耐劳、诚实守信、认真负责的品质；认真学习、钻研知识和技能				
3	沟通表达 10 分	能够及时与同组成员及指导教师、技术人员沟通交流				
4	合作能力 10 分	团队协作意识强				
5	创新实践 10 分	能够结合生产实际改进防治措施、降低防治成本、提高防治效率				
6	职业能力 10 分	能够准确诊断并防治黄刺蛾				
7	学习成果 30 分	能准确识别黄刺蛾；能根据发生规律制定黄刺蛾的防治方案，并熟练实施关键防治技术				
合计						

植保天地

治“虫”特工队，守护“绿色奥运”

2008年，北京奥运会即将开幕之际，国际检疫性害虫美国白蛾及迁飞性害虫草地螟暴发成灾，并迅速向奥运场馆蔓延。若是让外国游客目睹成群结队的飞蛾围绕在建筑和绿地上，势必会对北京精心打造的“绿色奥运”形象造成严重损害，削弱国际社会对这一盛事的美好印象。

美国白蛾，这一原产于北美的害虫，以其惊人的适应力、迅速的传播速度和巨大的暴发潜力而闻名。自1974年首次侵入我国辽宁丹东以来，这种杂食性昆虫已在北京、天津、河北、山东、陕西和辽宁等地区广泛分布，而这些地区恰好是2008年北京奥运会的比赛场馆和赛事途经的关键地带。为了严防美国白蛾侵袭，北京和河北实施了2400架次的飞机防治作业，坚决保障市区免受灾害。面对美国白蛾的威胁，“绿色奥运”的理念不仅仅体现在物质层面上，更体现在意识层面上。一方面要维护那些翠绿茂盛、生机勃勃的森林景观；另一方面，在防治过程中，必须贯彻“绿色奥运”的精神，采用环境友好型的生物制剂，实施无害化的防治措施，确保不会对生态环境造成任何污染。国家林业局（现为国家林业和草原局）也下达了2008年度的美国白蛾防治任务，与北京、天津、河北、山东、陕西和辽宁六省（市）政府签订了防治责任书，明确了防治的目标和任务，落实了防治责任和技术措施。

令人意想不到的是，2008年8月2日，奥林匹克中心区报告场馆内突发大量草地螟。开幕式现场有80多个国家和地区的政府首脑及16万观众，如果大量草地螟从天而降，必定会引发骚乱。程登发作为阻击草地螟入侵的北京首席科学家，迅速带领团队制定阻止草地螟的方案。应急小组紧急调集高射程风送迷雾式防控车8辆、各种防治机械36台（套）、应急防治药剂共3吨，运送到指定位置并分发至其他奥运场馆。农业部种植业管理司于8月4日再次调集高射程风送迷雾式防控车11辆，高射程风送迷雾式打药机4台，频振式杀虫灯8000多台，紧急组装雷达高空探照杀虫灯300台。8月6日，利用300台探照灯诱虫器在怀柔、延庆、平谷、密云设置第1道阻截带；在海淀、顺义、昌平沿六环设置第2道阻截带，辅以频振式杀虫灯，形成了立体式防控网，对草地螟成虫进行诱杀。通过各省（市）的迅速协作和有效地巩固防治，8月8日，北京奥运会顺利举行。

回顾备受全球瞩目的北京奥运会，植物保护工作者们满怀自豪感与荣誉感，因为他们在实现“绿色奥运”的过程中贡献了一己之力。在害虫入侵的防控战役中，植物保护工作者取得了胜利，确保了这场体育盛会的顺利开幕和圆满落幕。

05 项目五 吸汁类害虫的识别与防治

项目导学

- 吸汁类害虫是果树害虫中较大的一个类群，包括昆虫纲中的半翅目（蚜虫、介壳虫、木虱、盲蝽等）、缨翅目（蓟马）和蛛形纲蜱螨目中的某些害螨（叶螨、瘿螨）。此类害虫多数个体较小，发生初期为害特点不明显，易被忽视。其繁殖力很强，扩散蔓延快，若调查不及时，极易错过最佳防治时机，影响综合防治效果。
- 本项目内容包括果树生产上常见的蚜虫类、介壳虫类、螨类的识别与防治，梨木虱、葡萄二星叶蝉的识别与防治。重点掌握形态特征和综合防治措施，了解各地区的发生规律，为制定防治措施提供参考依据。

项目目标

- 知识学习目标：认识南疆特色果树主要吸汁类害虫的各虫态及为害特点。
- 技能培养目标：能够在准确识别为害南疆特色果树的吸汁类害虫种类的基础上，分析发生规律，制定有效的防治措施并实施。
- 职业情感目标：培养服务“三农”的意识，培养科学严谨的工作态度、吃苦耐劳的工作精神。

任务一　蚜虫类的识别与防治

任务导入

新疆南疆地区为害果树的蚜虫主要有桃蚜、绣线菊蚜、梨二叉蚜、梨黄粉蚜、棉蚜和苹果绵蚜。蚜虫可引起叶片早衰、畸形生长，排泄的蜜露常引起煤污病；同时，蚜虫传播植物病毒病，造成很严重的间接危害。生产上需要加强监测，及早防治。

必备知识

一、桃蚜

1. 寄主与分布

桃蚜［*Myzus persicae*（Sulzer）］又名烟蚜、桃赤蚜，属半翅目蚜科，是世界上分布最广泛的蚜虫之一，我国各省区均有分布。桃蚜是典型的多食性昆虫，转主寄生生活，冬季寄主植物主要是蔷薇科果树，夏季寄主主要有茄科、十字花科蔬菜。

2. 为害特点

桃蚜常群栖在叶片背面和嫩梢上吸取汁液，使叶片边缘卷缩、叶色发黄，引起干枯落叶（图 5-1）。桃蚜在取食为害的过程中能够传播 115 种植物病毒，给生产带来较大的损失。

图 5-1　桃蚜为害叶片

3. 形态特征

（1）无翅胎生雌蚜　体长为 2mm 左右，随着季节的变化，体为黄绿色、绿色、红褐色、褐色和杏黄色，有翠绿色背中线和侧横带。夏季为白色至浅黄绿色，秋季有的带红褐色。腹管呈圆筒形，浅色，顶端稍暗，稍长于触角第 3 节（图 5-2）。

（2）有翅胎生雌蚜　体长为 1.8~2.1mm，翅展为 6.4mm 左右。头、胸部为黑色，腹部为浅绿色、绿色、褐色，有黑褐色斑纹。触角为黑色，有 6 节，第 3 节有次生感觉圈 10~15 个，在外缘全长排成 1 行。腹管稍短于触角第 3 节（图 5-3）。

（3）卵　椭圆形，长约 0.6mm，初产时为绿色，后期为黑色，有光泽。

（4）若蚜　体小，色浅，似无翅孤雌胎生蚜。有翅若蚜具有翅芽 1 对（图 5-4）。

图 5-2　无翅胎生雌蚜、若蚜

图 5-3　有翅胎生雌蚜

图 5-4　有翅若蚜

4. 发生规律

桃蚜每年发生代数因地区而异，在南疆地区 1 年发生 25~35 代。全周期的桃蚜，以卵在桃树枝条叶腋和裂缝等处越冬。早春果树萌芽至开花期间卵孵化为干母，4 月中旬以后，随着温度升高繁殖速度加快。5 月上中旬开始产生大量有翅蚜，向夏季寄主上迁飞并繁殖为害，6~7 月危害最重。10 月中下旬，桃蚜迁回原来寄主上继续为害，出现性蚜，产卵越冬。

5. 综合防治措施

1）人工防治。早春用清水冲刷树皮裂缝和叶芽、花芽上的蚜虫，降低虫口密度。

2）物理防治。5 月蚜虫迁飞时，用黄板诱杀。

3）利用天敌防治。充分发挥天敌对果树蚜虫的抑制作用。蚜虫的天敌在自然界中广泛存在，要注重对瓢虫、草蛉、食蚜蝇、蚜茧蜂与食蚜绒螨的保护和利用。人工释放异色瓢虫也可以有效地控制桃蚜种群数量。东亚小花蝽也是桃蚜的重要天敌之一。

扫码看视频

4）化学防治。

①桃蚜发生严重地区，越冬卵量较多时，在果树发芽前，喷施 3~5° Bé 石硫合剂，消灭越冬卵和初孵若虫。

②果树开花前，越冬卵孵化，若蚜集中在嫩叶上为害时，应及时细致地喷施 20% 吡虫啉可溶液剂 3000 倍液。

③果树生长期蚜虫发生严重时，可交替使用化学药剂防治。在蚜虫未产生抗药性的地区，可使用以下药剂：10% 溴氰虫酰胺可分散油悬浮剂 50~100g/L、10% 烯啶虫胺水剂 50~100mg/L、20% 啶虫脒可溶性粉剂 5000 倍液、4.5% 高效氯氰菊酯乳油 1500 倍液、2.5% 高效氯氟氰菊酯乳油 2000 倍液、40% 辛硫磷乳油 800 倍液、50% 噻虫嗪水分散粒剂 6000 倍液、60g/L 乙基多杀菌素悬浮剂 3000 倍液、50% 吡蚜酮可湿性粉剂 4000 倍液、0.6% 烟碱·苦参碱 500 倍液、350g/L 吡虫啉悬浮剂 5000 倍液 +5% 甲氨基阿维菌素苯甲酸盐 5000 倍液。

由于菊酯类、烟碱类杀虫剂在多数产区已经产生较高甚至极高水平抗性，生产中建议轮换使用氟啶虫酰胺和溴氰虫酰胺两种新型蚜虫防治药剂，以及生物农药苦参碱、乙基多杀菌素。交替使用噻虫嗪、吡蚜酮和烯啶虫胺等药剂，保证害虫对药剂的敏感性，可延缓害虫抗药性的发展。

1% 苦参·印楝素、1% 苦参碱、0.3% 印楝素、0.5% 藜芦根茎提取物可溶液剂 600 倍液、5% 香芹酚水剂 400 倍液、2.5% 鱼藤酮乳油对桃蚜均有一定的防效。

二、绣线菊蚜

1. 寄主与分布

绣线菊蚜［*Aphis citricola*（Van der Goot）］又名苹果黄蚜，属半翅目蚜科。它在我国大部分果树产区都有分布，发生比较广泛，寄主植物有苹果树、梨树、桃树、杏树、李树、海棠、樱桃树、沙果树、山楂树等蔷薇科果树，也为害绣线菊和榆叶梅等。

图 5-5　绣线菊蚜秋季为害枝梢

2. 为害特点

绣线菊蚜以成虫和若虫群集在新梢和嫩叶背面及幼果表面刺吸汁液，被害叶片呈现褪绿斑点，向叶背横卷，叶尖向叶背方向弯曲。发生严重时新梢嫩叶全部卷缩，新梢生长受抑制（图 5-5 和图 5-6）。严重时能引起早期落叶和树势衰弱。

图 5-6　绣线菊蚜夏季为害枝梢

3. 形态特征

（1）无翅胎生雌蚜　体长 1.4~1.8mm，纺锤形，体为黄色或黄绿色，触角呈丝状，口器、腹管及尾片均为黑色；口器长达中足基节窝，触角显著比体短，基部为浅黑色。

（2）有翅胎生雌蚜　体长约 1.5mm，翅展为 4.5mm 左右，近纺锤形，复眼为暗红色，头、胸腹管及尾片为黑色，腹部为黄绿色或绿色，身体两侧有黑斑；2 对翅透明。触角第 3 节有次生感觉圈 5~10 个，分布全长，排成 1 行；第 4 节有 0~4 个感觉圈。

（3）若蚜　体为鲜黄色，触角、复眼、足和腹管为黑色，无翅若蚜腹部肥大，腹管短；有翅若蚜胸部较发达，具有翅芽 1 对。

（4）卵　椭圆形，长约为 0.5mm，初期为浅黄色，后变为漆黑色，有光泽。

4. 发生规律

绣线菊蚜 1 年发生 10 余代，以卵在寄主枝杈、芽苞及老翘皮缝处越冬。第 2 年春季，当寄主萌动后，越冬卵孵化为干母。4 月下旬在芽、嫩梢顶端、新生叶片的背面为害。5 月下旬开始出现有翅胎生雌蚜，在多种植物上迁飞扩散。6~7 月繁殖最快，枝梢、叶柄、叶背布满蚜虫，是虫口密度迅速增长的严重为害期。10~11 月气温逐渐下降，产生性蚜交尾产卵越冬。

5. 综合防治措施

冬季结合刮老树皮，刮下虫卵，消灭越冬卵。在果树发芽前，喷施 3~5° Bé 石硫合剂，消灭越冬卵和初孵若虫。5 月中旬蚜虫大量发生前用药剂防治，防治药剂同桃蚜；5 月中旬后，用黄板诱杀有翅蚜。结合夏季修剪，剪除被害嫩梢。

三、梨二叉蚜

1. 寄主与分布

梨二叉蚜［*Schizaphis piricola*（Matsumura）］又名梨蚜、梨卷叶蚜，属半翅目蚜科。它分布于北京、吉林、辽宁、河北、山东、山西、河南、江苏、四川、台湾、甘肃、新疆等地，是梨产区常见的主要害虫之一，寄主有杜梨树等多种果树及其他植物。

2. 为害特点

梨二叉蚜为害梨树叶片，被害叶片沿中脉向正面纵向卷曲，呈饺子状或筒状（图 5–7）。轻者略卷，后逐渐皱缩变脆，受害叶不能伸展，严重时容易脱落。因造成大量叶片卷曲、新梢生长不良，果品生产提质增效受到很大影响。

图 5–7　梨二叉蚜为害叶片

3. 形态特征

（1）无翅胎生雌蚜　体长约 2mm、宽约 1.1mm，体背骨化，口器为黑色，复眼为红褐色，触觉丝状、有 6 节，体为绿色、暗绿色或黄褐色，被有白色蜡粉；背中央有 1 条深绿色至翠绿色纵带（背线），腹背各节两侧具有 13 个白粉状斑；腹管呈圆柱状，末端收缩。

（2）有翅胎生雌蚜 体长为 1.5mm，翅展为 5.0mm 左右，灰绿色；头、胸部为黑色，腹部为浅色，额瘤略突出，口器为黑色，端部伸达后足基节，复眼为暗红色；触角丝状、有 6 节，第 3 节有次生感觉圈 18~27 个，分散于全节；第 4 节有 7~11 个次生感觉圈。前翅中脉分为 2 叉，足、腹管及尾片同无翅胎生雌蚜。

（3）若虫 与无翅孤雌胎生蚜类似，体小，绿色，胸部发达，有翅芽，腹部正常。

（4）卵 椭圆形，长约 0.7mm，初产为暗绿色，后变为黑色、有光泽。

4. 发生规律

梨二叉蚜 1 年发生 10 余代，生活周期为乔迁式。以卵在梨树芽附近、果苔及枝杈的缝隙内越冬，以叶腋处最多。第 2 年梨树芽萌动时越冬卵开始孵化为干母，初孵若虫先集中在芽露绿处刺吸为害，芽开绽后即钻入芽内为害。当花序伸出时，干母即钻入花蕾丛中为害；在个别梨花开放时，干母开始胎生无翅蚜，蚜虫数量迅速增长。在盛花时，梨二叉蚜迁到未展开和刚绽开的叶片上为害，待叶展开后多集聚在叶片正面为害并繁殖，以新梢嫩叶受害最重，受害叶片向上纵卷成筒状。落花后大量出现卷叶，落花后半个月左右开始出现有翅蚜，5~6 月有翅蚜迁移到夏季寄主狗尾草等杂草上繁殖为害。9~10 月在越夏寄主上又产生大量有翅蚜，迁回到梨树上繁殖为害。11 月上旬产生性蚜，雌蚜、雄蚜交尾、产卵，以受精卵越冬。

5. 综合防治措施

9~10 月梨二叉蚜迁回到梨树上繁殖为害阶段是防治的关键时期之一，可用 10% 吡虫啉 3000 倍液进行防治，其他防治措施同桃蚜。

四、梨黄粉蚜

1. 寄主与分布

梨黄粉蚜［*Aphanostigma jakusuiensis*（Kishida）］又名梨黄粉虫，属同翅目根瘤蚜科，在我国主要梨产区都有分布，寄主只有梨属果树，是出口果园检疫对象。

2. 为害特点

梨黄粉蚜成虫和若虫群集于果实萼洼处为害（图 5-8 和图 5-9），随虫量的增加逐渐蔓延至整个果面。果实表面似有数堆“黄粉”，周围有黄褐色晕环，即为成虫与其所产的卵堆及小若蚜。果实受害初期表面呈黄色稍凹陷的小斑（图 5-10），后逐渐变黑腐烂，称为“膏药顶”，后期向四周扩大呈波状轮纹，常形成具有龟裂的大黑疤（图 5-11），甚至落果。该虫有时也从果实萼洼钻入果心为害，造成烂心，也可刺吸枝干汁液。果实装箱进入贮藏运输环节，果实上附着的虫及虫卵可引起烂果。

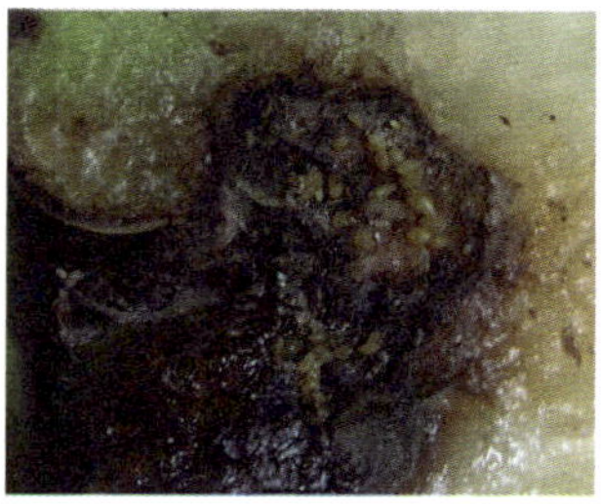

图 5-8 梨黄粉蚜成虫在萼洼内为害

图 5-9 梨黄粉蚜聚集在香梨萼部为害

图 5-10 梨黄粉蚜为害初期症状

图 5-11 梨黄粉蚜为害香梨后期症状

3. 形态特征

梨黄粉蚜为多型性蚜虫，分为干母、普通型、性母和有性型 4 种。

（1）干母、普通型、性母　均为雌性，进行孤雌卵生，形态相似。虫体呈倒卵圆形，长为 0.7~0.8mm，鲜黄色，喙发达，伸达腹部前端；触角呈丝状，3 节；足短小，均呈浅黑色。无翅，无腹管，尾片末端呈平圆形，有短毛 4~6 根。

（2）有性型　雌成虫体长为 0.47mm，鲜黄色，长椭圆形，口器退化；雄成虫体长约为 0.35mm。

（3）卵　椭圆形，越冬卵长为 0.25~0.4mm，浅黄色，有光泽，孵化前出现 1 对红色眼点。在果树生长季节产生普通型和性母的卵为黄绿色，长为 0.26~0.3mm；产生有性型的卵，雌卵长为 0.4mm，雄卵长为 0.36mm，黄绿色（图 5-12）。

（4）若虫　浅黄色，体形与成虫相似，但虫体略小于成虫。

4. 发生规律

梨黄粉蚜 1 年发生 8~10 代，以卵在芽鳞、果苔、树皮裂缝或老翘皮下越冬（图 5-13）。第 2 年 4 月上中旬，梨花开放期，越冬卵孵化为干母，若蚜先潜伏于翘皮下嫩皮处刺吸汁液，生长繁殖；然后爬行扩散，找到适合的取食场所后固定取食，不再活动。每繁殖 1 代，若蚜都要向树冠外围扩散 1 次。7 月以后开始向嫩果上转移，初期多集中在萼洼处为害，随着虫量增加、果实长大，逐渐蔓延至果面上为害繁殖，果面呈现数堆“黄粉”，周围有黄褐色晕环，将“黄粉”擦去可见到稍凹陷的小黄斑，8 月中旬果实接近成熟期，危害更为严重。8~9 月出现有性蚜，雌蚜与雄蚜交尾后陆续爬至果苔、裂缝处越冬。

图 5-12 梨黄粉蚜的卵

图 5-13 梨黄粉蚜在老翘皮下越冬

成虫寿命除有性型较短外，其他各型均为 30d 以上，干母可达 100d 以上。成虫活动力较差，喜隐蔽的环境，植物表面看不到活动的虫体。高温干燥有利于发生，8 月中下旬蚜虫数量最大。套袋果实往往受害严重。远距离传播主要靠苗木、接穗，以及果品的运输。

5. 综合防治措施

1）冬季刮除老翘皮，降低虫口密度。

2）6 月下旬开始调查虫情，发现有梨黄粉蚜上果时，进行药剂防治。防治药剂参考桃蚜。

五、棉蚜

1. 寄主与分布

棉蚜［*Aphis gossypii*（Glover）］，属半翅目蚜科。棉蚜是世界性分布的害虫，在我国各省都有分布和为害。棉蚜是多食性害虫，全世界记载的寄主植物达 116 科 900 多种，在大田作物、蔬菜、杂草中广泛寄生，在果树上主要为害石榴树、枸杞树。

2. 为害特点

棉蚜以成蚜和若蚜群集在寄主植物的叶片背面和嫩茎上刺吸汁液，受害叶片细胞受到破坏，生长不平衡，叶片向背面卷曲或皱缩；分泌大量蜜露，滴落在下部叶片正面，使茎、叶变得油腻，易招致病菌滋生；遇沙尘又污染叶面，阻碍叶片的光合作用等生理作用，减少干物质的积累。棉蚜还是传播植物病毒的媒介。

3. 形态特征

生活在不同寄主上或不同生物型的棉蚜在形态特征、生活史特征、生态参数，以及遗传特性等方面都存在显著差异。棉蚜共有 3 个虫态，即成虫、卵和若虫，在其生活史中又展现出 6 种主要形态，即孤雌蚜（有翅型和无翅型）、性母蚜、性蚜（性雄蚜和性雌蚜）和干母。

（1）卵　长为 0.5~0.7mm，椭圆形，两端略窄，黑色且有光泽。初产时为橙黄色、绿色，后变为漆黑色（图 5–14）。

（2）干母　干母是越冬受精卵孵化的蚜虫，体长为 1.6mm，宽卵圆形，体多为暗绿色。触角 5 节，较短，触角、体长比值小于或等于 0.50。无翅。尾片常有毛 7 根。

（3）无翅孤雌蚜　平均体长为 1.5~1.9mm，夏季为黄绿色，春季、秋季为深绿色至蓝黑色。触角 6 节，仅第 5 节端部有 1 个次生感觉圈。前胸、腹部第 1 节及第 7 节上有缘瘤。尾片常有毛 5 根。盛夏常发生小型蚜，触角 5 节；尾片上有毛 4 根或 5 根，体为黄色，翅透明。

（4）有翅孤雌蚜　平均体长为 1.2~1.9 mm。腹部背面各节有明显黑斑。触角 6 节，第 3 节有圆形次生感觉圈 6~7 个排成 1 列。尾片常有毛 5 根。

（5）有翅性母蚜　体背骨化斑纹较明显，触角第 3 节有次生感觉圈 9 个左右，第 4 节有次生感觉圈 0~4 个，第 5 节偶有 1 个次生感觉圈。

（6）有翅性雄蚜　体较短小。触角 6 节，较长，第 3 节有次生感觉圈 33 个，第 4、第 5 节分别有 25 个和 14 个次生感觉圈。头和前胸背板为黑色。复眼大、突出。有翅 2 对。

（7）无翅性雌蚜（卵生性雌蚜） 平均体长为1~1.5mm，体梭形、较小，墨绿色至蓝绿色。触角5~6节，较短。无翅。后足胫节略膨大。腹管较短。

（8）若虫 复眼为红色，无尾片，共4个龄期。1龄若蚜触角4节，腹管长宽相等；2龄若蚜触角5节，腹管长为宽的2倍；3龄若蚜触角5节，腹管长为1龄的2倍；4龄若蚜触角6节，腹管长为2龄的2倍。

卵

干母

无翅孤雌蚜成虫和1龄若虫

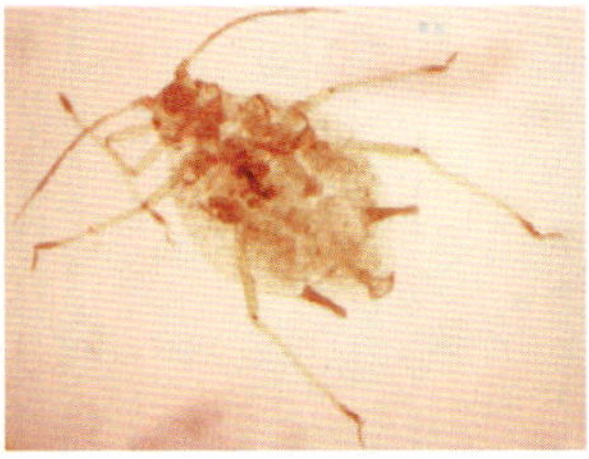

无翅孤雌蚜成虫玻片标本

有翅孤雌蚜

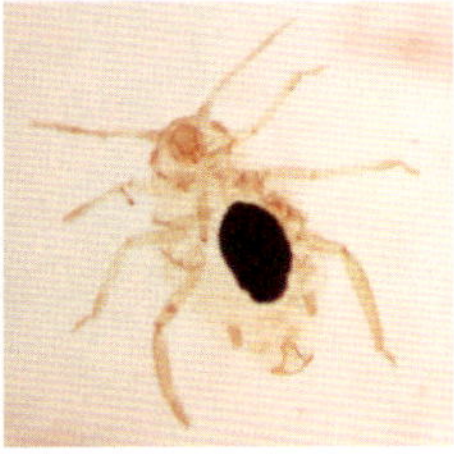

无翅性雌蚜玻片标本

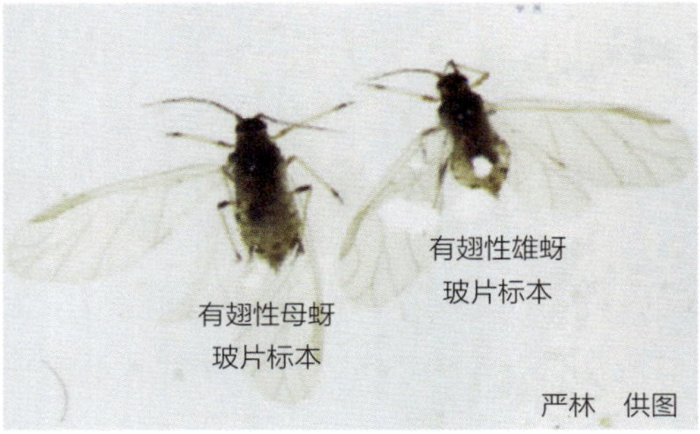

性蚜

正在产卵的无翅性雌蚜

图5-14 棉蚜卵和成虫形态

4. 发生规律

棉蚜1年发生20~30代，以孤雌胎生进行繁殖，在室内的花卉和蔬菜上越冬；也可以在石榴、梓树、花椒、木槿等室外寄主上产卵安全越冬。春季卵孵化为干母，干母产下干雌，干雌繁殖2~3代，产生有翅蚜，迁飞到侨居寄主（第二寄主）棉花、瓜类、花卉等植物上营孤雌生殖，秋末再迁回越冬寄主（第一寄主），产生性蚜繁殖，产卵越冬。在室内越冬的棉蚜终年营孤雌生殖。

5. 综合防治措施

1）夏季及时防治果园周边第二寄主上的棉蚜，以减少迁飞回石榴树、枸杞树等果树上的棉蚜数量。

2）其他防治措施及防治药剂参考桃蚜。

六、苹果绵蚜

1. 寄主与分布

苹果绵蚜［*Eriosoma lanigerum*（Hausmann）］又名血色蚜虫、赤蚜、绵蚜等，属半翅目瘿绵蚜科绵蚜属，主要寄主是蔷薇科苹果属、梨属、山楂属植物。它原产于北美洲东部，1801 年传入欧洲，1885 年传入亚洲，现今在 70 多个国家和地区的主要苹果产区为害。1914 年在我国首次发现，目前在山东、河北、河南、安徽、山西、陕西、辽宁、江苏、云南、西藏、贵州、甘肃、新疆（伊犁地区、喀什地区）等地有分布。在新疆的发生面积逐年扩大，有继续蔓延的趋势。

2. 为害特点

苹果绵蚜主要为害寄主枝干和根，常聚集在果树的伤口处，如伤疤、锯口、剪口等（图 5-15），也为害新梢叶腋、老树皮裂缝及短果枝、果柄、根部等部位（图 5-16）。被害部位会逐渐形成瘤状突起，突起破裂后会造成很多伤口，使树体衰弱。果实受害后发育不良，易脱落。侧根受害形成肿瘤后，不再生须根，并逐渐腐烂。

图 5-15　苹果绵蚜聚集在伤口处

图 5-16　枝条上的苹果绵蚜

3. 形态特征

（1）无翅孤雌蚜　体卵圆形，长为 1.7~2.2mm，头部无额瘤，复眼为暗红色，触角 6 节，腹部肥大，黄褐色至赤褐色，背面有大量白色绵状长蜡毛，腹管退化呈半圆形裂口。

（2）有翅孤雌蚜　体椭圆形，长为 1.7~2.0mm，头、胸为黑色，腹部为橄榄绿色，全身被白粉，腹部有少量白色长蜡丝，翅透明，前翅中脉有 1 个分支，腹管退化为环状黑色小孔。

（3）有性雌蚜　体长约 1.0mm，浅黄褐色，腹部为红褐色，稍被绵毛。

（4）有性雄蚜　体长约 0.7mm，黄绿色，腹部各节中央隆起，有明显沟痕。

（5）卵　椭圆形，长约 0.5mm，初产时为橙黄色，后变为褐色，光滑外覆白粉。

（6）若蚜　共 5 个龄期。体为黄褐色至红褐色，初龄为扁平圆筒形，老龄为椭圆形。体被有白色绵状物。

4. 发生规律

苹果绵蚜营孤雌生殖，以无翅胎生为主，因地区不同，发生代数也不同。在新疆 1 年发生 12~15 代，世代重叠明显。根部越冬苹果绵蚜为无翅蚜的若虫、成虫，越冬期不休眠，在被害部位继续为害。树干、枝条上的苹果绵蚜在为害部的褶皱和树皮缝隙等处越冬，冬季气温较高时尚可活动，以低龄若虫为主，兼有少量老龄若虫和成虫。当平均气温达 8.4℃时，越冬若虫开始活动。

在伊犁地区，4 月下旬 ~5 月上旬，苹果绵蚜开始活动、繁殖为害；5 月中下旬苹果花期后进入蔓延阶段；6 月中下旬 ~7 月是全年繁殖为害盛期，此期温度平均为 20℃左右，适宜苹果绵蚜繁殖为害，全株枝干各部覆盖白色绵状物。被害部位呈瘤状，伤疤边缘形成白环，枝梢和叶腋有 1 个白团。7 月下旬 ~8 月，由于受寄主和高温（平均 28℃左右）的影响，苹果绵蚜在果园的发生数量受到抑制，虫口密度下降；9 月中旬以后，温度下降，苹果绵蚜的数量又开始增长，形成第 2 个为害高峰期；11 月上旬苹果绵蚜开始以 1~2 龄若虫越冬。

苹果绵蚜可通过苗木、接穗、果实及其包装物、果箱、果筐等的异地运输，向未发生区进行远距离扩散入侵。在发生区，苹果绵蚜除可通过有翅蚜在田间的爬行与飞翔进行扩散蔓延外，还可借助风力进行较大范围的蔓延；也可通过附着在农事工具上，或靠剪枝、清园、疏花、疏果、机械作业、果品采摘等农事操作进行扩散蔓延。6 月下旬有翅蚜出现，8 月下旬 ~10 月中旬是扩散的主要时期，10 月中旬以后逐渐停止扩散，当年扩散距离为 200m 左右。

5. 综合防治措施

苹果绵蚜的为害特点及生活习性与其他蚜虫区别很大，因而防治措施也有很大差异，应加强植物检疫，杜绝人为传播。采用果园生草恢复生态，增加天敌数量。综合利用“刮、涂、剪、堵、清、灌、喷”等防治措施，控制苹果绵蚜的发生与为害。

1）加强检疫。严格检疫措施，加强调运检疫和产地检疫及调入苗木的复检，禁止从疫区调运种苗、接穗，如确需调运应进行必要的消毒处理，防止扩散传播。如果发现已调入的苗木和接穗上有苹果绵蚜，应及时用药剂进行灭蚜处理。

2）果园生草，保护和利用天敌。果园中苹果绵蚜的主要天敌昆虫有草蛉、瓢虫、食蚜蝇、蚜茧蜂和丽蚜小蜂等，生草果园的天敌丰富度指数明显高于清耕园，天敌昆虫发生时期早，持续时间长。

3）刮树皮。3 月中旬 ~4 月中旬，结合刮治苹果树腐烂病，刮除老翘皮、树缝、树洞、伤口处的苹果绵蚜，及时清理干净。在刮口处涂抹 3% 甲基硫菌灵糊剂、10% 吡虫啉可湿性粉剂 30~50 倍液等。

4）清园及剪虫枝。剪除并清理干净已发生苹果绵蚜的新梢嫩枝。10 月下旬后彻底铲除园内杂草、残枝败叶、其他灌木根蘖和实生苗等，并收集烧毁，清除绵蚜寄生、越冬场所。

5）涂树枝、堵树洞。在苹果树主干或主枝上，用刀具浅刮 6cm 宽的皮环，刮掉皮环表面粗皮，用毛刷将 10% 吡虫啉可湿性粉剂 30~50 倍液涂抹于皮环处，涂药后用塑料包好，阻隔苹果绵蚜上树为害。用 50% 抗蚜威可湿性粉剂 3000 倍液加细土调成 1∶4 的药泥，堵塞树缝、树洞。

6）根部用药。用 50% 抗蚜威可湿性粉剂 3000 倍液分别于 4 月中旬、4 月下旬、5 月上旬灌根，每株树用药 10 kg，灌前先将根部周围的泥土刨开，灌后覆土。

7）枝干用药。抓住 2 个防治关键期：一是果树休眠期的防治，适期为果树落叶清园后或越冬若蚜刚开始活动时；二是在生长季节的树上防治，关键防治时期有苹果展叶至初花期和谢花后至幼果期，前者为越冬苹果绵蚜活动盛期，发生比较整齐，后者为 2 次迁移盛期。同一区域采取统防统治方式喷防，发生初期选用 2% 阿维菌素乳油 1000 倍液或 24% 螺虫乙酯悬浮剂 3000 倍液喷雾防治，发生盛期选用 70% 噻虫嗪水分散粒剂 3000 倍液或 20% 吡虫啉可溶液剂 2000 倍液或 24% 螺虫乙酯悬浮剂 1500 倍液等交替喷雾防治。

扫码看视频

实训任务

通过在农业生产企业、校内外果树生产实训基地的现场教学、标本与图片观察及课堂知识传授等方式相结合的理实一体化教学，了解为害果树的蚜虫种类，为害特点、形态特征；通过文献查阅，结合课堂知识讲授，了解蚜虫在不同地区的发生规律；在教师和专业技术人员的指导下，制定防治方案，熟练运用关键防治技术，达到预期防治目标。

1. 任务目标

1）能区分为害香梨树、苹果树、杏树等南疆特色果树的蚜虫种类。

2）具备描述蚜虫主要形态特征及为害特点的能力，以便指导果树生产。

3）能够根据蚜虫优势种类在当地的发生规律，制定综合防治方案并实施。

2. 任务准备

1）材料。桃蚜、绣线菊蚜、梨二叉蚜、梨黄粉蚜、棉蚜、苹果绵蚜的实物标本及图片，被蚜虫为害的桃树、梨树等。

2）器材。手持放大镜、体视显微镜、生物显微镜、载玻片、盖玻片、镊子、解剖针等。

3. 任务实施

1）调查及采集蚜虫为害的果树枝条，观察为害特点并制作标本。

2）使用体视显微镜观察蚜虫大小、体色、腹管及尾片，初步鉴定蚜虫的种类及虫态。

3）使用生物显微镜观察蚜虫的触角，观察次生感觉圈的形状、数量，准确鉴定蚜虫的种类。

4）了解蚜虫的发生规律。针对当地蚜虫的种类、优势种群，查阅资料，了解当地的发生规律。

5）制定综合防治方案并实施。根据优势种类在当地的发生规律，制定综合防治方案，提出当前的应急防治措施，并组织实施。调查防治效果，写出调查报告。

任务评价

任务考核评价单

序号	评价内容及分值	评价标准	学生自评 10%	小组互评 10%	教师评价 60%	企业评价 20%
1	学习方法 10 分	课前完成必备知识的自学；课中认真观察思考，并主动操作实践；课后归纳反思				
2	学习态度 20 分	学习态度端正，具有吃苦耐劳、诚实守信、认真负责的品质；认真学习、钻研知识和技能				
3	沟通表达 10 分	能够及时与同组成员及指导教师、技术人员沟通交流				
4	合作能力 10 分	团队协作意识强				
5	创新实践 10 分	能够结合生产实际改进防治措施、降低防治成本、提高防治效率				
6	职业能力 10 分	能够准确诊断并防治果树蚜虫				
7	学习成果 30 分	能准确识别并区分常见蚜虫；能根据发生规律制定常见蚜虫的防治方案，并熟练实施关键防治技术				
合计						

扫码看视频

任务二　介壳虫类的识别与防治

任务导入

在新疆发现的介壳虫种类超过上百种，危害严重的也有 30 余种，为害库尔勒香梨的种类主要为梨圆蚧、橄榄片盾蚧、吐伦球坚蚧、糖槭蚧和梨绵粉蚧；为害杏树的种类主要有吐伦球坚蚧、糖槭蚧、桑白盾蚧。

必备知识

一、梨圆蚧

1. 寄主与分布

梨圆蚧［*Quadraspidiotus perniciosus*（Comstock）］又名梨笠圆盾蚧、梨圆盾蚧、梨枝圆盾蚧、梨跨圆蚧，属同翅目盾蚧科。梨圆蚧于20世纪70年代初传入新疆，现在分布于阿克苏、喀什、和田、巴州、哈密、伊犁等地，为害梨树、红枣树、苹果树、桃树、李树、杏树、葡萄树、核桃树、山楂树、杨树、柳树、榆树等230多种植物。

2. 为害特点

梨圆蚧主要寄生在枝条和果实上，以若虫和雌成虫固着在寄主枝干、叶柄、叶背和果实上为害（图5–17和图5–18）。梨圆蚧的口针长于身体数倍，可以插到植物很深的部位破坏组织，使受害部位变色、畸形或死亡。为害枝条时，引起植物皮层木栓化，韧皮部导管组织衰亡、皮层燥裂，使树势衰弱，严重者枝梢或整株干枯；为害叶片时，多集中在叶脉附近；为害果实时，在果实萼洼处和梗洼处围绕介壳周围形成红色斑点或紫红色环纹，果面凹凸不平。

图5–17　梨圆蚧成虫、若虫为害果实

图5–18　梨圆蚧成虫、若虫为害枝条

3. 形态特征

（1）雌虫　雌介壳呈扁圆锥形，扁平，蟹青色至灰白色，中央隆起处从内向外为灰白色、黑色、灰黄色的3个同心圆，直径为0.7~1.7mm；壳点居中或稍偏，黄色或浅橙色；雌虫体呈阔梨形（扁椭圆形），前宽后窄，最宽处为中胸，长约为最大宽度的1.5倍；体黄色，体长为1.0~1.5mm，口器呈丝状，位于腹面中央，眼、足退化。臀板为暗黄色，臀叶2对，中臀叶发达，左右接近，第2臀叶较小，第3臀叶退化为三角形突起，无围阴腺（图5–19）。

（2）雄虫　雄介壳呈长圆形，灰白色，长0.75~0.95mm、宽0.35~0.5mm，一端隆起，一端扁平，壳点位于介壳一端；冬季型雄介壳为圆形。雄成虫体长为0.6mm，翅展为1.6mm，橙黄色，眼为暗红色，触角10节呈念珠状，口器退化。仅前翅1对，膜质半透明，翅脉1条分成2叉。足3对，臀末交尾器细长，占体长的1/3左右。

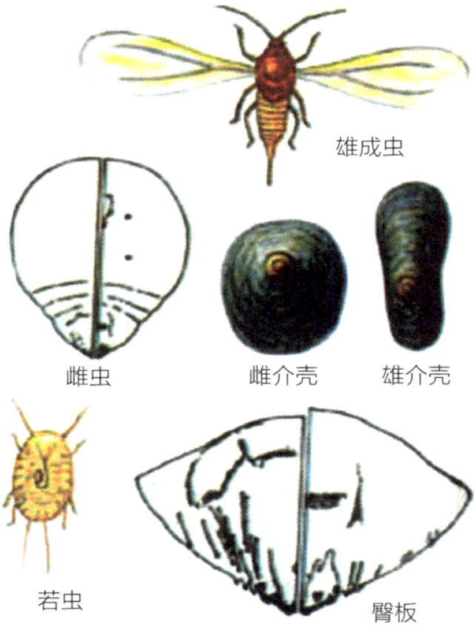

图5–19　梨圆蚧

（3）若虫　初产体长为0.2mm，椭圆形，浅黄色至杏黄色，3对足发达；固定取食后，足逐渐退化（图5-20）。

图5-20　梨圆蚧若虫

（4）蛹　雄蚧有裸蛹，浅黄色，圆锥形，化蛹于介壳下。

4. 发生规律

梨圆蚧在南疆地区1年发生2~3代，以2代为主；卵胎生；成蚧可两性生殖，也可孤雌生殖。以2龄若虫和少数雌成虫在果树枝干上越冬。第2年4月上旬树液流动时开始取食，体色由黄褐色变为鲜嫩的杏黄色，体形由扁平变得饱满。以雌成虫越冬者，5月上旬即可产仔。越冬代雌成虫每头可产仔50~70头，第1代可产百余头。

若虫有较明显的发生高峰期，可以看出3代的情况：第1代若虫发生期为5月中下旬~6月下旬，主要在枝条和新梢上为害；第2代若虫发生期为7月中下旬~9月下旬，主要为害果实；第3代若虫发生期为9月下旬~10月底，继续加重为害果实。11月以后，天气转凉，2龄若虫即在枝条上越冬。

二、橄榄片盾蚧

1. 寄主与分布

橄榄片盾蚧［*Parlatoria oleae*（Colvée）］别名紫蚧，属半翅目盾蚧科，分布在巴州、阿克苏、喀什、石河子、塔城等地区，是目前为害南疆地区果树介壳虫类的优势种。它为害苹果树、梨树、桃树、山楂树、葡萄树、核桃树、无花果树、樱桃树、石榴树、桑树等果树。

2. 为害特点

橄榄片盾蚧主要寄生在枝条和果实上，直接造成枝枯和果实畸形。它以若虫和雌成虫刺吸果树的主干、枝条、叶片和果实的汁液，造成嫩枝、叶片枯黄，树皮龟裂，生长缓慢，树势减弱，严重时枝梢或整株枯死；果实受害后果面凹陷或畸形，色泽失常，在受害处还呈现浅紫红色斑点，被害果实品质低劣，丧失商品价值。

3. 形态特征

（1）雌虫　雌介壳呈蚌壳形、椭圆形或不规则形，长1.6~2.2mm、宽1.6~1.8mm；表面有轮状纹，略隆起；灰白色或灰褐色；壳点为灰黑色，稍偏斜。雌成虫呈阔卵形，长约为1.2mm，最宽处为后胸与腹部相连处；体为紫红色至暗棕色，分节明显，各节侧缘有圆形突起。口针细而长，长度是身体的数倍（图5-21和图5-22）。

图5-21　橄榄片盾蚧雌成虫及卵

图5-22　橄榄片盾蚧雌虫、雄虫的介壳及雌成虫虫体

（2）雄虫　雄介壳呈长柱形，灰白色，长约为 1.2mm，宽约为 0.3mm，壳点位于一端。雌雄异型，雄成虫具有翅 1 对，交尾器呈针状。

（3）卵　长圆形，浅紫色，长约为 0.20mm，宽约为 0.08mm。

（4）若虫　初孵雌若虫为紫色，椭圆形；初孵雄若虫为黄褐色，善爬行，口器超过腹末端；雌若虫、雄若虫异型（图 5–23）。

（5）蛹　仅雄虫有伪蛹期。伪蛹为紫色，长圆形（图 5–24）。

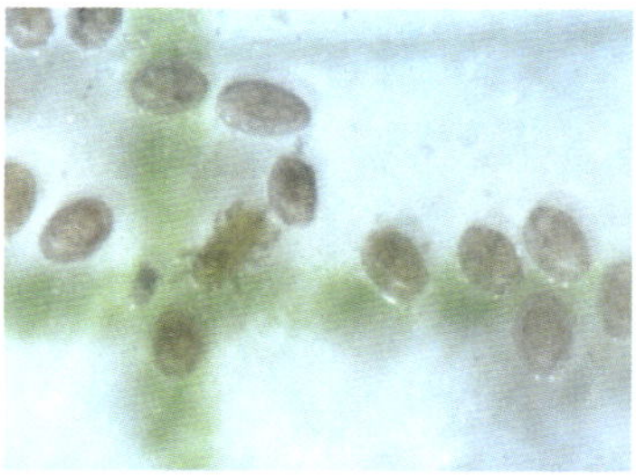

图 5–23　橄榄片盾蚧雌若虫、雄若虫异型

图 5–24　橄榄片盾蚧雄虫伪蛹

4. 发生规律

橄榄片盾蚧在新疆库尔勒 1 年发生 2 代（少数发育快的个体可达 3 代），以受精雌成虫在寄主枝条上越冬。第 2 年 3 月下旬当香梨花芽萌动露白时，越冬雌成虫开始取食产卵。4 月下旬为第 1 代卵盛期，5 月中旬为孵化盛期；6 月下旬 ~7 月上旬为第 2 代卵盛期，7 月下旬为孵化盛期。9 月中旬第 2 代雌成虫、雄成虫交尾后，雄成虫死亡，受精雌成虫在介壳下继续吸食汁液，于 11 月下旬开始休眠越冬。

由于成虫个体发育存在差异，并且发生滞育，第 1 代成虫产卵期可长达 2 个月以上，一直产到第 2 代卵出现，存在世代重叠现象，7 月以后可在同一时期见到卵、成虫、若虫等各虫态。每头雌虫平均产卵 40 粒，卵期为 2~3 周，1 龄若虫孵出后，可在母体下固定，形成新老介壳层层叠加的情形，大部分若虫从母体介壳开裂处爬出，在嫩枝或果实处固定取食。

三、吐伦球坚蚧

1. 寄主与分布

吐伦球坚蚧［*Rhodococcus turanicus*（Archangelskaya）］又名吐伦褐球蚧、桃球坚蚧，属半翅目蚧科。它广泛分布于新疆，其他省区未见报道，主要在南疆地区为害蔷薇科的杏树、李树、桃树、梨树、苹果树等果树，其次是葡萄树、红枣树。

2. 为害特点

吐伦球坚蚧的为害部位主要是枝条，一般不直接为害果实。该虫以若虫吸食幼树主干或嫩枝条上的汁液，并分泌大量蜜露，使枝干上流满蜜汁，污染枝叶，堵塞皮孔，还极易诱发煤污病，影响光合作用，使受害植物失去养分，出现枝梢干枯和叶片变黄（图 5–25）、早脱落的现象，并造成树势衰弱，果实养分受损，品质下降，减产绝收。受害植物的枝条

图 5–25　吐伦球坚蚧为害叶片

图 5–26　吐伦球坚蚧严重为害梨树枝条

被虫体覆盖（图 5–26），枝条瘦弱，枝梢、花、叶萎蔫，甚至枯死。一般幼树受害重于成年树。

3. 形态特征

（1）雌虫　吐伦球坚蚧雌成虫、雄成虫异型（图 5–27）。越冬雌若虫呈椭圆形，长约为 1mm，灰白色，介壳上附有蜡丝。雌成虫体为棕红色，近球形，长为 4.0~4.5mm；生长初期虫体柔软，为黄褐色，成虫虫体变硬，颜色加深呈棕栗色，有光泽，表面有许多明显的小刻点，体背黑色条纹呈“非”字形，腹部末端臀裂缝明显（图 5–28）。雌成虫的介壳是由虫体的外骨骼形成的。

图 5–27　吐伦球坚蚧雌成虫、雄成虫异型

图 5–28　吐伦球坚蚧雌成虫

（2）雄虫　越冬雄若虫呈长圆形，扁平，长约为 1.2mm，为宽的 2 倍，几乎不再增大。雄成虫触角呈线状，仅具有 1 对前翅，翅脉分 2 叉，体长为 1.5~1.8mm，翅展为 3.0~3.2mm，腹末有 1 对白色蜡线，长度超过体长，羽化前即伸出介壳外，交尾刺外露。雄虫蛹在丝网状的白色薄壳下发育（图 5–29）。

（3）卵　卵聚产于雌虫的体壳下，椭圆形，长约为 0.5mm；初产卵为黄色，孵化前为紫红色，无白色卵囊丝（图 5–30）。

（4）若虫　初孵若虫体色浅，半透明；后为黄褐色，背面有 1 条浅色中线，两侧可见 2 对白色骨质的附肢。

图 5–29　吐伦球坚蚧雄成虫即将羽化

图 5–30　吐伦球坚蚧卵

4. 发生规律

吐伦球坚蚧在南疆地区 1 年发生 1 代，以 2 龄若虫固定在寄主枝条上越冬。第 2 年春季树液流动时，开始吸食养分，3 月下旬至开花期，虫体生长迅速，介壳膨大最快，并分泌黏性蜡液。4 月中旬以后雌虫成熟，雌虫、雄虫交尾产卵，产卵盛期为 4 月下旬；5 月上旬卵初孵，盛期在 5 月中下旬，6 月上旬孵化结束。每头雌虫产卵 1000~3000 粒，卵期约为 20d；初孵若虫从母体臀裂缝处爬出，多转移分散到叶片背面取食，沿叶脉分布，排列不太整齐。部分若虫爬到果面为害。若虫在叶片上生长缓慢，至寄主落叶之前，越夏的若虫离开叶片，以 2 龄若虫转移到枝条上固定越冬，体背分泌蜡质形成介壳，并分泌蜡丝覆盖。若虫转移高峰期为 10 月中下旬。

越冬若虫的出蛰时期、成虫产卵盛期和若虫的孵化高峰期，比枣球蜡蚧早 5~10d。

四、糖槭蚧

1. 寄主与分布

糖槭蚧［*Parthenolecanium corni*（Bouche）］又名扁平球坚蚧、水木坚蚧，属半翅目蚧科，在新疆各地均有分布。糖槭蚧主要为害苹果树、桃树、杏树、山楂树、扁桃树、葡萄树、桑树、文冠果、核桃树、酸梅树等果树，还严重为害榆树、白蜡树、梣叶槭等。

2. 为害特点

糖槭蚧若虫和雌成虫吸食幼树主干、嫩枝、叶片和果实的汁液。刺吸果树营养，造成果树营养失衡，树势衰弱，为害期为果实生长期，常导致减产。果树被害后叶片枯黄、早落，枝条干枯，植株生长衰弱，甚至整株枯死。葡萄受害后果粒重、含糖量降低，产量和质量明显下降。该虫在取食的同时还排泄大量深褐色油渍状蜜露污染枝条、叶片和果实，受害部易感染煤污病。

3. 形态特征

（1）雌虫　雌成虫为黄褐色或棕红色，椭圆形，长4.0~6.5mm、宽3.0~5.5mm（图5-31）。体背呈龟甲状，有光泽，并有4条凹线和5条隆脊，边缘有许多横列的皱褶。背中央呈梭形隆起，表面有许多不规则横沟和凹点，腹面凹陷。个体向后倾斜，腹末端具有臀裂缝；初期的介壳背面还有5~8根细长的白色蜡丝，5~10d后便消失。腹末有2根白色细长的蜡丝；抱卵前的介壳较软，腹面可见到胸足和触角；抱卵期介壳从边缘分泌白色蜡层并逐渐硬化；抱卵后触角、足、口器等器官全部消失。

图5-31　糖槭蚧雌成虫

（2）雄虫　雄介壳呈长椭圆形，长为1.8~2.5mm，浅紫色，半透明。雄成虫体长为1.2~1.5mm，红褐色，头及复眼为黑红色，触角呈丝状，具有前翅1对，翅展为3.0~4.0mm，棕色。足发达，腹末端交尾器两侧各有1根白色蜡丝。

（3）卵　长椭圆形，两端略尖，乳白色有蜡粉，孵化时为棕红色。

（4）若虫　若虫分为活动和固定2种虫态，活动若虫体长为0.4~1.0mm，灰黄色或浅灰色，体扁平，具有足、触角和尾须；固定若虫体长为1.2~4.5mm，灰黄色或浅灰色（图5-32）。

（5）蛹　雄蛹为红褐色，体长为1.2~1.7mm。

图5-32　糖槭蚧若虫

4. 发生规律

糖槭蚧在新疆1年多数发生2代，以2~3龄若虫固定在嫩枝条上或不固定隐藏于树皮裂缝处越冬，但以固定若虫占大多数。第2年4月上中旬，固定的越冬若虫开始吸食为害；不固定的2龄若虫，在3月下旬或4月上旬，当平均气温达10℃以上时，或中午气温较高时，就在嫩枝上爬行寻找适宜部位固定为害；越冬代雌成虫羽化后于5月中下旬开始产卵，每头雌虫可产卵800~2000粒，5月底~6月初卵开始孵化，6月中旬为孵化盛期。若虫于8月上旬由叶片转移到嫩枝上固定为害并羽化，8月下旬产卵，9月上中旬为第2代若虫孵化期，10月上中旬若虫开始转移到嫩枝条或树皮裂缝内越冬。

五、梨绵粉蚧

1. 寄主与分布

梨绵粉蚧［*Phenacoccus mespili*（Geoffroy）］又名苹果绵粉蚧、栎树绵粉蚧，属半翅目粉蚧科，国内仅分布于新疆库尔勒香梨主产区和克拉玛依，为害苹果树、梨树、葡萄树、李树、沙枣树、红枣树、杨树、柳树等乔木、灌木。

2. 为害特点

图5-33　梨绵粉蚧为害枝条

第1代卵孵化后，梨绵粉蚧若虫主要为害树干上的伤疤、病斑处（图5-33），吸取皮层汁液，削弱树势；在叶芽未脱落的鳞片下及叶痕处为害，其分泌物诱发煤污病，影响光合作用，引起树势衰弱。6月下旬第2代卵孵化后若虫分散转移，一部分若虫转移到果实上，主要在萼片下、萼洼处为害（图5-34）；还可以从未愈合的花粉管处进入果实内部为害（图5-35和图5-36）；果实贮藏期间，仍可以滞留在果实上为害，并发育、产卵、繁殖；一部分若虫继续为害伤疤、病斑，还有一部分若虫转移到土壤中，在灰绿藜的根部取食，并在土壤中发育、产卵、繁殖。在管理较差，植株郁闭的香梨园多有发生。

图5-34　梨绵粉蚧为害果实

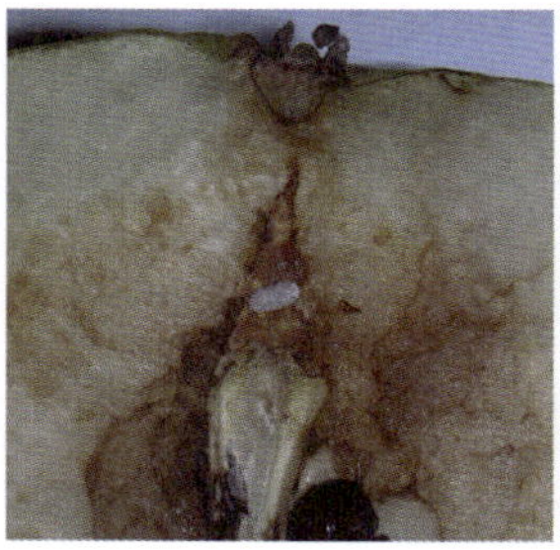

图5-35　梨绵粉蚧钻入果心为害

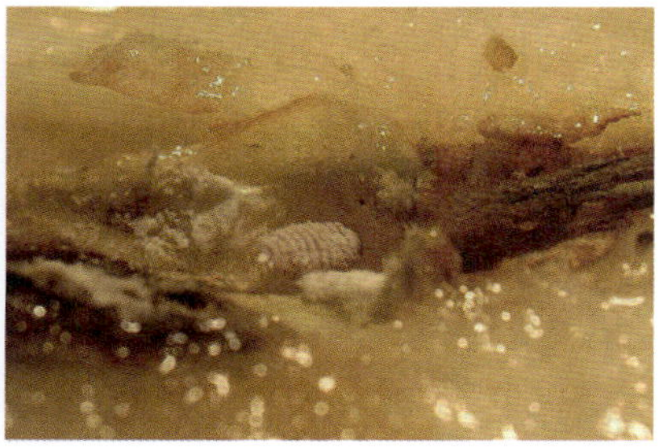

图5-36　果心中的梨绵粉蚧

3. 形态特征

（1）雌虫　雌成虫呈卵圆形，体背圆鼓，体长3.5~4.4mm、宽2.1~2.5mm；体色为暗红色，体液为锈红色；触角9节，基节粗，有绒毛；体表覆盖一层薄薄的白色蜡状物，体节分节处白蜡少或无；体背面和腹缘有小刺，腹面中区有毛，腹部分节明显。肛环有3列环孔和6根长环毛。尾瓣宽，腹面有长形或圆形硬化片，端毛长于环毛。足为黄褐色，细长，足下有齿，通常较发达，善于爬行；雌成虫尾须短，2根。

（2）雄虫 雄成虫具有翅，体窄而长，尾端约 12 根长短不齐的尾须，其中 3 根较长。

（3）卵 长椭圆形，紫红色，长 0.33~0.45mm、宽 0.16~0.25mm。

（4）若虫 若虫与成虫的体形、体色相似。

4. 发生规律

梨绵粉蚧在库尔勒香梨上 1 年发生 3 代，以老龄若虫越冬。越冬场所多选在向阳、背风、具有覆盖物的老病斑、树缝、树洞、老翘皮下，部分在土壤中。开春后，3 月底 ~4 月初梨树体液开始流动，若虫即开始取食、为害；梨树开花后，4 月下旬发现有雌成虫在树干表面活动，4 月底 ~5 月初树干表面大量雌成虫活动，为成虫盛期。

4 月底 ~5 月初发现第 1 代卵囊，5 月中旬为卵盛期，卵块密度大，5 月上旬出现第 1 代若虫，5 月下旬 ~6 月上旬卵块孵化率达到 50%，进入若虫盛期，6 月 10 日左右孵化结束。6 月为第 1 代若虫活动高峰期，6 月中旬第 1 代雌成虫活动，活动盛期为 6 月中旬 ~7 月中旬，并发现第 1 代雄成虫。第 2 代卵盛期为 7 月上中旬，孵化盛期为 7 月中下旬左右，成虫盛期为 8 月下旬 ~9 月上旬。第 3 代卵盛期为 8 月底 ~9 月中旬，孵化盛期为 9 月中下旬。10 月下旬香梨树落叶以后，第 3 代若虫进入越冬状态。

成虫产卵时从腹部尾端边分泌白色丝状物编织卵囊，边将卵产在其中，卵粒间由丝状物相连，形成一个整体。母体与卵囊连接在一起，产卵完毕后成虫即死亡。1 头雌成虫仅产卵 1 次，卵囊中卵粒数为 15~315 粒，以第 1 代产卵量最大，每个卵块约 315 粒卵；第 3 代产卵量最小，最少有 15 粒。产卵量的多少与虫体的个体发育、环境条件、食物等有关。成虫虫体大而饱满，则产卵量大、卵粒饱满而有光泽，孵化死亡率低；虫体扁平而小，则产卵量小。

初孵化至 1 龄的若虫比较活泼，善于爬行，一旦找到适宜的取食场所，基本不转移，固定为害。若虫蜕皮后，体表分泌的白色蜡状物，从头部向身体尾部逐步覆盖。

六、草履蚧

1. 寄主与分布

草履蚧［*Drosicha corpulenta*（Kuwana）］又名桑虱、大红履绵蚧、红巨蚧，属半翅目硕蚧科。因其雌成虫比较像草鞋，所以又称“草鞋蚧”“草鞋虫”。它分布于新疆各地，主要为害梨树、苹果树、桃树、枣树、葡萄树、核桃树、无花果树、樱桃树等果树和桑树、杨树、胡杨、柳树、榆树及三球悬铃木等多种林木。

2. 为害特点

草履蚧以若虫、成虫成堆聚集在叶腋、嫩梢、叶片和枝干上吮吸汁液为害，为害轻时可使春芽新抽嫩芽枝梢生长缓慢，叶形缩小，叶色变黄；为害严重则使叶片脱落，直至整株枯萎死亡。

3. 形态特征

（1）雌虫 雌成虫无翅，体长为 10mm 左右，扁平椭圆形，背面稍隆起，形似草鞋状，赤褐色，被有白色蜡粉。腹部背面有横皱褶。触角为黑色，鞭状。足粗壮，黑色（图 5-37 和图 5-38）。

图 5-37　草履蚧雌虫背面、腹面

图 5-38　草履蚧雌虫、雄虫

（2）雄虫　雄成虫有翅 1 对，体长为 5~6mm，翅展约为 10mm，体紫红色。触角为黑色，丝状，10 节。

（3）卵　椭圆形，长约为 1mm，初产时为黄白色，渐成红褐色至土黄色。卵产在灰白色筒形棉毛状卵囊里。

（4）若虫　与雌成虫相似，但体小色深。

（5）雄蛹　棕红色，有白色薄层蜡茧包裹，有明显翅芽。

4. 发生规律

草履蚧在新疆 1 年发生 1 代，以卵在土壤或植物附近的建筑物缝隙、砖石堆等处越冬，少数以若虫越冬，第 2 年 2 月越冬卵孵化为若虫，开始上树在嫩枝、幼芽处吸汁为害。3 月中旬（柳芽吐新芽 5mm 左右）为上树盛期，4 月初为为害盛期，雄若虫蜕 2 次皮后老熟，于土缝和树皮等隐蔽处分泌棉絮状蜡质茧化蛹，5 月中下旬雄成虫羽化，雌若虫蜕 3 次皮羽化为成虫。雌虫、雄虫交尾后，雌成虫于 6 月上旬下树，爬到墙缝等处产卵越冬。草履蚧的天敌有蚂蚁、蜘蛛和瓢虫等，主要捕食草履蚧的若虫和卵。

七、桑白盾蚧

1. 寄主与分布

桑白盾蚧［*Pseudaulacaspis pentagona*（Targioni-Tozzetti）］又名桑盾蚧、桑介壳虫，属同翅目盾蚧科，分布在新疆各地。它主要为害桑树、无花果树、核桃树、苹果树、梨树、李树、杏树、桃树、樱桃树、梅花树、葡萄树及扁桃树等果树。

2. 为害特点

该虫以若虫和雌成虫刺吸 3~4 年生果树的主干、嫩枝、叶片的汁液，多聚集在植物侧枝北面的背阴处。受害重的枝条和树冠中央的主枝不受方向限制。偶有为害果实和叶片，严重时被害枝条上的介壳密集重叠，使枝条凹凸不平，发育不良，枝、梢枯萎，大量落叶，削弱树势，甚至整枝或整株死亡。被害果实表面凹陷、变色，果品产量和质量降低。该虫一旦发生，如果不采取有效的防治措施，3~5 年内可毁坏果园。

3. 形态特征

（1）雌虫　雌介壳呈圆形，直径为 2.0~2.5mm，乳白色或灰白色，中央略隆起，雌介壳由 1 龄和 2 龄若虫的 2 层蜕皮和 1 层丝质分泌物重叠而成，表面有螺旋纹。若虫蜕皮壳点 2 个，第 1 壳点为浅黄色，有的突出介壳边缘，第 2 壳点为红褐色或橘黄色。雌成虫为浅黄色或橘红色宽卵圆形，扁平，臀板为红褐色（图 5–39）。

图 5-39　桑白盾蚧雌虫

（2）雄虫　雄介壳长为 1.0mm 左右，白色，长筒形，而侧平行，质地为丝蜡质或绒蜡质。雄虫体长为 0.7mm，橙色至橙红色，触角呈丝状，一般成虫有翅；腹末无蜡质丝，交尾器狭长（图 5–40）。雄虫与雌虫相似，雄介壳为若虫蜕皮和分泌物组成的白色或灰白色盾状介壳。

图 5-40　桑白盾蚧雄虫

（3）卵　椭圆形，初呈浅粉色，渐变为浅黄褐色，长为 0.3mm，孵化前为杏黄色。

（4）若虫　初孵若虫为浅黄褐色，头，触角和足明显；扁卵圆形。

4. 发生规律

桑白盾蚧 1 年发生 2 代，以第 2 代受精的雌成虫在枝条上越冬。第 2 年春季，当寄主树液流动之后开始活动取食，虫体迅速膨大，越冬代雌成虫在 4 月下旬产卵，产卵量较高。卵期为 9~15d。5 月中旬孵化为第 1 代若虫，初孵若虫从母壳下爬出 1d 后就分散固定在 2~5 年生的枝条上为害，以分杈和阴面较多，5~7d 后分泌棉毛状白色蜡粉覆盖于体上。若虫经 2 次蜕皮后形成介壳，危害严重时，介壳遍布枝条，重叠连成一片，似一层棉絮。第 1 代若虫期为 30~40d，7 月上旬成虫产卵，卵期为 10d 左右，每头雌虫产卵 150 余粒。雌虫密集、重叠 3~4 层，连成一片；雄虫群聚排列整齐，集中成数目比雌虫多、呈白色有光泽的虫块。9 月中旬雌虫、雄虫交尾后死亡。8 月初为第 2 代卵孵化期，9 月中旬雄虫交尾后死亡。受精的雌成虫在介壳下越冬。

八、枣球蜡蚧

1. 寄主与分布

枣球蜡蚧［*Eulecanium gigantea*（Shinji）］又名枣大球蚧、大球坚蚧、瘤坚大球蚧，属同翅目蜡蚧科，在新疆主要枣产区均有分布，主要寄主是红枣树、杏树、苹果树、梨树、扁桃树、桃树、葡萄树、文冠果、槐树、榆树、胡杨等植物。

2. 为害特点

枣球蜡蚧为害部位主要是枝条，一般不直接为害果实。受害植株的枝条被虫体覆盖，水分和养分被掠取，同时枝条被雌虫分泌的黏性排泄物质污染，导致枝条瘦弱，枝梢、花、叶萎蔫，甚至枯死。

3. 形态特征

（1）雌虫　雌成虫呈半球形，直径为 10~12mm，高为 6~8mm，体背具有绒毛状蜡被和 4 行纵向整齐排列的红褐色斑块，左、右 2 行各有 6 块或 7 块，中间 2 行各有 5 块。雌成虫受精后，虫体迅速膨大呈半球形，花斑和绒毛状蜡被消失；产卵后，体逐渐变硬，变为灰黄色（图 5–41）。

（2）雄虫　雄成虫体形小，头部为黑褐色，前胸及腹部为黄褐色。中胸、后胸为红棕色，前翅 1 对，透明无色，腹末端有 2 根尾毛。

（3）卵　卵产于雌体的体壳下，卵粒呈长椭圆形，长约为 0.7mm，宽约为 0.3mm。初产为浅黄色，逐渐变为浅粉红色，孵化前变成紫红色，有白色卵囊丝（图 5–42）。

（4）若虫　1 龄若虫呈长椭圆形，橘红色，头、胸发达，具有 1 对红褐色单眼，触角呈鞭状，上面有刚毛，尾部具有 2 根长长的尾毛。2 龄若虫体稍隆起，黄褐色，在白色棉状茧内越冬。

图 5–41　枣球蜡蚧雌成虫

图 5–42　枣球蜡蚧卵、卵囊丝

4. 发生规律

枣球蜡蚧在南疆地区 1 年发生 1 代，以 2 龄若虫裸露固定在枝条上越冬。第 2 年寄主芽萌动时，越冬若虫开始吸食为害，越冬若虫取食强烈，生长迅速，雌虫体膨大最快，直径由出蛰时的 2mm 增至 10mm 左右，最大直径可达 12mm。雌虫、雄虫交尾后，5 月上旬雌虫处于产卵盛期，由于产卵量大，白色的卵囊把雌虫拱起。5 月下旬 ~6 月上旬，当年 1 代若虫孵化。初孵的若虫从臀裂翘起处爬出雌虫躯壳，聚集到叶片正面沿叶脉固定，经短暂吸食后，就在原处越夏，排列整齐。后到者多在叶背顺叶脉固定或在叶柄上固定越夏。11 月，在寄主落叶之前，越夏的若虫离开叶片，返回到枝条上固定越冬。

九、堆蜡粉蚧

1. 寄主与分布

堆蜡粉蚧［*Nipaecoccus vastator*（Maskell）］别名鳞粉蚧，属同翅目粉蚧科。堆蜡粉蚧在乌鲁木齐、喀什、和田等地区分布，主要为害无花果树、石榴树、红枣树、桑树、梨树、葡萄树等特色林果。

2. 为害特点

该虫以雌成虫和若虫刺吸植株的嫩枝干、新梢、叶片和果实上的汁液，对秋梢及幼果为害最烈，并在为害的同时排泄蜜露，招引其他害虫传播煤污病，使受害植株的幼芽、新梢扭曲或畸形干枯，嫩叶卷缩早脱落。枝梢枯萎、落花和落果，使植株长势下降，甚至整株枯死。受害的果实也变小，果肉还带有腥臭味，不能食用。因该虫体外被一层蜡粉，为害后可将蜡粉粘于受害部位上，像覆盖一层白毛，不易被风雨冲刷，而影响果品经济价值。

3. 形态特征

（1）雌虫　雌成虫体呈椭圆形，老熟时呈圆形，体长为 2.0~2.5mm。体暗红色，全体覆盖厚厚的乳白色蜡粉。体周围有 1 圈锥状蜡突，约 7 对，体背也有许多小锥状蜡突，无毛。触角 7 节，在触角和头之间有一群锥刺。足短小，后足基节有少数透明孔，足下侧无小齿。尾瓣略显，腹面有硬化条 1 根。腹面均有细毛，无刺，肛环有成列环孔纹和 6 根长环刚毛。端毛短于环毛。腺堆仅在腹部尾片上，其余腹节在腺堆的位置仅见有 2 根远离的锥刺。有多孔腺、三孔腺和管腺。

（2）雄虫　雄成虫体为酱色，长约为 1mm，翅 1 对，半透明。

（3）卵　乳黄色，椭圆形，长约为 0.3mm，藏于雌虫乳白色的绵团状蜡质卵囊内。

（4）若虫　形似雌成虫，初孵化的若虫体表无蜡粉，渐长后被少量蜡粉，固定取食后，体背及周缘即开始分泌白色粉状蜡质，并逐渐增厚。

（5）蛹　外形似雄成虫。

4. 发生规律

堆蜡粉蚧在新疆 1 年发生 3 代，世代重叠，以若虫和雌成虫在果树的主干、枝条和树皮裂缝内越冬。第 2 年 3 月下旬开始取食活动。成虫和若虫均有群集性，常多个雌虫堆聚在一起，雄虫一般数量很少。雌成虫每年 4 月初开始产卵，由体末端长出乳白色、蜡质绵团状的卵囊，在其内产卵繁殖。该虫的自繁殖能力强，主要是孤雌生殖。每头雌虫产卵 200~500 粒。若虫孵化后分散转移为害。各代若虫发生盛期为 4 月上中旬、6 月中旬、8 月上旬，以 4~6 月和 8~10 月虫口密度最大，危害最严重。

十、真葡萄粉蚧

1. 寄主与分布

真葡萄粉蚧［*Pseudococcus maritimus*（Ehrhorn）］属同翅目粉蚧科，分布于新疆葡萄产区，是吐鲁番地区葡萄的主要害虫之一，寄主主要为葡萄树，也为害枣树、槐树、桑树等。

2. 为害特点

真葡萄粉蚧以成虫或若虫为害叶片、果穗、枝蔓，多数隐藏在葡萄老蔓的裂缝、翘皮下，刺吸植株汁液。随葡萄生长，多在枝蔓裂缝、节部、分枝处或伤疤处为害，受害部位粗糙、变形。该虫分泌黏稠的蜜露，招致蚂蚁和黑霉菌，污染果面。为害严重时，果实停止生长，含糖量降低，品质变差，失去经济价值；整株发育不良，树势衰弱，果实减产。

3. 形态特征

（1）雌虫　雌成虫无翅、体软，椭圆形，体长为 4.5~5mm，暗红色，腹部扁平，背部隆起，体被白色蜡粉，体周缘有 17 对锯齿状蜡毛，蜡毛从头部到腹末逐渐增长。产卵时分泌棉絮状卵囊，卵产于其中。

（2）雄虫　雄成虫体长为 1.1mm 左右，呈暗红色；翅展为 2mm，白色透明，有 2 条翅脉，后翅退化成平衡棒。腹末有 1 对较长的白色针状蜡毛，触角线状较长，足发达。

（3）卵　暗红色、椭圆形，卵粒很小，肉眼一般看不清。卵在卵囊内。

（4）若虫　初孵若虫呈长椭圆形、暗红色，虫体很小，触角和足发达，触角线状 6 节。体分节不明显，背部无白色蜡粉；2 龄若虫，体上逐渐形成蜡粉和体节，随着虫体的膨大蜡粉加厚，各体节明显，体周缘逐渐形成锯齿状蜡毛。

4. 发生规律

真葡萄粉蚧 1 年发生 3 代，世代重叠，以若虫在葡萄老蔓翘皮下、裂开处和根颈部的土壤内群集越冬。第 2 年 3 月中下旬葡萄植株出土萌动时开始活动为害，4 月中旬越冬代雌成虫出现，此时雄虫进入化蛹及羽化开始期，5 月上旬为交尾盛期。4 月下旬 ~5 月上旬葡萄植株长出新梢时开始产卵，5 月中旬为第 1 代卵盛期，若虫于 5 月中旬孵化，孵化盛期为 5 月下旬 ~6 月上旬。第 1 代雌成虫于 6 月中旬出现，7 月初早熟葡萄果实成熟时开始产卵，7 月中旬为第 2 代卵盛期；第 2 代雌成虫于 8 月中旬出现，8 月下旬中熟葡萄果实成熟时开始产卵，9 月中旬为第 3 代卵盛期。若虫于 9 月初孵化，孵化盛期为 9 月下旬，10 月开始越冬。

雌成虫期为 11d 左右，产卵期为 40d 左右。雌成虫产卵时在体外分泌棉絮状卵囊，卵囊包围虫体，卵产于卵囊内，产卵后虫体逐渐萎缩，变成黑褐色，不久干枯死亡。越冬代雌成虫产卵量最高，平均每头雌虫产卵 272 粒，最多可产卵 425 粒。

若虫孵化后，在卵囊内停留一段时间后爬出活动，活动若虫在葡萄树各处伸出针状口针刺吸汁液进行固定为害。若虫期为 20~30d，若虫蜕 2 次皮开始化蛹。蛹经 5d 左右羽化为有翅雄虫，雄虫数量少、寿命短，羽化后即可交尾。

十一、介壳虫类的综合防治措施

1. 加强检疫

介壳虫类害虫的若虫和雌成虫无翅，绝大多数在植株上营固定生活或很少活动，短距离靠风力、雨水、其他物体携带传播，长距离随果树苗木、接穗和果品调运而扩散，所以在调运苗木、接穗和果品时，严格执行检疫制度是防治该类害虫的重要措施之一。

2. 农业防治

通过增施有机肥等措施加强果园肥水管理，增强树势，合理负载，提高植株抵抗力；

果树休眠期结合冬季修剪，春季、夏季结合疏花、疏果，剔除虫口密度大的枝条，并集中烧毁。

3. 生物防治

保护和利用天敌，实施生物防治是控制介壳虫种群数量的有效途径。各地都有一些保护和利用自然天敌、控制介壳虫类为害的成功经验，应注意总结推广。例如，瓢虫是介壳虫类的主要捕食性天敌，通过提供庇护场所或人工助迁、释放等，可有效防治吹绵蚧、草履蚧的为害。介壳虫类的寄生蜂、寄生菌种类也十分丰富，如日光蜂是防治梨圆蚧的有效天敌，已成为国际上引种利用的对象，应进一步加强研究。此外，在采用其他防治措施，特别是进行化学防治时，尽可能避免杀伤天敌。

4. 物理防治

介壳虫类营固着生活，很少活动，在新传入区常只在植株局部上发生，及时采取拔株、剪枝、刮树皮或刷除等措施，便可收到显著的效果。结合冬季修剪，剪除并销毁附着有密集越冬虫的枝梢；刮除并销毁老翘皮，并用泥浆或石灰与杀虫剂的混合物涂抹枝干；也可于 8 月下旬 ~9 月上旬在枝杈处绑缚诱虫带、草把或废麻袋片，诱集越冬虫钻入其内越冬，于果树萌芽前解除并集中烧毁，均能有效压低第 2 年虫口密度。个别植株或枝条发生时，可戴上手套直接捋抹或剪除深埋或用钢刷刷除；萌芽前后，在主枝下环状涂抹机油与杀虫剂的混合物或黏虫胶防虫，阻止若虫上树为害；果实套袋时，封严袋口，防止介壳虫类钻入。对于草履蚧也可采用树根附近挖坑的方法，将其消灭在树下。

5. 化学防治

在加强调查、镜检、准确测报的基础上，实施化学防治。应用有选择性的低毒、低残留内吸杀蚧剂，局部发生时挑片拣点防治，防止扩散蔓延；大面积发生时，以萌芽前和卵孵化盛期及 1~2 龄若虫期，虫体外蜡质覆盖物尚未形成时为全年防治的关键时期，区域内发生为害的果园间应进行联防、联治，防效最好。

1）休眠期（果树落叶至芽萌动前）。休眠期是果园病虫害全年防治的重要时期，既有利于保护天敌、维护果园生态平衡，又有杀一治百的效果。可选用 5° Bé 石硫合剂或 5% 柴油乳剂或 95% 机油乳剂 50~80 倍液均匀喷洒植株，以消灭越冬虫。

2）卵孵化盛期和 1~2 龄若虫期（5 月下旬 ~7 月下旬）。此期刚孵化的若虫体壁柔软，虫体弱小，耐药性差，防效最好。轮换交替用内吸性杀虫剂防治，如 40% 噻嗪酮悬浮剂 1000~1500 倍液、22.4% 螺虫乙酯悬浮剂 1500~2000 倍液。10% 吡丙醚悬浮剂具有高效杀卵作用，与高效氯氟氰菊酯混合施用才能起到较好的防治效果。

实训任务

通过在农业生产企业、校内外果树生产实训基地的现场教学、标本与图片观察、显微镜观察及课堂知识传授等方式相结合的理实一体化教学，了解为害果树的介壳虫种类，为害特点、形态特征；通过文献查阅，结合课堂知识讲授，了解各类介壳虫在不同地区的发生规律；在教师和专业技术人员的指导下，制定其防治方案，熟练运用关键防治技术，达到预期防治目标。

1. 任务目标

1）能区分为害各类果树的介壳虫种类。

2）具备描述介壳虫类主要形态特征及为害特点的能力，以便指导果树生产。

3）能够根据不同果树上介壳虫的种类及发育阶段，制定综合防治方案并实施。

2. 任务准备

1）材料。梨圆蚧、橄榄片盾蚧、吐伦球坚蚧、糖槭蚧、桑白盾蚧和梨绵粉蚧等介壳虫的实物标本及图片，被介壳虫类为害的各类果树等。

2）器材。手持放大镜、体视显微镜、生物显微镜、载玻片、盖玻片、镊子、解剖针等。

3. 任务实施

1）调查及采集被介壳虫类为害的果树枝条和果实，观察为害特点并制作标本。现场重点观察梨绵粉蚧的为害特点及形态特征。

2）使用体视显微镜观察梨圆蚧、橄榄片盾蚧和桑白盾蚧雌虫、雄虫介壳的色泽、形状，壳点在介壳上的位置、颜色；雌成虫虫体的大小、色泽、丝状口器和退化的足与触角；雄成虫的体长、翅展、翅脉特点。

3）使用手持放大镜观察吐伦球坚蚧、糖槭蚧越冬的雌蚧、雄蚧大小及形态特征；发育成熟的雌成虫大小、颜色、体背条纹；观察卵的形态、数量。

4）针对当地介壳虫的种类、优势种群，查阅资料，了解当地的发生规律。

5）根据优势种类在当地的发生规律，制定综合防治方案，并提出当前的应急防治措施，组织实施，做好防治效果观察。

任务评价

任务考核评价单

序号	评价内容及分值	评价标准	学生自评 10%	小组互评 10%	教师评价 60%	企业评价 20%
1	学习方法 10分	课前完成必备知识的自学；课中认真观察思考，并主动操作实践；课后归纳反思				
2	学习态度 20分	学习态度端正，具有吃苦耐劳、诚实守信、认真负责的品质；认真学习、钻研知识和技能				
3	沟通表达 10分	能够及时与同组成员及指导教师、技术人员沟通交流				
4	合作能力 10分	团队协作意识强				

（续）

序号	评价内容及分值	评价标准	学生自评 10%	小组互评 10%	教师评价 60%	企业评价 20%
5	创新实践 10 分	能够结合生产实际改进防治措施、降低防治成本、提高防治效率				
6	职业能力 10 分	能够准确诊断并防治各种果树介壳虫				
7	学习成果 30 分	能准确识别并区分常见介壳虫；能根据发生规律制定常见介壳虫的防治方案，并熟练实施关键防治技术				
合计						

任务三　梨木虱的识别与防治

任务导入

梨木虱是梨树的主要害虫之一，在我国各地梨园均有发生，也是当前梨园的重要防治对象。

必备知识

1. 寄主与分布

梨木虱属半翅目木虱科。我国已知为害梨树的木虱有 19 种，中国梨喀木虱为主要为害种。新疆梨树木虱有疆梨喀木虱［*Cacopsylla jiangli*（Yang et Li）］、梨喀木虱［*Cacopsylla pyri*（Linnaeus）］和中国梨喀木虱［*Cacopsylla chinensis*（Yang et Li）］。中国梨喀木虱于 20 世纪 90 年代中后期始见于新疆和静县，目前在香梨产区普遍发生，主要为害各种梨树。

2. 为害特点

中国梨喀木虱主要为害梨树叶片、芽、花、嫩梢和果实（图 5-43），以成虫、若虫刺吸植物组织汁液，受害叶片出现褐色枯斑，严重时，枝、叶变成黑色，造成早期落叶。若虫分泌大量蜜露，黏着在枝条、叶片和果实上，并可诱发黑霉菌寄生（图 5-44），发生煤污病（图 5-45）。被害植株的果实小，质量差，甚至失去商品价值。

图 5-43　中国梨喀木虱为害幼果

图 5-44　中国梨喀木虱为害叶片造成黑霉菌污染

图 5-45　中国梨喀木虱冬季为害形成煤污病

3. 形态特征

（1）成虫　有冬型和夏型 2 种。冬型成虫较大，体长为 2.8~3.2mm，呈褐色至暗褐色，胸背部有黑褐色斑纹，前翅后缘在臀区有明显褐斑，其余部分无斑（图 5-46）；夏型成虫略小，体长为 2.3~2.9mm，体色由绿色至黄色，变化较大，胸背部为黄色有褐色斑纹，翅上均无斑（图 5-47）。触角 10 节，自第 3 节起端部为黑色，末端 2 节全黑。头部与胸部等宽，颊锥呈锥形突伸，左右叉开。雄虫腹端侧视第 9 节宽大，阳基侧突基部宽向端部渐窄，末端向腹面弯折，阳茎末端膨大较均匀。雌虫腹端侧视，腹瓣末端尖，背端长于腹瓣，背视肛环呈菱形。

（2）卵　长 0.35~0.43mm、宽 0.13~0.17mm，表面光滑，呈长圆形，一端有 1 个短突起固定在植物组织上。夏卵为乳白色，冬型成虫在梨树展叶前产的卵为暗黄色，展叶后产的卵为乳白色（图 5-48）。

图 5-46　中国梨喀木虱冬型成虫及越冬状

图 5-47　中国梨喀木虱夏型成虫交尾状

（3）若虫　体长为 2.0~3.0mm，体色由浅黄绿色逐渐变为翠绿色，复眼为红色，触角末端为黑色。3 龄若虫出现翅芽，翅芽为黄褐色，突出于体两侧。腹部边缘排列长毛（图 5-49）。

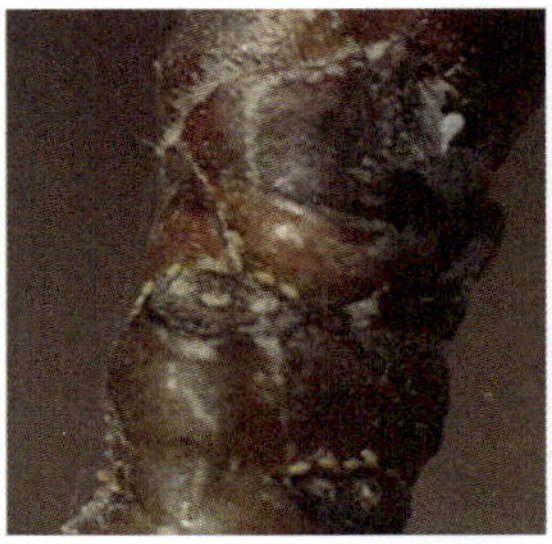

图 5-48　中国梨喀木虱冬型成虫产的卵

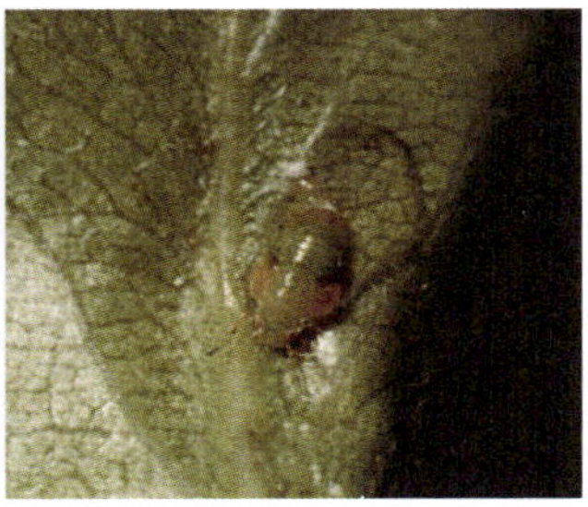

图 5-49　中国梨喀木虱若虫

4. 发生规律

中国梨喀木虱在库尔勒地区 1 年发生 5~6 代，以冬型成虫在枝干裂缝内、老翘皮下越冬，少数在杂草、落叶及土壤中越冬。第 2 年 2 月下旬，日平均气温达 0℃以上时成虫出蛰活动。3 月初开始交尾，3 月中下旬进入交尾高峰期。3 月上旬出现第 1 代卵，3 月中下旬为产卵盛期。冬型成虫主要产卵于芽基部、短果枝的叶痕及皱褶处，呈线状排列，少数产在新梢、嫩叶上，聚产。每头雌虫产卵 200~300 粒。4 月上旬香梨花序分离期，第 1 代若虫开始孵化。香梨盛花期为孵化盛期。若虫孵化后多聚集在花蕾、花梗和芽鳞片内为害，以后在嫩梢、叶丛基部及叶片上为害。4 月下旬为第 1 代若虫为害盛期。5 月初出现第 1 代成虫，5 月中旬为第 2 代卵盛期，6 月上旬进入第 2 代若虫为害盛期，并始见第 2 代成虫。

夏型成虫多在叶片主脉两侧、叶柄沟、叶缘齿及新梢尖端的绒毛处产卵，每头雌虫产卵量为几十至上百粒。初孵若虫体小，肉眼难以看清，若虫取食后，分泌大量蜜露和棉絮状物，可将虫体包埋，虫口密度大的叶片形成“径流”，将叶片粘连在一起。

从第 2 代开始出现世代重叠。从 9 月中旬开始 3 龄以上的若虫体色变为黑褐色，为冬型若虫，到 9 月下旬出现第 5 代成虫，为冬型成虫，进入越冬状态。卵和若虫不能安全越冬。

5. 综合防治措施

1）清洁果园，降低越冬虫基数。入冬前将地上的残枝、落叶及杂草清除，集中烧毁或深埋；结合对梨小食心虫的防治，刮除老翘皮，填补树洞、树缝，进行树干涂白。

2）3 月上中旬，梨树开花前喷 5° Bé 石硫合剂灭杀出蛰的越冬成虫，也可用 20% 氰戊菊酯乳油 3000 倍液，或 2.5% 溴氰菊酯乳油 3000 倍液喷雾防治出蛰成虫。

3）4 月中下旬梨花凋谢 90% 以上时，第 1 代若虫主要集中在新梢顶部 6~7 片叶上为害，应摘除虫梢集中深埋；6 月结合夏季修剪，摘除新梢顶部 5~6 片叶，带出园外处理，消灭卵和若虫，可选用 25% 噻虫嗪水分散粒剂 10000 倍液喷雾。

4）10 月上中旬中国梨喀木虱出现大量冬型成虫，若虫仍在枝条上取食为害，基数大，应及时喷药杀虫，并可兼治红蜘蛛。

实训任务

通过在校内外果树生产实训基地的现场教学、标本与图片观察、显微镜观察及课堂知识传授等方式相结合的理实一体化教学，了解梨木虱为害特点、形态特征、发生规律，掌握梨木虱的防治措施，并具备根据发生种类和不同地区的发生规律，制定综合防治措施的能力。

1. 任务目标

1）能根据梨木虱的为害特点及各虫态的形态特征进行准确诊断。

2）具备描述梨木虱的主要形态特征及为害特点的能力，以便指导果树生产。

3）能够根据梨木虱的发育阶段和为害程度，制定综合防治方案并实施。

2. 任务准备

1）材料。梨木虱的实物标本、图片、多媒体课件、被梨木虱为害的香梨树等。

2）器材。手持放大镜、体视显微镜、镊子、解剖针、昆虫标本采集用具等。

3. 任务实施

1）调查及采集梨木虱为害的果树叶片、枝条和果实，观察为害特点并制作标本。现场重点观察梨木虱为害特点及色泽、大小等形态特征，区分冬型和夏型成虫。

2）室内使用体视显微镜观察梨木虱触角、口器、翅脉、体被、翅上是否有斑纹等特征。

3）发生规律的了解。针对优势种群中国梨喀木虱，在查阅资料的基础上，结合现场调查，了解当地的发生规律。

4）防治方案的制定与实施。根据优势种类在当地的发生规律，制定综合防治方案，并提出当前的应急防治措施，组织实施，做好防治效果观察。实施时间可在生活史的不同阶段进行。注意安全合理用药，小组成员应发挥团队合作精神。

任务评价

任务考核评价单

序号	评价内容及分值	评价标准	学生自评 10%	小组互评 10%	教师评价 60%	企业评价 20%
1	学习方法 10 分	课前完成必备知识的自学；课中认真观察思考，并主动操作实践；课后归纳反思				
2	学习态度 20 分	学习态度端正，具有吃苦耐劳、诚实守信、认真负责的品质；认真学习、钻研知识和技能				
3	沟通表达 10 分	能够及时与同组成员及指导教师、技术人员沟通交流				
4	合作能力 10 分	团队协作意识强				
5	创新实践 10 分	能够结合生产实际改进防治措施、降低防治成本、提高防治效率				
6	职业能力 10 分	能够准确诊断并防治梨木虱				
7	学习成果 30 分	能准确识别梨木虱；能根据发生规律制定梨木虱防治方案，并熟练实施关键防治技术				
合计						

任务四　葡萄二星叶蝉的识别与防治

任务导入

葡萄二星叶蝉是新疆较为普遍的叶蝉种类，不仅造成叶片失绿，出现密集的白斑，影响枝条成熟和花芽分化，同时还可传播多种植物病毒，造成严重的经济损失。葡萄生产中需准确识别，并加强监测，及时采取有效防治措施。

必备知识

1. 寄主与分布

葡萄二星叶蝉［*Erythroneura apicalis*（Nawa）］又名葡萄斑叶蝉、二星浮尘子，属半翅目叶蝉科，在玛纳斯、吐鲁番、哈密、阿克苏、阿图什、喀什、库尔勒、和静、和田等地发生，为害葡萄树、苹果树、梨树、桃树、樱桃树、山楂树等果树。

2. 为害特点

葡萄二星叶蝉以成虫、若虫群集于叶片背面刺吸叶片汁液，喜在隐蔽处为害。为害时先从枝蔓中下部的叶片和内膛开始，逐渐向上部叶片和外围蔓延，不为害嫩叶。被害叶片正面先出现针尖大小的失绿斑点，进而呈现密集的灰白色小斑点，叶片早衰；后连成灰白色大斑，叶片苍白、枯黄（图 5-50）；虫口密度大时可使整片叶变为灰白色，以致失水焦枯，造成早期落叶，树势衰退，枝蔓生长衰弱，果实易萎蔫、落果。

葡萄二星叶蝉在葡萄的整个生长期都能为害，以9~10 月对葡萄叶片造成的危害最重，常造成大量落叶，影响花芽、叶芽的形成。

图 5-50　葡萄二星叶蝉为害叶片

3. 形态特征

（1）成虫　体长为 2.9~3.7mm，头顶有 2 个明显的圆形黑斑，前胸背板前缘有几个浅褐色小斑点，中央具有暗褐色纵纹。小盾板前缘左右各有 1 个三角形黑纹。复眼黑色，翅透明，上有浅黄色及深浅不同的红褐色相间的花斑，翅端部有黑褐色条纹。个体间斑纹的颜色变化较大，有的全无斑纹（图 5-51）。

图 5-51　葡萄二星叶蝉成虫

（2）卵　黄白色，长椭圆形，稍弯曲，长约为0.2mm。

（3）若虫　初孵时为白色，后变深，有红褐色和黄白色 2 种色型。黄白色型，体为浅黄色，尾部不向上举，老熟时长约为 2mm，生有黑色翅芽。红褐色型，尾部向上举，老熟时体长约为 1.6mm。

4. 发生规律

葡萄二星叶蝉 1 年发生 3 代，以成虫在葡萄园的石缝中、杂草或落叶下越冬。第 2 年春季葡萄发芽前，越冬成虫即在桃树、梨树、樱桃树、山楂树嫩叶上吸食汁液。葡萄展叶、花穗出现前后再转到葡萄树上为害，并产卵于叶片背面的叶脉内或茸毛中，产卵的伤痕呈浅黄色。越冬代成虫于 4 月中旬开始发生，盛期为 4 月下旬 ~5 月下旬；5 月中下旬出现第 1 代若虫，6 月上中旬开始出现第 1 代成虫，8 月中旬和 9~10 月分别为第 2 代和第 3 代成虫盛发高峰期，一直为害到葡萄树落叶，随着气温的下降，成虫才转移到隐蔽处越冬。

葡萄树在整个生长季节均受其为害，先从蔓条基部老叶上发生，逐渐向上部叶片蔓延，一般嫩叶不受害。4 月中旬 ~10 月上旬，成虫、若虫在葡萄园的发生量，基本呈现上升趋势，以 9 月上旬 ~10 月上旬的发生数量达到最大，10 月中旬以后发生量逐渐减少。成虫喜荫蔽，极活泼，多在叶背为害，数量多时也会在叶面活动，气温低时活动力不强，气温高时常在树冠周围飞跳，可横向走动，受惊扰时则蹦飞他处。若虫多在叶背主脉两侧取食为害，有很强的群集性，爬行敏捷。一般通风不良的棚架，杂草繁生、管理差的葡萄园发生严重。在干旱少雨的年份发生重，尤其是春季气温高，为害更加明显。

5. 综合防治措施

1）秋后要彻底清扫园内落叶和杂草，减少越冬虫源。

2）加强田间管理，在葡萄生长期，结合修剪、抹芽、摘心、绑蔓等措施使葡萄枝叶分布均匀、架面通风透光良好。

3）黄板诱杀成虫。4 月上中旬开始在葡萄架下面挂黄板，黄板悬挂高度以距离葡萄架 10cm 为宜。每亩挂 20~30 块，一直到 9 月下旬诱杀成虫，能起到良好的防治效果。

4）葡萄二星叶蝉有一定的趋光性，可在葡萄园内悬挂频振式杀虫灯诱杀。

5）第 1 代若虫发生期比较整齐，盛发期是药剂防治的有利时机，即抓住 5 月中下旬若虫发生盛期，第 1 代成虫尚未出现之前这一关键时期。叶片受害率达 10% 以上（新枝叶片全数）时，要立即进行防治，可喷洒的药剂有吡虫啉、啶虫脒、多杀霉素、阿维菌素等。

6）9 月至葡萄落叶前可进行末代成虫的防治，可用氰戊菊酯等药剂，喷药部位以叶片背面为主。

7）为充分发挥天敌寄生蜂的天然控制作用，葡萄园药剂防治应集中在前期进行，生长后期尽量少用农药，以保护天敌。

实训任务

通过在校内外果树生产实训基地的现场教学、标本与图片观察及课堂知识传授等方式相结合的理实一体化教学，了解葡萄二星叶蝉的外部形态特征及为害特点，掌握葡萄二星叶蝉体形大小、颜色、翅脉等处的区别，葡萄二星叶蝉成虫和若虫聚集在叶背为害现象；

在教师和专业技术人员的指导下，制定合理有效的综合防治方案并实施。

1. 任务目标

1）能准确识别葡萄二星叶蝉的外部形态特征及为害特点。

2）具备描述葡萄二星叶蝉主要形态特征及为害特点的能力，以便指导果树生产。

3）能够根据葡萄二星叶蝉在当地的发生规律，制定综合防治方案并实施。

2. 任务准备

1）材料。葡萄二星叶蝉成虫、若虫及其标本（针插标本、玻片标本和被害植物）。

2）器材。手持放大镜、体视显微镜、生物显微镜、镊子、解剖刀、挑针、载玻片、培养皿等。

3. 任务实施

1）结合果园调查，观察葡萄二星叶蝉在葡萄园石缝中、杂草或落叶处的越冬虫态。

2）观察葡萄二星叶蝉成虫外部形态特征，注意观察头顶上的 2 个明显的圆形斑点或复眼的颜色，比较各成虫和若虫的形态区别。

3）针对当地葡萄二星叶蝉的发生情况，制定科学的防治方案，并组织实施，对防治效果进行调查总结。

任务评价

任务考核评价单

序号	评价内容及分值	评价标准	学生自评 10%	小组互评 10%	教师评价 60%	企业评价 20%
1	学习方法 10 分	课前完成必备知识的自学；课中认真观察思考，并主动操作实践；课后归纳反思				
2	学习态度 20 分	学习态度端正，具有吃苦耐劳、诚实守信、认真负责的品质；认真学习、钻研知识和技能				
3	沟通表达 10 分	能够及时与同组成员及指导教师、技术人员沟通交流				
4	合作能力 10 分	团队协作意识强				
5	创新实践 10 分	能够结合生产实际改进防治措施、降低防治成本、提高防治效率				
6	职业能力 10 分	能够准确诊断并防治葡萄二星叶蝉				

（续）

序号	评价内容及分值	评价标准	学生自评 10%	小组互评 10%	教师评价 60%	企业评价 20%
7	学习成果 30 分	能准确识别葡萄二星叶蝉；能根据发生规律制定葡萄二星叶蝉防治方案，并熟练实施关键防治技术				
合计						

扫码看视频

任务五　螨类的识别与防治

任务导入

为害新疆果树的害螨种类主要有叶螨科的二斑叶螨、李始叶螨、土耳其斯坦叶螨、果苔螨、山楂叶螨、苹果全爪螨、截形叶螨，瘿螨科的葡萄缺节瘿螨、白枸杞瘤瘿螨、枸杞刺皮瘿螨、梅下毛瘿螨。

必备知识

一、二斑叶螨

1. 寄主与分布

二斑叶螨（*Tetranychus urticae* Koch）又名二点叶螨、叶锈螨、黄蜘蛛、白蜘蛛，属蛛形纲蜱螨目叶螨科，是一种世界性害螨。二斑叶螨寄主广泛，为害苹果树、梨树、桃树、杏树、李树、葡萄树、樱桃树、枣树、核桃树等多种果树，以及林木、蔬菜、大田作物及杂草等。我国于 1983 年在北京市发现二斑叶螨为害一串红等花卉植物，之后二斑叶螨在甘肃、山东、河北、辽宁、宁夏、陕西、山西、安徽、福建、新疆等 14 个省区为害。1990 年以后，二斑叶螨在我国苹果产区为害严重，并在北方果区发展蔓延为害，2022 年在库尔勒香梨产区也发生了危害。

2. 为害特点

二斑叶螨主要以若螨、成螨聚集于叶片背面吸汁为害，被二斑叶螨吸汁取食后的叶片先在主脉两侧出现苍白色斑点，随着为害的加重叶片变成灰白色，植物变得脆硬，抑制光合作用的正常进行，同时还可以释放毒素或生长调节物质，引起植物生长失衡。二斑叶螨有很强的吐丝结网集合栖息特性，有时结网可将整片叶覆盖起来，并罗织到叶柄，甚至细丝还可在植株间搭接，二斑叶螨顺丝爬行扩散。

3. 形态特征

（1）雌成螨　身体呈椭圆形，体长 0.45~0.55mm、宽 0.30~0.35mm，除越冬滞育个体体色呈橙红色、体背无褐斑外，生长季节均为黄白色至浅绿色，取食后体色呈浓绿色、褐绿色，体壁两侧有“山”字形褐斑，足 4 对。体躯两侧各有黑斑 1 个，其外侧 3 裂，内侧接近体躯中部呈横“山”字形，极少向体末延伸。背毛 12 对，腹毛 16 对。气门沟不分支，顶端向后内方弯曲成膝状。口针鞘呈倒 U 形，较为细长。

（2）雄成螨　身体近似菱形，前端似圆形，体末端尖削，体长 0.35~0.40mm、宽 0.20~0.25mm，体形比雌成螨略小，体色为浅绿色、黄绿色或深绿色，活动较为敏捷，足 4 对。背毛 13 对，最后 1 对是从腹面移向背面的肛后毛。阳茎的端锤十分微小，两侧的突起尖利，长度接近相等。

（3）卵　圆球形，直径为 0.1mm，有光泽，初产时乳白色半透明，孵化前逐渐变为橙色，逐渐显现出 2 个红色眼点。

（4）幼螨　身体呈半球形，体长 0.15~0.21mm、宽 0.12~0.15mm，体色开始呈浅黄色，取食后变为黄绿色，眼睛呈红色，体壁两侧各有深绿色斑块，足 3 对。

（5）第一若螨　身体近似椭圆形，体长 0.21~0.29mm、宽 0.1~0.19mm，体色由黄绿色变为深色，体壁两侧各有深绿色斑块，足 4 对。

（6）第二若螨　身体近似椭圆形，体形稍大，体长 0.34~0.36mm、宽 0.21~0.23mm，体色变为黄绿色或墨绿色，足 4 对。其形态与成螨相似，但无生殖皱褶纹。

4. 发生规律

二斑叶螨在南疆地区 1 年发生 10~12 代，在不同树龄上的越冬部位有一定差异，幼树以根颈周围土壤中为主；10 年生左右的结果树，主要在根颈处；15 年生以上的植株，以翘皮、裂缝等处越冬为主。出蛰温度为 5~7℃，出蛰后在早春的绿色杂草上活动，开始褪去橘红色，变成黄绿色，取食后背部前区有明显的两横“山”形斑。当平均气温升至 13℃左右时，开始产卵，平均每头雌成螨产卵 100 粒，卵期为 15d 左右，4 月底 ~5 月初为第 1 代卵孵化盛期。幼螨上树后先在徒长枝叶片上为害，然后再扩展至树冠。7 月螨量急剧上升进入大量发生期，高峰期为 8 月中旬 ~9 月中旬。进入 10 月，当气温降至 17℃以下时，出现越冬雌成螨；当气温进一步下降至 11℃以下时，即全部变成滞育个体。除第 1 代发生整齐外，以后则世代重叠，螨态混杂，高温干旱有利于大量发生，低温及短日照则发育不良，导致滞育。繁殖方式以两性生殖为主，在无雄螨时也可进行孤雌生殖，其后代全为雄性。

二、李始叶螨

1. 寄主与分布

李始叶螨［*Eotetranychus pruni*（Oudemans）］属蛛形纲蜱螨亚纲真螨目叶螨科，分布在新疆各地，寄主树种有苹果树、海棠树、梨树、山楂树、李树、杏树、桃树、核桃树、葡萄树、红枣树、沙枣树、杨树、柳树等。

2. 为害特点

李始叶螨刺吸寄主植物花芽、嫩梢和叶片汁液，吸取营养，造成花芽不能开绽，嫩梢萎蔫，叶片失绿变成黄绿色，被害叶片一般不脱落，寄主植物生长衰退，影响果实的产量和质量。

3. 形态特征

（1）雌成螨　体长 0.31mm、宽 0.16mm，呈长椭圆形。春夏活动期体为黄绿色，沿体侧有细小黑斑，9 月中旬开始出现杏黄色个体，9 月下旬出现橘黄色个体，以后逐渐增多，沿体侧的黑斑消失。前足上有眼 2 对连成环状。须肢端感器呈柱形，长为宽的 3 倍；背感器呈枝状，长为端感器的 2/3。口针鞘前端呈圆形，中央有凹陷。气门沟末端稍微弯曲，呈短钩形。背表皮纹路纤细，背毛细长，呈刚毛状，共 26 根，肛侧毛共 2 对。

（2）雄成螨　体长 0.26mm、宽 0.14mm，体形略呈菱形，春夏活动期体色同雌成螨，须肢端感器呈长柱形，长约为宽的 4 倍；背感器呈枝状，长约为端感器的 1/2。背毛特点同雌成螨。阳茎细长呈针状，呈波浪形伸向后方，末端尖细。

（3）卵　圆形，直径约为 0.11mm。顶端有 1 根细长的柄，柄长与卵长相等。初产时晶莹透明，后逐渐变为浅黄色至橙黄色，临近孵化时透过卵壳可见 2 个红色眼点。

（4）幼螨　近圆形，长 0.17mm、宽 0.11mm，体色为黄白色至浅黄色，足 3 对，各节均短粗。后期体背两侧有浅褐色斑纹，足 3 对。

（5）若螨　体呈长椭圆形，体色为黄绿色。体背两侧有褐色斑纹 3 块，中间一块为两点组成，足 4 对。前期若螨体长为 0.22mm。

4. 发生规律

李始叶螨在南疆地区 1 年发生 11~12 代，以受精后的雌成螨在树干和主、侧枝树皮裂缝、伤疤、翘皮下及树干基部土缝中、枯枝落叶下越冬。第 2 年 3 月中下旬苹果树、梨树等芽膨大期开始出蛰为害花芽和叶芽。4 月上旬苹果树、梨树花芽绽放叶芽展叶期是李始叶螨越冬雌成螨为害盛期。第 1 代卵出现在 4 月上中旬，界限明显，以后各代出现世代重叠现象。7 月中旬 ~8 月中旬种群数量大增，是全年为害高峰期。8 月中旬之后种群数量下降。最后一代受精雌成螨于 10 月中下旬陆续进入越冬场所越冬。李始叶螨繁殖方式既行两性生殖，又行孤雌生殖。雌螨一生交尾 1~3 次。卵期为 4~9d，幼螨期为 2~4d，若螨期为 3~9d。雌螨有叶背结网习性，并在叶背和网下产卵。李始叶螨适宜温度为 24.5~25℃，最适相对湿度为 50%。平均每头雌螨产卵量为 60 粒左右，雌螨卵前期为 2.5d 左右，产卵期为 25d 左右，成螨寿命为 28d。

三、土耳其斯坦叶螨

1. 寄主与分布

土耳其斯坦叶螨［*Tetranychus turkestani*（Ugarov et Nikolski）］属蛛形纲蜱螨目叶螨科，只在新疆各地分布，为害苹果树、梨树、李树、葡萄树等多种果树和农作物。

2. 为害特点

土耳其斯坦叶螨成螨、若螨刺吸芽、花、叶、果实的汁液，可导致花蕾失水、干瘪，花序不能正常分离，花朵不能正常开放；子房和幼果受害，可产生锈斑和锈点（图 5–52）；新生嫩枝和嫩叶受害，嫩梢和叶片焦枯；6~7 月，果实受害后果面布满灰色斑点，果色灰暗，僵化不长，叶片灰暗无光泽，其上布满丝网，严重时叶片变黄脱落。果实采收期部分螨转移到果实萼洼、果柄基部御寒并取食为害，吐丝结网，影响果品质量。9 月果树出现二次开花的异常现象。

图 5–52 土耳其斯坦叶螨为害幼果造成果锈

3. 形态特征

（1）雌成螨 椭圆形，体色为黄绿色，体长 0.54mm、宽 0.31~0.32mm，刚孵化时为黄绿色，随后颜色加深至墨绿色，体躯两侧有“E”字形黑色斑块（图 5–53）。眼后有 4 块黑斑，须肢端感器呈柱形，长约是宽的 2 倍，背感器呈长梭形；口针鞘前端中央没有凹陷；气门沟的末端呈 U 形弯曲；各足爪间突均分裂成 3 对针状毛；有 14 对背毛，14 对腹毛（图 5–54）。

图 5–53 土耳其斯坦叶螨的雌成螨

（2）雄成螨 体形较雌成螨小，体末略尖，近似菱形，体色为浅黄色，体长 0.41~0.42mm、宽 0.19~0.20mm（图 5–55）。须肢端感器和背感器与雌成螨的类似，但端感器较细长；足 I 爪间突呈爪状，背面有 1 个明显的背距。阳茎的端锤较大，近侧突起圆钝，远侧突起尖利，端锤背缘在距后端 1/3 处有 1 个明显的角度。

（3）卵 圆球形，直径为 0.13mm，初产时无色透明，表面光滑，之后颜色逐渐从浅黄色变为深黄色，孵化前卵的表面均会出现红色眼点（图 5–56）。

（4）幼螨 圆形，体长 0.22~0.23mm、宽 0.14~0.15mm，足 3 对（图 5–57）。

（5）第一若螨 椭圆形，体长 0.26~0.27mm、宽 0.17~0.18mm，足 4 对（图 5–58）。

（6）第二若螨 椭圆形，体长 0.36~0.38mm、宽 0.21~0.22mm。14 对背毛，13 对腹毛（图 5–59）。

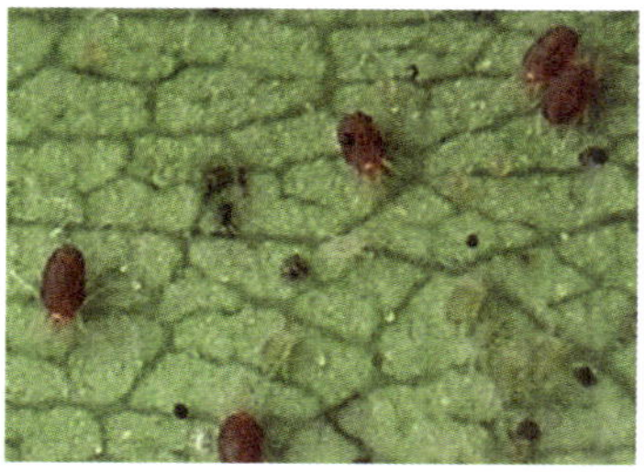

图 5–54 土耳其斯坦叶螨成螨、若螨

图 5–55 土耳其斯坦叶螨的雄成螨

图 5–56 土耳其斯坦叶螨产卵、结网

图 5-57　土耳其斯坦叶螨的幼螨

图 5-58　土耳其斯坦叶螨的第一若螨

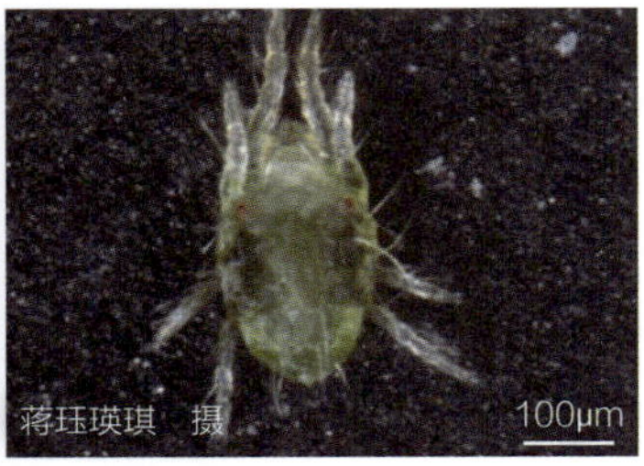

图 5-59　土耳其斯坦叶螨的第二若螨

幼螨、若螨刚孵化时为浅黄色，随着不断取食，颜色会逐渐转变为墨绿色。

4. 发生规律

土耳其斯坦叶螨在新疆 1 年发生 9~12 代，世代重叠。在其生长发育期间（夏型）体色为黄绿色、黄褐色或墨绿色；越冬型体色逐渐变为橘红色，以橘红色受精雌成虫在树干和老翘皮（图 5-60）、根际周围的土缝、杂草根部和枯枝落叶下越冬。第 2 年 3 月下旬（北疆 3 月底 4 月初）当日平均气温达 10℃（梨树发芽）时，越冬雌螨出蛰，开始为害花芽和叶芽，4 月上旬已全部出蛰，先集中在果树内膛芽上取食，以后逐渐扩散到新叶片背面为害。经过补充营养，橘黄色越冬雌螨变为黄绿色时开始产卵，日平均气温为 26℃时产卵量最大。5 月上旬初卵开始孵化。7 月中旬为土耳其斯坦叶螨全年的发生高峰期，9 月上旬产卵结束。9 月下旬交尾后的雌成螨向越冬场所迁移，10 月上旬结束。土耳其斯坦叶片螨喜在叶片背面、叶柄基部、果实萼洼、树杈及主枝下吐丝结网。土耳其斯坦叶螨可进行孤雌生殖和两性生殖。6 月上旬前，完成 1 代需要 15~25d；7 月完成 1 代需 12~14d。

图 5-60　老翘皮下的土耳其斯坦叶螨越冬螨

四、果苔螨

1. 寄主与分布

果苔螨［*Bryobia rubrioculus*（Scheuten）］又名苹果褐红蜘蛛、苜蓿红蜘蛛，属蛛形纲蜱螨目叶螨科。果苔螨分布于新疆各地，数量逐年减少，在库尔勒香梨产区局部发生；寄主树种有苹果树、梨树、桃树、杏树、樱桃树等。

2. 为害特点

果苔螨主要为害寄主植物的叶、芽、花蕾和幼果。芽被害后多枯黄变色，严重时枯焦、死亡；叶片被害后失绿呈现苍白斑点，全叶变成黄绿色，严重时会大量落叶；幼果被害后常干硬，不能正常生长，变成锈果。该螨早期在树冠中下部发生较严重，以后逐步转移到树冠的中上部为害（图 5-61）。

3. 形态特征

（1）成螨　体长 0.5~0.6mm、宽 0.37~0.45mm。前端背面具有 4 个叶突，其上各生 1 根扇状刚毛，体背有横向波状皱纹，表面具有圆形小颗粒。体背中央纵列 2 排扁平的叶片状刚毛。体周缘有明显浅沟和扇状毛。体褐红色，取食后变深绿色。足 4 对，浅褐色，第 1 对足长度超过体长。

（2）卵　圆球形，深红色，表面光滑，直径为 0.18~0.19mm。越冬卵为暗红色，夏卵颜色稍浅。

（3）幼螨　初孵幼螨为橘红色，体长 0.24mm，取食后为绿色，足 3 对。体背毛分 2 列，共 6 根，体前有 2 根扇状毛。

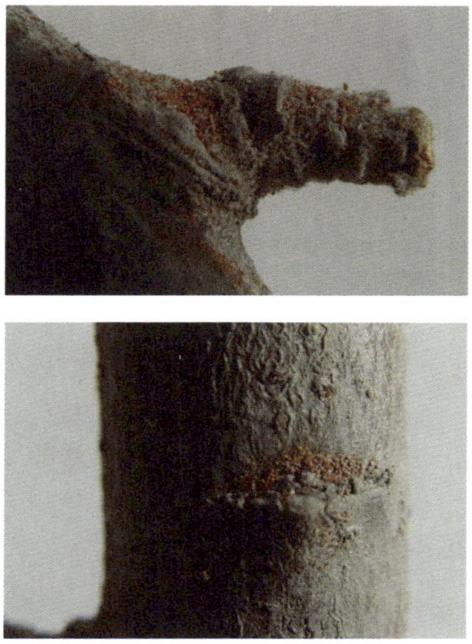

图 5-61　果苔螨在枝干上越冬

（4）若螨　体躯呈椭圆形，足 4 对，体为褐色，取食后变绿色。前期若螨体长为 0.3mm，体前扇状毛增至 4 根；后期体长为 0.4~0.5mm。

4. 发生规律

果苔螨在库尔勒等南疆地区 1 年发生 3~5 代，在新疆伊犁地区 1 年发生 3~4 代，以卵在主、侧枝阴面裂缝、短果枝叶痕处、叶芽附近及枝条分叉皱褶处越冬（图 5-61）。严重发生时，果实萼洼处及果柄处也会找到越冬卵。第 2 年春季，当日平均气温为 7℃以上时，越冬的卵开始孵化，孵化盛期一般在花蕾出现至初花期，落花后越冬卵基本孵化完毕。初孵幼螨群集在芽苞和嫩叶上为害，在日平均气温为 10~13℃时，幼螨期为 15d，前期若螨期为 7~8d，后期若螨期为 7~8d。当年第 1~3 代卵多产在果枝、果柄、果苔等处，幼螨孵化后集中在叶面基部为害。当日平均气温为 23~25℃时，当年第 1~3 代卵期为 9~14d，幼螨期为 4~6d。前期若螨期为 3~4d，后期若螨期为 3~5d，雌成螨寿命为 25d 左右。越冬代成螨最早于 5 月上旬开始产卵，产卵期长达 1 个月以上，因此果苔螨以后几代发育出现世代重叠。

1 年出现 2 次卵孵化高峰期，第 1 个高峰期即越冬卵孵化高峰期是果树初花期，第 2 个高峰期在 6 月中旬；这两次高峰期是防治果苔螨的关键时机。7 月高温到来，卵开始滞育，螨量逐渐减少。一般 8 月以后发生量少，通常不再猖獗为害。

果苔螨繁殖方式为孤雌生殖，至今未发现雄性成螨。每头雌螨产卵量最多不超过 33 粒。雌成螨性情活泼，爬行迅速，喜在光滑、茸毛少的叶片上取食。果苔螨早期在树冠中下部发生较重，以后逐渐分布于中上部，无结网习性。

五、山楂叶螨

1. 寄主与分布

山楂叶螨［*Tetranychus viennensis*（Zacher）］又名山楂红蜘蛛，属蛛形纲蜱螨目叶螨科，是我国北方地区落叶果树上的重要害虫之一，在新疆主要分布在阿克苏、库尔勒、阿拉尔、和硕等地，主要为害苹果树、李树、桃树、杏树、樱桃树、梨树、山楂树、核桃树等果树。

2. 为害特点

山楂叶螨主要为害果树叶片、嫩梢和花萼，嫩芽受害严重时，嫩叶伸展不良，扭曲畸形，甚至焦枯。叶片受害后，常从叶背近叶柄的主脉两侧出现黄白色褪绿斑点，然后叶片变黄枯焦，呈红褐色，似火烧状（图 5-62），影响光合作用，削弱树势，降低果实品质，严重时造成叶片大量干枯脱落，也可导致果树二次开花。高温干旱季节或螨量大时，该螨也为害果实（图 5-63）。

图 5-62　山楂叶螨为害叶片

图 5-63　山楂叶螨为害果实

3. 形态特征

（1）雌成螨　体卵圆形，体长 0.54~0.59mm、宽约 0.30mm，春、秋季活动时期体呈红色，越冬体色为朱红色，身体背面两侧各有墨绿色斑纹 1 条；前端稍宽且隆起，体背刚毛细长，26 根，横排成 6 行（图 5-64）。

（2）雄成螨　体长 0.42~0.45mm、宽 0.20~0.25mm，体宽背面呈菱形，体末端尖削，体色为浅黄色、橙黄色或黄褐色；背毛 12 对。第 1 对足较长，体背两侧各有 1 个黑绿色斑。

（3）卵　圆球形，春季产卵呈橙黄色，夏季产卵呈黄白色（图 5-65）。

（4）幼螨　初孵幼螨呈圆形，黄白色，取食后为浅绿色，3 对足。

（5）若螨　4 对足，前期若螨体背开始出现刚毛，两侧有明显墨绿色斑纹；后期若螨体形较大，似成螨。

图 5-64　山楂叶螨雌成螨、卵

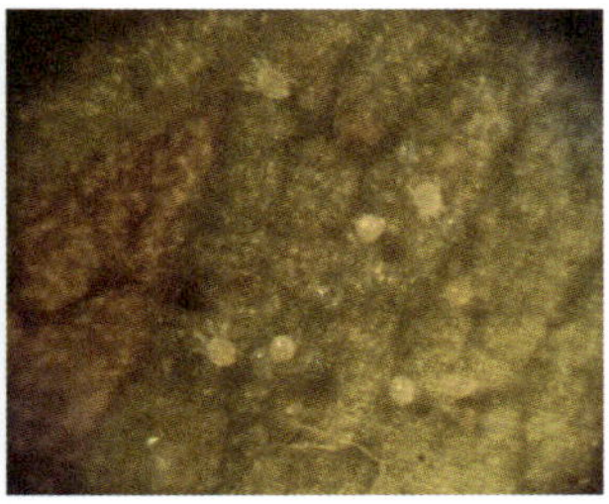
图 5-65　山楂叶螨卵、幼螨

4. 发生规律

山楂叶螨在库尔勒地区 1 年发生 11 代，以受精后的冬型雌成螨在树皮缝隙内及树干周围的土壤缝隙中潜伏越冬。第 2 年 3 月上旬平均气温为 9~10℃时，越冬雌成螨开始出蛰，爬到花芽上取食为害，有时 1 个花芽上有多头害螨为害。3 月下旬 ~4 月上旬日平均气温在 14.8℃以上时为出蛰高峰期，4 月中旬出蛰结束。4 月中旬日平均气温为 20℃时开始产第 1 代卵，卵期为 8~10d，4 月下旬卵开始孵化，4 月底为孵化高峰期。5 月上旬出现第 1 代成螨，并开始产第 2 代卵，从这 1 代起出现世代重叠。5 月下旬出现第 2 代成螨，6 月上旬出现第 3 代成螨。9 月中旬 ~10 月上旬出现第 11 代越冬型成螨，当日平均气温在 16℃以下时，成螨开始滞育。滞育高峰期为 10 月下旬。

各世代平均卵期为 5.8d，幼螨期为 2.3d，幼螨经过静止期后蜕皮为第一若螨。第一若螨平均历期为 1.8d，第一若螨经过静止期后蜕皮为第二若螨。第二若螨平均历期为 4.2d。成螨在气温为 20℃以上时活动、取食。雌成螨交尾 1~2d 即可产卵，卵散产，多产于叶背主脉两侧，每头雌螨产卵量为 3~47 粒，平均为 28~36 粒；雄成螨寿命平均为 6.3d，雌成螨寿命平均为 9d。成螨喜群聚在叶背为害，集中在叶背主脉两侧取食、交尾和产卵，并吐丝结网，形成网幕，以增加活动空间，躲避天敌的侵袭。取食条件恶化时，向外扩散。

天敌种类有塔六点蓟马、深点食螨瓢虫、普通草蛉、大草蛉、丽草蛉、黑食蚜盲蝽、古卷叶蛛、阿拉逍遥蛛、小枕异绒螨。

六、苹果叶螨

1. 寄主与分布

苹果叶螨又称苹果全爪螨［*Panonychus ulmi*（Koch）］、苹果红蜘蛛、榆全爪螨，属蛛形纲蜱螨目叶螨科。该螨是林果重要害螨，新疆各地均有分布，在乌鲁木齐危害较重。该螨寄主植物有苹果树、梨树、桃树、杏树、李树、海棠、樱桃树、红枣树、葡萄树、核桃树、扁桃树等果树和榆树、槐树、桑树、椴树等林木。

2. 为害特点

苹果叶螨若螨和成螨均可为害果树叶片和芽，被害芽不能正常萌发，严重时枯死。叶片受害初期呈现灰白色斑点，严重时叶片表面布满螨蜕，但不落叶。苹果叶螨成螨主要在叶片正面活动，幼螨多在叶片背面，一般不吐丝结网。

3. 形态特征

（1）成螨　雌螨体长 0.38mm、宽 0.29mm。体圆形，背部隆起，侧面观呈半球形。体呈橘红色或暗红色。体背有 13 对白色刚毛，刚毛着生在黄白色的毛瘤上。体表有横皱纹。须肢端感器长略大于宽，端部微膨大；背感器约与端感器等长，呈小枝状。雄螨体长为 0.25~0.28mm，体呈橘红色，须肢端感器长宽略等；背感器呈小枝状，长大于端感器（图 5-66）。

（2）卵　近圆形，直径为 0.13~0.2mm，顶部有 1 个短柄，似洋葱状。夏卵为橘红色，冬卵为深红色。

（3）幼螨　体长为 0.18~0.2mm，体色为柠檬黄色至橙红色。足 3 对。

（4）若螨　足 4 对。前期若螨体长为 0.2~0.25mm，后期若螨体长为 0.25~0.3mm。

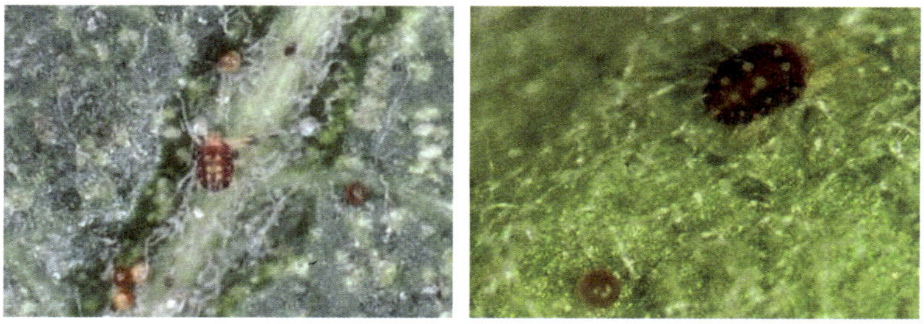

图 5-66　苹果叶螨成螨及卵

4. 发生规律

苹果叶螨 1 年发生 6~9 代，以卵在寄主 2~4 年生的主枝和侧枝、果苔枝、叶痕、果实萼洼等处越冬，以枝条阴面较多。当日平均气温高于 8℃（发育起点温度），日有效积温达到 50~55℃时，越冬卵开始孵化；日有效积温达到 70℃时，达到孵化盛期：日有效积温达到 100℃时，卵孵化完毕。越冬卵孵化期非常集中，2~3d 内即可达到孵化高峰，12d 内即可全部孵化。孵化盛期正是苹果花序分离期，这是化学防治的第 1 个关键时期。越冬代雌螨于 5 月中旬出现，正是苹果盛花期。第 1 代卵于 5 月下旬终花期达到高峰。落花后 1 周（5 月底）正是第 1 代夏卵的盛孵期，这是化学防治的第 2 个关键时期。自第 2 代起，世代重叠现象逐渐严重，给化学防治带来一定困难。苹果叶螨完成 1 代平均需要 10~14d，既可两性生殖又能孤雌生殖。雌螨一生只交尾 1 次，雄螨可多次交尾。孤雌生殖产下的卵全部发育为雄螨，两性生殖产下的卵发育为雄螨、雌螨。各代雌螨生殖力和寿命不同，越冬代和第 1 代雌螨生殖力高于其他世代，如越冬代平均每头雌螨产卵量为 67.4 粒，平均寿命为 18.8d。最后世代生殖力最低，如第 5 代平均每头雌螨产卵量为 11.2 粒，平均寿命为 8d。苹果叶螨冬卵从 8 月中旬开始出现，9 月中旬显著增多，9 月底达到高峰。当虫口密度过大时，雌螨有吐丝扩散、迁移为害的习性。

七、截形叶螨

1. 寄主与分布

截形叶螨［*Tetranychus truncatus*（Ehara）］属蛛形纲蜱螨目叶螨科，分布于全国各地，主要为害枣树、杏树、李树、桃树、葡萄树等多种果树和多种作物及杂草，是南疆地区枣树上的优势种。

2. 为害特点

截形叶螨主要以成虫、若虫聚集在叶片背面吸食汁液，受害叶片先呈现黄白斑点，逐渐变成黄褐色，随后干枯。红枣树受害后，叶片褪绿呈灰白色失去光泽，果实受害后表皮粗糙，还会出现龟裂状网纹，严重时引起落叶、落果，降低产量，导致树势衰弱，影响第 2 年开花结果。

3. 形态特征

（1）雌成螨　体呈椭圆形，锈红色，体长 0.53~0.54mm、宽 0.31~0.33mm，刚孵化时为浅红色，随后转变为锈红色，体背两侧有暗色不规则的黑斑；须肢端感器呈柱形，长约为宽的 2 倍，背感器呈长梭形，口针鞘呈 U 形；气门沟具有端膝，端膝由隔分成数室；爪退化成 1 对粘毛，爪间突端部裂成大小几乎相等的 3 对刺；有 14 对背毛，14 对腹毛（图 5–67）。

图 5–67　截形叶螨的雌成螨

（2）雄成螨　体类似菱形，浅黄色，体长 0.39~0.40mm、宽 0.16~0.17mm；须肢端感器呈长柱形，长约是宽的 2.5 倍，背感器呈梭形；足 I 爪间突呈 1 对粗齿状，背面具有背刺毛；足 II 爪间突裂开为 3 对针状毛，背面具有背刺毛。阳茎的端锤微小，近侧突起圆钝，远侧突起尖利，背缘呈平截状，末端 1/3 处有一凹陷（图 5–68）。

（3）卵　圆球形，表面光滑，直径为 0.13mm，初产时无色半透明，随后逐渐从橙色变为橙红色，孵化前透出 2 个红色眼点。

（4）幼螨　体呈圆形或椭圆形，体背两侧有暗斑。幼螨体长 0.20~0.21mm、宽 0.13mm，刚孵化时为浅黄色，随后颜色加深至黄色。幼螨背部、腹部及生殖区域的肤纹大体为横向，不具有肤纹突。足 3 对（图 5–69）。

（5）第一若螨　椭圆形，体背两侧有暗斑。体长 0.24~0.25mm、宽 0.14~0.15mm，刚孵化时为浅黄色，随后颜色加深至橙黄色。有 14 对背毛，足 4 对（图 5–70）。

（6）第二若螨　椭圆形，体长 0.32~0.34mm、宽 0.20~0.21mm，刚孵化时为黄色，随后转变为浅红色。足 4 对（图 5–71）。

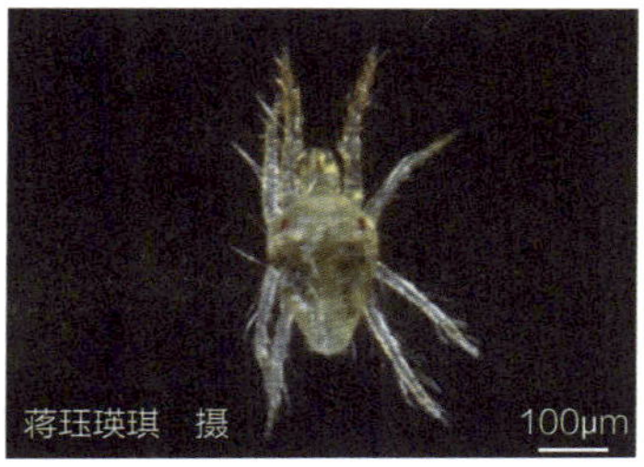

图 5–68　截形叶螨的雄成螨

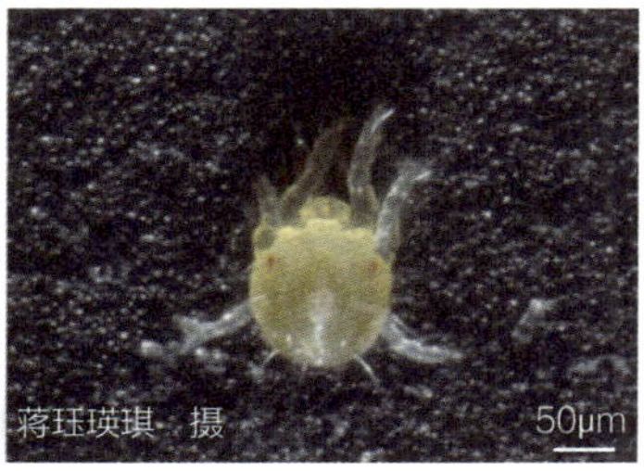

图 5–69　截形叶螨的幼螨

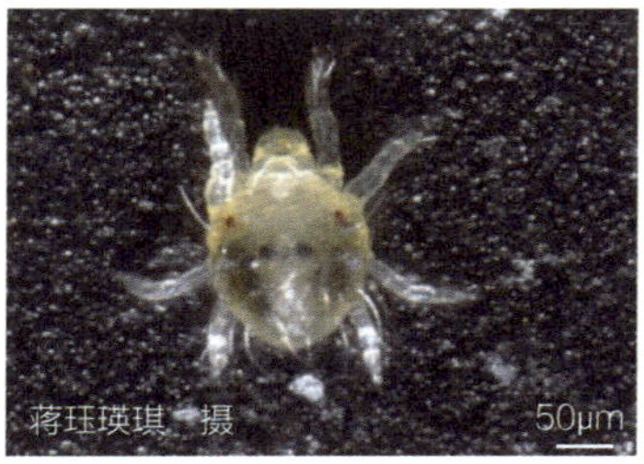

图 5–70　截形叶螨的第一若螨

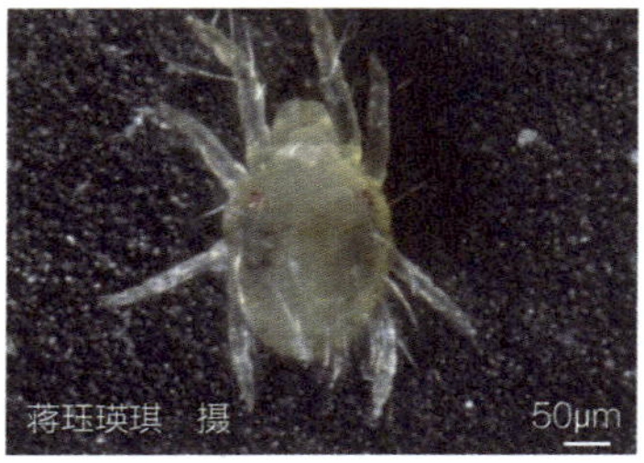

图 5–71　截形叶螨的第二若螨

4. 发生规律

截形叶螨 1 年发生 8~10 代，世代重叠，10 月上中旬以受精雌成螨在枣树树干基部的老翘皮、树缝、枯枝落叶、土缝、土块、杂草根际及蔬菜棚架裂缝处群居越冬，第 2 年早春气温达 7℃左右时，越冬成螨出蛰，迁往已萌发的杂草上活动，3~4 月气温上升到 12~13℃时，便可在杂草上产卵繁殖。枣树发芽后转移到枣树上为害。春季干旱少雨，气温回升快，温度高，则发生早，危害严重。当 7~8 月气温达 25~30℃、相对湿度为 40%~50% 时，大量繁殖，猖獗为害。截形叶螨除爬行外，还借助流水、风、人畜和农具扩散到葡萄树等植株上，具有向上爬行和吐丝坠地四处扩散的习性。无风、天气晴朗，截形叶螨活跃；阴雨天、忽冷忽热，特别是暴风雨，对其发育不利。

八、葡萄缺节瘿螨

1. 寄主与分布

葡萄缺节瘿螨［*Colomerus vitis*（Pagenstecher）］又名葡萄毛毡病、葡萄锈壁虱，属蛛形纲真螨目瘿螨科，在新疆吐鲁番、巴州、伊犁等葡萄种植区长期、普遍发生，寄主为葡萄树。

2. 为害特点

葡萄缺节瘿螨以刺吸式口器刺入组织吸取营养，主要为害叶片，也能为害嫩梢、幼果、卷须、花梗等。受害叶片开始在叶背产生不规则的苍白小点，不久病部表面出现突起，形成鼓泡状，呈黄褐色至紫褐色，凹陷处密生黄白色至灰白色茸毛，茸毛以后逐渐变成锈黄色至茶褐色，呈毡状（图 5-72），所以称为毛毡病。严重时叶面也有少量茸毛。受害部形状不规则，大小为（2~4）mm×（2~4）mm，四周常为较大的叶脉限制。后期病叶变硬、皱缩、发黄、干枯，能引起早期落叶。

图 5-72　葡萄缺节瘿螨为害叶片

3. 形态特征

（1）成螨　圆锥形，白色，体长 0.16~0.19mm、宽约 0.05mm，黄白色或浅灰色。头胸板呈三角形，背板具有网状花纹，背中线占头胸板的 2/3，背中线长为背板长的 1/3，略呈波状，侧中线完全，呈波状，亚背线数条，背毛瘤小。背毛指向前方或稍倾斜，侧毛约在第 9 腹环上，腹毛 3 对，副毛消失。腹部细长，约有 80 节环纹组成，环纹是由许多暗色长椭圆形微瘤排列而成的。雌性外生殖器突出，位于第 2 对足基节后方，足跗节上的羽状爪 5 分支。

（2）卵　球形，浅黄色，直径为 0.03mm。

4. 发生规律

葡萄缺节瘿螨 1 年发生多代，以成螨在枝条芽鳞的茸毛处、枝蔓的粗皮缝等处或在叶片基部靠叶脉处越冬。1 年生枝条上的越冬瘿螨数量远比 2 年生或 3 年生枝条上的数量多，1 个芽鳞中最多可达 100 头瘿螨。第 2 年 4 月下旬 ~5 月上旬葡萄枝蔓挖出土后，随着植株芽的萌动，从潜伏场所爬出，转移到幼叶背面茸毛间潜伏为害，不侵入植物组织，自叶内吸取养分，刺激叶片面茸毛增多，变成毛毡状，且叶面出现泡状病斑，稠密的面茸毛对瘿螨有保护作用。雌成螨于 5 月中旬前后在被害部面茸毛中产卵繁殖。若螨和成螨同时为害，一般喜在新梢先端嫩叶上为害，严重时能扩展到卷须、花序和幼果上。5 月下旬 ~6 月上旬出现 1 个小高峰，7~8 月虫口密度迅速增长，到 9 月上旬达到高峰。9 月中旬以后，随着气温下降，叶上成螨逐渐减少，向芽鳞、树缝处转移越冬。

葡萄缺节瘿螨属半自由生活型，大部分个体在毛毡斑中生活，也能裸露生活。在田间随风雨传播，可随苗木、插条的调运远距离传播。发生情况与葡萄缺节瘿螨的越冬数量及开春后的天气有密切关系，如越冬成螨数量大，开春后天气稳定，成螨活动为害早，发生早而重，一般在气温为 25~35℃、相对湿度为 40% 时，有利于瘿螨的繁殖和为害，发生严重。葡萄缺节瘿螨主要进行孤雌生殖，也可进行两性生殖。

九、枸杞瘿螨

1. 寄主与分布

发生在枸杞上的瘿螨统称为枸杞瘿螨，又称大瘤瘿螨。目前世界上为害枸杞的瘿螨已报道的仅有 7 种，我国枸杞主产区有 5 种，优势种为白枸杞瘤瘿螨［*Aceria pallida*（Keifer）］、枸杞刺皮瘿螨［*Aculops lycic*（Kuang）］，均属于蜱螨目瘿螨科。枸杞刺皮瘿螨分布在新疆、甘肃、宁夏，国外分布于美国；白枸杞瘤瘿螨分布在宁夏、青海、甘肃、新疆、内蒙古、山西、陕西等地。

2. 为害特点

白枸杞瘤瘿螨属非自由生活型，以口针刺吸汁液，刺激受害部位细胞增生，形成痣状虫瘿，螨体则在虫瘿内繁殖并继续为害。该螨主要为害枸杞的叶片，也为害花蕾、花柄、果实、嫩枝。叶片受害后，叶组织隆起，形成黄绿色痣状的小点，随后小点迅速扩大形成虫瘿，一般直径为 4~5mm，最大的虫瘿可达 8mm 以上。叶片上的虫瘿初为黄绿色，逐渐变为黄褐色，最后边缘呈暗褐色至紫黑色，此时螨体便开始转移，寻找合适的部位，重新寄生为害，再形成新的虫瘿。单片叶上常形成 4~5 个虫瘿，多则 10 个，受害严重的叶片上多个虫瘿融合成大虫瘿引起叶片变色、弯曲、畸形；花蕾被害后不能开花结果，果实受害后不能正常膨大、着色；生长点等幼嫩部位被害造成生长点扭曲、干枯，枝条扭曲，呈"龙头拐"状，不能向上生长，严重时植株衰弱，落叶、落花、落果，引起减产甚至绝收。

枸杞刺皮瘿螨属自由生活型，以口器刺吸为害，不形成瘤瘿，在枸杞的叶片、嫩枝、花蕾上取食，以为害叶片为主，主要在叶片背面沿叶脉两侧刺吸为害，叶片边缘及靠近叶尖 1~2cm 处数量较少。被害叶片初期呈现灰绿色，继而呈现绿褐色，严重时呈灰褐色、铁锈色，叶片变厚变脆。后期，整片叶失绿，影响光合作用，造成早期落叶和花蕾脱落，果实瘦小。

3. 形态特征

枸杞瘿螨体躯分为颚体、足体、大体和尾体 4 部分。

（1）白枸杞瘤瘿螨

1）成螨。长圆锥形，体长为 0.12~0.33mm，橙黄色，近头胸部具有足 2 对，又称四足螨（图 5-73）。雌成螨背盾板近三角形，无前叶突，盾板上残存的侧中线在背瘤之间，在近盾后缘形成弧形纹，其余纵线皆缺。羽状爪单一，5分支，生殖盖片光滑。

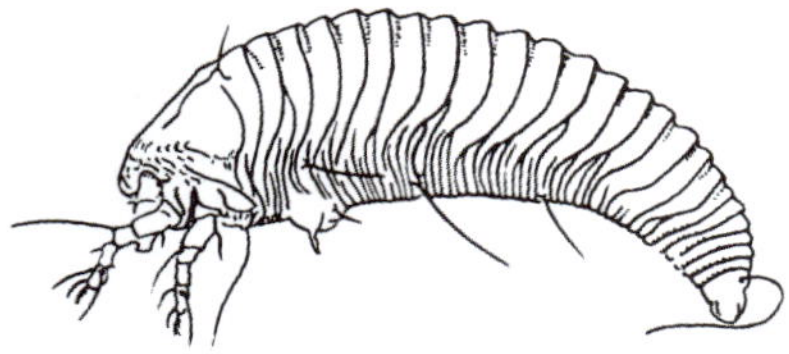

图 5-73　瘿螨科特征图

2）幼螨。圆锥形，略向下弯曲，体长为0.074~0.11mm，浅白色，半透明。

3）若螨。体形如成螨，体长较短，浅白色至浅黄色，半透明。

4）卵。近球形，直径为0.039~0.043mm，浅白色，透明。

（2）枸杞刺皮瘿螨　成螨分原雌和冬雌2种类型。

1）原雌。体长为0.17~0.18mm，呈胡萝卜形，浅黄色或浅黄褐色。背盾板三角形，有前叶突，背中线不完整，仅有后端的1/2，侧中线呈波状，亚中线分叉，各纵线间有横线相连，构成网状饰纹。背瘤位于盾板后缘，足具有模式刚毛，羽状爪单一，4分支。大体有27个背环，环上有较大的尖顶圆形微瘤，腹环65~70个，生殖器盖片上有8~10条纵肋。

2）冬雌。体长为0.15~0.16mm，纺锤形，棕黄色，背环、腹环均无微瘤，其他特征与原雌相同。

4. 发生规律

白枸杞瘤瘿螨1年发生10代左右，主要进行孤雌生殖，世代重叠严重，在宁夏地区实际发生代数为7~8代，在青海发生9~13代。该螨以老熟雌成虫搭载于枸杞木虱上，在其胸腹腔内越冬，少量以雌成螨在枸杞冬芽鳞片间、枝干凹陷处、枝条裂缝、枝条上的瘤瘿内或土表枯枝落叶越冬。平均每个芽鳞有0.44~2.72头螨，最多的有16头。第2年春季在枝条瘤瘿内的雌成螨成活率为71%，而在枝条裂缝处的存活率平均为7.6%。第2年4月枸杞枝条展叶时，越冬成螨开始活动，展叶时侵入植物组织内产卵繁殖，在叶片上形成虫瘿。由枸杞木虱携带至叶片上越冬的瘿螨，脱离木虱后在叶片表面寻找可取食点，刺吸植物汁液10min左右后继续寻找侵入点。在侵入点钻入新生叶片内取食，刺激植物组织形成虫瘿，在虫瘿内产卵。卵孵化后幼螨在瘿内取食为害，发育为成螨后钻出虫瘿，也有观点认为越冬瘿螨在嫩叶上产卵，卵孵化后形成虫瘿。虫瘿的长径、短径、厚度和质量与瘿内螨量均呈显著正相关关系，在黑果枸杞的虫瘿内观察到的瘿螨有1~500头。为害高峰期一般有3个，分别在枸杞萌芽展叶阶段、春梢速生阶段和秋梢速生阶段。不同枸杞主产区因气候条件差异，为害高峰期有10~20d的变动。青海柴达木盆地在7月上旬和8月上旬有2个高峰期；新疆巴州地区5月上旬形成第1次为害盛期；5月下旬~6月初为瘿螨第2次繁殖为害盛期，瘿螨从老旧虫瘿内爬出扩散到新梢、叶片、花蕾等部位为害；6~9月随着温度的升高，营养条件充足，瘿螨繁殖迅速，螨量快速增加进入为害高峰期；10~11月进入休眠期，逐渐停止为害。

白枸杞瘤瘿螨成虫在枝干上爬行转移寻找新的为害场所；也有大量成熟瘿螨爬至叶片边缘，借助后体尾部吸盘使身体竖起，并快速挥舞附肢，以利用风进行扩散传播或者攀附于其他动物进行传播。侵入枸杞嫩叶形成虫瘿时，侵入点处形成的开口一直不闭合，且开口随虫瘿的增大而增大，成为瘿螨成熟后迁移扩散的出口。虫瘿开口的存在，为枸杞瘿螨、姬小蜂、蓟马、叶螨等小型节肢动物进出提供了便利。

十、梅下毛瘿螨

1. 寄主与分布

梅下毛瘿螨［*Acalitus phloeocoptes*（Nalepa）］属节肢动物门蛛形纲蜱螨目瘿螨科，分布在甘肃、河北、新疆等地。该螨在新疆新源、伊宁、乌鲁木齐、哈密、库尔勒、轮台、焉耆、博湖等地均有分布，主要为害杏树、李树、桃树等果树。

2. 为害特点

梅下毛瘿螨侵染不同寄主表现出不同的症状。李树受侵染后围绕芽形成直径为1.3~1.8mm的球形瘿瘤，这些瘿瘤单生或者簇生在芽的基部，后期瘿瘤逐渐木质化，并且造成节间缩短。仁用杏被侵染后围绕芽产生永久的形状不规则的瘿瘤且不能形成花芽，削弱树势从而使受害情况加剧，与李树相比仁用杏受害是永久性的伤害。桃树症状表现在1~2年生嫩枝上，小瘿瘤着生在芽的基部，芽和嫩枝逐渐死亡并造成减产。普通杏树受侵染后，幼芽增生畸变，形成刺状瘿瘤，瘿瘤单生或簇生且逐渐木质化，瘿瘤不易脱落，称为杏芽瘿。

杏树新生芽苞被瘿螨侵染初期外层为粉红色，饱满光滑，之后颜色变为红褐色，且微微膨大，芽苞外层鳞片微微向外翘起，颜色加深逐渐由红褐色变为深褐色（图5-74）。侵染中前期，外层深褐色鳞片包被松弛，逐渐木质化，内部绿芽自顶端开始畸变增生，芽尖变卷曲；侵染中后期外围鳞片完全脱落，芽尖变褐，畸变芽继续膨大。侵染后期，畸变芽周边形成簇生芽丛，畸变成瘿瘤。1年生完全木质化的瘿瘤直径约为1cm，多年生完全木质化的瘿瘤直径多为1~4cm（图5-75）。由外向内，由上至下完全木质化，质地变脆，最后受害植株枝条上布满瘿瘤，发病严重时1个枝条上大大小小的瘿瘤可达20~30个。受害杏树表现为发芽迟、枝叶稀疏、树势显著衰退，严重者整株枯死。

图5-74　梅下毛瘿螨为害初期症状

3. 形态特征

（1）雌螨　体呈蠕虫形，乳白色，长0.18~0.27mm、宽0.044~0.061mm。喙长为14μm，斜下伸。背盾板长20~25.6μm、宽34.7~40.6μm，无前叶突。背盾板似等腰三角形，基本光滑，仅在盾板后缘中央有少量短条纹饰；背瘤生于盾后缘，瘤距为21μm，背毛长为23μm，斜后指。足2对，羽状爪单一，5分支，爪端球不明显。生殖器盖片上布有粒点。

图5-75　梅下毛瘿螨为害后期症状

（2）卵　椭圆形，白色浅，长 0.048~0.053mm、宽 0.034~0.040mm。

4. 发生规律

新疆轮台杏园梅下毛瘿螨侵染引发杏芽瘿，梅下毛瘿螨 1 年发生 13~15 代，聚集在杏树芽苞内为害，使其畸变增生成刺状瘿瘤，以成螨在包被较紧密且具有绿色幼嫩叶片的瘿瘤芽苞内越冬。3 月下旬开始繁殖为害，一生分为卵、若螨、成螨 3 个时期，4 月下旬 ~5 月上旬是产卵高峰期，5 月上中旬为卵孵化盛期，5 月下旬成螨数量达到最高峰。9 月底随着气温下降，成螨准备越冬。该螨主动传播，依靠自身爬行转移到新生芽苞为害，可随气流传播 15m 远。5 月下旬是其转移高峰期，这一阶段是化学防治的最佳时期。毛瘿螨能借风、苗木、昆虫、农业机械等传播蔓延。风是该螨被动传播的主要方式，也可借助吐伦球坚蚧、桑白盾蚧等介壳虫近距离被动传播。

十一、螨类的综合防治措施

认真做好果树休眠期、果树萌发后开花前和开花后的防治，压低虫口基数是防治的关键。二斑叶螨等螨类因寄主范围广、食性杂、抗药性强等特点，应以生物防治为主，以使用对天敌安全的新型杀螨剂进行药剂防治为辅。

（1）消灭越冬成螨　在果树休眠期刮除老翘皮、填补树洞和树缝、进行树干涂白，清除落叶层；萌芽前全园喷洒 3~5° Bé 石硫合剂；萌芽期园内行间杂草喷布杀螨剂。

（2）潜所诱杀　梨树落叶前，在树干基部绑麻袋片或宽布条 1 圈，进行潜所诱杀。梨树萌芽前拆绑，集中烧毁。

（3）利用粘虫胶杀螨　对于在树干基部越冬的螨类，早春开始活动前，在树干涂胶阻止它们上树为害。使用时，将植株距地面 30cm 处的树干老皮刮掉，在光滑的树干上用 5~10cm 宽的胶带缠裹 1 圈，之后在胶带上用毛刷均匀地涂 1 层粘虫胶。一般情况下 1 年涂刷 1~2 次。

（4）生物防治　保护利用当地深点食螨瓢虫、草蛉等天敌，并释放智利小植绥螨等捕食螨防治害螨。捕食螨是以害螨为主要食物的一类天敌螨类的总称。释放条件：气温稳定在 20℃以上，释放前 15~20d 全面喷药清园，同时割草逼迫天敌上树。释放方法：释放时“虫袋”斜剪 1 个小口，钉挂在植株主枝隐蔽处，每株树挂 1 袋，释放宜在傍晚或阴天进行。注意事项：雨天虫袋外包防雨塑料薄膜，释放捕食螨后 30d 内不用任何化学药剂，捕食螨要求出厂后 15d 内释放。

（5）化学防治　药剂防治的关键时期是春季越冬雌虫的出蛰高峰期或越冬卵的孵化高峰期。喷洒的重点是寄主植株的中下部内膛主干、枝条、树干基部周围和树冠下地面，使用的药剂品种如 45% 石硫合剂结晶 300 倍液、1.8% 阿维菌素乳油 4000~6000 倍液、5% 噻螨酮乳油 1000~2000 倍液、20% 哒螨灵乳油 2500 倍液等。针对抗药性强的二斑叶螨，可采用 30% 乙唑螨腈悬浮剂 50~100mg/L、40% 联肼·乙螨唑悬浮剂 8000 倍液、240g/L 螺虫乙酯悬浮剂 4000~5000 倍液、43% 联苯肼酯悬浮剂 15mL/ 亩等轮换用药防治。

实训任务

通过在农业生产企业、校内外果树生产实训基地的现场教学、显微镜观察、标本与图片观察及课堂知识传授等方式相结合的理实一体化教学，了解为害果树的害螨种类，为害特点、形态特征、发生规律，掌握叶螨及瘿螨的关键防治时期和防治手段，在教师和专业技术人员的指导下，根据发生种类和不同地区的发生规律，制定综合防治方案并实施。

1. 任务目标

1）能区分为害香梨树、苹果树、红枣树、杏树等南疆特色果树的害螨种类。

2）具备描述害螨的主要形态特征及为害特点的能力，以便指导果树生产。

3）能够根据害螨优势种类在当地的发生规律，制定综合防治方案，实施生物防治措施并观察防效。

2. 任务准备

1）材料。二斑叶螨、李始叶螨、土耳其斯坦叶螨、果苔螨、山楂叶螨、苹果叶螨、截形叶螨、葡萄缺节瘿螨、白枸杞瘤瘿螨、枸杞刺皮瘿螨、梅下毛瘿螨等为害的果园或标本、被害的枝条与叶片、玻片标本。

2）器材。手持放大镜、体视显微镜、培养皿、镊子、解剖针、防治药剂及器械等。

3. 任务实施

1）调查及采集被各类叶螨、瘿螨为害的果树枝条、叶片，观察为害特点并制作标本。

2）使用体视显微镜观察各类叶螨、瘿螨的大小、颜色、体形、被毛数量等，区别叶螨的种类。

3）发生规律的了解。针对害螨的种类、优势种群查阅资料，了解当地的发生规律。

4）防治方案的制定与实施。根据所调查果园害螨优势种类的发生规律，制定综合防治方案，提出当前的应急防治措施，并组织实施，做好观察及记录。

任务评价

任务考核评价单

序号	评价内容及分值	评价标准	学生自评 10%	小组互评 10%	教师评价 60%	企业评价 20%
1	学习方法 10 分	课前完成必备知识的自学；课中认真观察思考，并主动操作实践；课后归纳反思				
2	学习态度 20 分	学习态度端正，具有吃苦耐劳、诚实守信、认真负责的品质；认真学习、钻研知识和技能				
3	沟通表达 10 分	能够及时与同组成员及指导教师、技术人员沟通交流				

（续）

序号	评价内容及分值	评价标准	学生自评 10%	小组互评 10%	教师评价 60%	企业评价 20%
4	合作能力 10 分	团队协作意识强				
5	创新实践 10 分	能够结合生产实际改进防治措施、降低防治成本、提高防治效率				
6	职业能力 10 分	能够准确诊断并防治果树害螨				
7	学习成果 30 分	能准确识别并区分常见害螨；能根据发生规律制定常见害螨的防治方案，并熟练实施关键防治技术				
合计						

生产案例

新疆林果业的发展

林果业是新疆的特色优势产业，已成为农业农村经济的主导产业之一，是农民增收致富的重要渠道。全区林果业总面积稳定在 2200 万亩（含新疆生产建设兵团），其中环塔里木盆地即南疆五地（州）林果业面积稳定在 1500 万亩以上，占全区林果业总面积的 68% 以上。

近年来，新疆加快推进林果业产业布局优化和全产业链协调发展，计划至 2035 年，将新疆打造成为我国最大的绿色生态优质果品生产基地，品种布局优化与种植结构调整更趋合理，林果基地标准化生产能力明显增强，科技支撑能力明显提高，基本实现林果全产业链现代化，建成较为完整高效的现代产业体系。

一、实现林果业发展目标，需要补齐林果风险防控能力弱的短板

一是新疆林果运距长、投入高，生产成本增加，同质类产品竞争力较低。

二是林果产业资金投入不足、基础设施建设薄弱，灾害综合防控体系不健全，抵御自然灾害的能力十分脆弱。近年来，巴州的林果业连续遭遇冻害、冰雹等自然灾害，每次受灾面积都达数万亩，直接经济损失巨大。2023 年 5 月 6 日，库尔勒出现了大范围的降雪天气过程，致使库尔勒香梨出现冻疤痕，严重影响了农民收入。

三是林果有害生物防治形势严峻。现有的森防队伍专业技术人员少，技术薄弱，专业监测水平低，与防控体系建设的要求不匹配。绿色生态优质果品的生产更需要加强管理人员的培训，在病虫害发生初期或发生程度较轻的阶段，即采取有效的控制措施，以减少经济损失。

四是农田防护林网建设不完善或出现退化，果园抵御灾害能力较弱。

二、解决问题的对策建议

一是调整优化林果业产业结构，发展早熟、中熟、晚熟产品，延长市场供应链，推广特色优质品种，形成“人无我有、人有我优”的格局，以质取胜。

二是加大农田防护林体系建设，明确农田防护林用水配额，并按照生态用水对待。实施果园防护林造林补贴、用水和用电补贴政策，将果园高效节水灌溉和防护林建设纳入水利基础设施建设项目范围。全面开展政策性林果业保险，将林果业列入国家林业保险政策性补贴范围。推进社会化服务，在各林果主产区组建农民技术人员与专业技术人员相结合的林果综合技术服务队伍，建立起能够覆盖市、县、乡镇、村庄的林果业技术服务和综合防控网络，提升应急处置突发性灾害的能力。

三是大力推进林果标准化生产，完善林果业标准体系，制定、修改和完善涵盖各特色林果业生产全过程的标准化生产体系。强化林果业科学管理，把林果业发展的战略重点转移到加强科学管理、提高综合效益上来。对获得绿色、有机、出口注册的果园和产品认证，以及建成国家、自治区、自治州级林果标准示范园区的，分别给予一次性奖励；对推行高效节水和机械化作业的果园给予投入成本补助。加强人才培养，提高整体素质。加大对林果专业技术管理人才的培养，建立州、市、县林果专业培训师资队伍。继续加强县、乡林业技术推广体系建设，稳定人员队伍，保障工作经费，改善推广条件，提高人员素质，增强林果业的科技成果转化能力和技术推广服务能力。对基层果农全面开展专业技能培训，培养一批懂技术会管理的农民技术能人，对受训农民进行劳务费补助。实施林果业机械项目补贴，加快推进林果业机械化发展，提高林果业机械化装备水平和服务能力。

四是实施林果业有害生物统防统治工程，加大对重点有害生物的全面防治。大力推广石硫合剂清园措施，降低果园有害生物发生基数。积极推广捕食螨、性诱剂、黄板、糖醋液等防治措施。

植保天地

害螨天敌的“驯化师”——张艳璇

当提及螨虫，多数人仅将其视为家居生活中的不速之客。然而，在庞大的螨虫家族中，包括瘿螨、红蜘蛛（叶螨）、根螨、跗线螨等，不仅能破坏植物的正常生理功能、导致作物减产，甚至会造成整株植物死亡，并且还可能传播各种植物疾病。根据2022年的数据，我国每年约有40%的农药使用是为了防治螨虫。

尽管大多数人将螨虫一律视作害虫，但实际上螨虫分为害螨和益螨2类。张艳璇研究员，被誉为害螨天敌的“驯化师”，投入了数十年的精力，成功研究出培育益螨的方法，并实现了生产和应用的产业化。这一成就已在我国各地的农林作物中得到广泛应用，创造了生物防控的奇迹，为绿色发展和乡村振兴带来了显著的经济效益。

青年时期的张艳璇曾怀揣着成为文学家的浪漫梦想，但1975年开始的4年上山下乡经历，彻底改变了她的人生轨迹。当亲眼看见农民辛勤耕作的庄稼被害虫摧毁，张艳璇深感心痛与不甘，她深知农业科技对改善农民生活的重要性。少年时期从《居里夫人》一书中所领悟的女科学家精神便成了她内心的灯塔，指引着她决心运用所学知识帮助农民摆脱苦难。随着高考的恢复，一心想改变农民生产困境的张艳璇考入福州农业大专农学系。之后她远赴日本北海道大学攻读博士学位，从此踏上了与害螨的“斗争”之路。

在国际领域，生产捕食螨的技术流程被视为企业的核心机密。张艳璇不畏艰难，从零开始，历经20年，踏遍我国2500个市、县，经过无数次的调研与实验，终于攻克了长期困扰我国捕食螨工厂化生产—产品包装—贮存—长途运输—大田使用与环境相互协调五大技术难题，结束了国内无法自主生产捕食螨的历史。她的不懈努力为推动我国农作物害虫的生物防治技术及天敌产品的产业化发展做出了卓越的贡献。

张艳璇的人生轨迹是一部科学探求的史诗。从青年立志到满身荣誉，张艳璇数十年如一日地致力于研究，将全部心血和精力投入到农业螨类的基础与应用研究中。她不断推动天敌捕食螨商品化的进程，在这一领域取得了开创性的成就，并因此成为国内外公认的行业先锋与领袖。她主持的《天敌捕食螨产品及农林害螨生物防治配套技术的研究与应用》项目获2008年国家科技进步二等奖。2012年，张艳璇发明了一项创新型害虫控制技术，这一技术被形象地称为“一石二鸟”。她巧妙地将虫生真菌与人工培育的捕食螨相结合，使这些捕食螨在捕食害螨的同时还能够传播真菌，进而感染并消灭其他害虫。这项技术不仅提高了害虫防治的效率，还能降低对环境的不良影响。此项成果在2019年获得了福建省科技进步二等奖和国家发明专利金奖的双重认可。

现如今张艳璇已从福建省农业科学院退休，但她农业科技工作者的精神永不退休。近年来，福建省大力推动生态茶园建设，使生态茶园面积占据了全省茶园的80%以上，这一趋势让她看到了产业的美好发展前景，更加坚定了她对生物防治技术的信心。张艳璇表示，未来将持续奉献力量，致力于让更多的人享受到无农药残留的食品，同时开发出新技术来减少农药对环境的污染。

06 项目六 蛀干类害虫的识别与防治

项目导学

- 蛀干类害虫生活隐蔽，除成虫期补充营养、觅偶、寻找繁殖场所时裸露生活外，大部分生长发育时期隐藏在枝干内生活，取食木质部、形成层和树皮，造成的危害很大，严重时导致整株果树枯死，主要包括天牛类、吉丁类、小蠹虫类、象甲类、透翅蛾类、木蠹蛾类和树蜂类。
- 本项目主要内容为为害南疆特色果树较为普遍的香梨茎蜂、皱小蠹、多毛小蠹和香梨优斑螟的为害特点、形态特征、发生规律与防治措施。掌握主要蛀干害虫的识别特征和综合防治措施，了解发生规律，为制定防治措施提供参考依据。

项目目标

- 知识学习目标：认识南疆特色果树主要蛀干类害虫的形态特征、为害特点；理解蛀干类害虫综合防治的基本措施制定的依据。
- 技能培养目标：能够在准确识别为害南疆特色果树蛀干类害虫种类的基础上，分析发生规律，制定有效的防治措施并实施。
- 职业情感目标：培养责任心、敬业精神、创新意识和探索精神，能够不断学习新知识、新技术，提高自身的综合素质和工作能力。

任务一 香梨茎蜂的识别与防治

任务导入

香梨茎蜂于 1987 年由巴州农业科学研究所发现，现已遍布巴州香梨产区，且对梨树新梢的危害程度越来越严重，已成为香梨园内的主要害虫。近年来，香梨茎蜂在库尔勒发生严重，给香梨园的生产带来了巨大的经济损失。

必备知识

1. 寄主与分布

香梨茎蜂［*Janus piriodorus*（Yang）］属膜翅目茎蜂科。除严重为害库尔勒香梨外，还为害鸭梨、砀山梨、20 世纪梨、杜梨、早酥梨和巴梨等。主要分布在库尔勒、尉犁、轮台、阿克苏和喀什地区。

2. 为害特点

香梨茎蜂主要从花期开始为害果树嫩梢，减弱树势，造成果园减产；为害幼龄果树，造成果树扩冠困难，打乱果树生长平衡，使幼树生长缓慢而影响产量。

香梨茎蜂成虫产卵时锯断新梢形成短橛（长为 4~5cm）；幼虫不但在短橛内蛀食，而且还进入 2 年生枝条内蛀成越冬的坑道，影响枝条的生长。幼树受害最重，一般单株新梢受害率最高可达 100%，春季抽出的新梢全被锯断，主枝上留下一连串短橛（图 6–1 和图 6–2）。

图 6-1　香梨茎蜂为害造成幼树全部折梢

图 6-2　香梨茎蜂为害果苔副梢造成僵果

3. 形态特征

（1）成虫　雌蜂体长为 9~10mm，翅展为 15.5~17.0mm，体黑色有金属光泽；触角呈丝状，口器为黄色，上唇和上颚端部为黑褐色；翅基和前胸背板两侧为黄褐色，后胸背与腹部连接处有 1 块尖三角形膜质区，呈浅黄色；足为黄色至黄褐色，其中基节、转节和胫节色浅，腿节和跗节色深，后足腿节末端为黑色；腹部末端黑色生殖刺突内有褐色锯齿状产卵瓣 1 对（图 6–3）。雄蜂体长为 7~8mm，翅展为 13.5~15.0mm，体色与雌蜂相近，腹部两侧及下方夹杂黄色，末节及外生殖器为黄色。

图 6-3　香梨茎蜂雌蜂

（2）卵　椭圆形，长约为 1.2mm、宽为 0.6mm，白色透明且光滑。

（3）幼虫　老熟幼虫体长约为 10mm，浅黄色，头部色深。胸部向上隆起，体末端上翘，身体呈“~”形（图 6–4 和图 6–5）。

图 6-4　香梨茎蜂幼虫取食

（4）蛹　体长约为 10mm、乳白色，复眼为红色；近羽化时体色变为黑褐色。

4. 发生规律

香梨茎蜂在新疆库尔勒 1 年发生 1 代，以老熟幼虫在 2 年生枝条内越冬。第 2 年 3 月中旬开始化蛹，4 月上旬开始羽化，4 月中旬达羽化盛期，从物候来看，正是香梨盛花期。雌蜂交尾之后，当日就能产卵，喜将卵产在长约为 10cm 的嫩梢上。雌虫先产卵，后在产卵孔上方 3~5mm 处将梢锯断，并将产卵孔下方的叶片锯掉，也有先锯断后产卵的。每头雌蜂产卵 3~16 粒，平均为 11 粒。幼虫孵出后，

图 6-5　香梨茎蜂老熟幼虫休眠状

在短橛内先向上后向下蛀食，虫道里充满了黑褐色的虫粪。幼虫将短橛蛀食完后，6 月上旬继续钻蛀短橛下的 2 年生枝条。6 月下旬 ~7 月上旬幼虫老熟，扭转身体，头朝上在 2 年生枝条髓部离短橛基部 1~1.5cm 处结薄茧越夏、越冬，正式休眠时间为 8 月下旬。被幼虫蛀食过的短橛呈黑色干枯状，2 年生枝条内有幼虫为害时，短橛全部变黑。

5. 综合防治措施

1）人工掰除含有虫体的短橛。4 月中旬 ~5 月底，结合疏花、疏果及夏季修剪，人工掰除含有卵或幼虫的短橛。此项工作越早越好，不但能减少虫量，而且尚来得及促使部分隐芽萌发再长新梢。

2）清晨，利用成虫的假死性振动枝叶灭虫（在成虫羽化高峰期进行）。

3）4 月初将黄板挂在梨树树冠外围，距离地面 1.5~2m，一般情况下每亩果园应悬挂 20~40 片黄板（图 6–6）。当 4 月中旬成虫发生高峰期时及时更新黄板；4 月下旬香梨茎蜂防治结束后要及时摘除黄板，减少对草蛉、瓢虫等天敌的诱杀。

4）化学防治。未结果的幼树在新梢抽出后喷施杀虫剂。对于受害严重的果园，可于香梨盛花期末喷施 0.5% 印楝素乳油 2000~3000 倍液等药剂；落花后 7d 喷施 25% 噻虫嗪水分散粒剂 2500 倍液可有效杀死孵化幼虫。

图 6–6　黄板诱杀的香梨茎蜂

实训任务

通过果园现场教学、图片观察、显微镜特征观察、视频观看及课堂知识传授等方式相结合的理实一体化教学，掌握香梨茎蜂成虫体形大小、颜色、足的颜色等外部形态特征；掌握香梨茎蜂成虫产卵习性及幼虫钻蛀为害特点；在教师和专业技术人员的指导下，结合发生规律制定一套切实可行的防治方案。

1. 任务目标

1）能准确识别香梨茎蜂雌成虫、雄成虫、卵、幼虫和蛹，并能从果园中准确找到被害的枝条。

2）具备描述香梨茎蜂主要形态特征及为害特点的能力，以便指导果树生产。

3）能够根据香梨茎蜂在当地的发生规律，制定综合防治方案并实施。

2. 任务准备

1）材料。香梨茎蜂成虫、幼虫、蛹等标本（针插标本、液浸标本、玻片标本、生活史标本和被害枝条），或在校内外香梨生产实训基地现场。

2）器材。体视显微镜、放大镜、镊子、解剖针、黄板、广口瓶、指形管、捕虫网、多媒体设备、数码照相机。

3. 任务实施

1）结合冬季果园调查，观察香梨茎蜂越冬虫态。结合果树冬剪，彻底清除香梨茎蜂越冬的枝条。

2）观察香梨茎蜂的成虫、幼虫、蛹等各虫态特征及被害植物，比较各虫态的形态区别。

3）观察香梨茎蜂成虫的羽化情况，雌成虫、雄成虫的形体大小，足的颜色及雌成虫的褐色锯齿状产卵瓣。

4）观察香梨茎蜂幼虫的为害特点，老熟幼虫越夏越冬情况等。

5）结合生产实际及不同的时间节点，选择适当的防治措施；使用药剂防治的过程中能正确选择防治药剂及施药方法。

任务评价

任务考核评价单

序号	评价内容及分值	评价标准	学生自评 10%	小组互评 10%	教师评价 60%	企业评价 20%
1	学习方法 10分	课前完成必备知识的自学；课中认真观察思考，并主动操作实践；课后归纳反思				
2	学习态度 20分	学习态度端正，具有吃苦耐劳、诚实守信、认真负责的品质；认真学习、钻研知识和技能				
3	沟通表达 10分	能够及时与同组成员及指导教师、技术人员沟通交流				
4	合作能力 10分	团队协作意识强				
5	创新实践 10分	能够结合生产实际改进防治措施、降低防治成本、提高防治效率				
6	职业能力 10分	能够准确诊断并防治香梨茎蜂				
7	学习成果 30分	能准确识别香梨茎蜂各虫态；能根据发生规律制定香梨茎蜂的防治方案，并熟练实施关键防治技术				
合计						

任务二　小蠹虫类的识别与防治

任务导入

新疆为害果树的小蠹虫种类有皱小蠹和多毛小蠹 2 种。两种小蠹成虫都有选择侵害衰弱植株的习性，使果树树势衰退、果品产量和质量下降，严重时整株枯死。

必备知识

一、皱小蠹

1. 寄主与分布

皱小蠹［*Scolytus rugulosus*（Ratzeburg）］属鞘翅目小蠹科，在我国主要分布于新疆各地。寄主树种有梨树、杏树、苹果树、扁桃树、桃树、樱桃树、酸梅、海棠、李树、榆树等。在新疆南疆地区以杏树、扁桃树、榆树受害严重，在北疆和脐腹小蠹混合发生，以榆树受害严重。

2. 为害特点

皱小蠹主要以幼虫在树皮下咬蛀子坑道，造成韧皮部和木质部分离，使水分、养分输送受阻，轻者叶片发黄，重者枝叶干枯，甚至整株死亡。成虫咬蛀侵入孔和羽化孔，多引起病原侵入诱发烂皮病和流胶病。

3. 形态特征

（1）成虫　雌虫体长为2.7~3.0mm，雄虫体长为2.0~2.1mm。全身为黑色，无光泽（图6–7和图6–8）。雌虫、雄虫额部相同，额毛细柔舒直，均匀疏散。触角呈锤状，黄褐色。足的跗节为黄褐色。前胸背板前缘和鞘翅末端略显红褐色，前胸背板长大于宽，侧缘有边饰，背板上密布刻点，刻点深大，两侧和前缘部分刻点相连，构成点串。鞘翅长度为前胸背板长度的1.5倍，前翅长度是两翅合宽的1.4倍。背面观鞘翅侧缘自基部向端部延伸的同时，逐渐收缩，尾部显著狭窄。鞘翅上的刻点略凹陷，沟中的刻点和沟间刻点均为正网形，深大稠密，排列规则。鞘翅上的绒毛短齐竖直形如刚毛，排成稀疏的纵列。腹部腹面收缩缓慢，鞘翅末端侧视时呈锐角状。

图6–7　皱小蠹成虫背面

图6–8　皱小蠹成虫侧面

（2）卵　长圆形，长为0.3~0.6mm，初产时乳白色透明，卵化前变为卵黄色。

（3）幼虫　初孵幼虫体长为0.35~0.5mm。头部为黄褐色，其余为乳白色。取食后腹部背面为浅棕色。老熟幼虫体长为3~4mm，胸部膨大。

（4）蛹　体长为2.2~3.0mm，初化蛹时为乳白色，复眼为鲜红色，后逐渐变为黑色。蛹的腹部背面生有2排纵向排列的刺状突起。

（5）坑道　母坑道长度为12~44mm，平均为19.7mm，单纵坑，方向常与树枝或树干呈平行分布，偶有倾斜。子坑道长度为30~45mm，在母坑道两侧伸展，纵横交错。子坑道末端有1个靴形蛹室，蛹室长3.5~3.8mm、宽1.3~1.5mm（图6–9）。

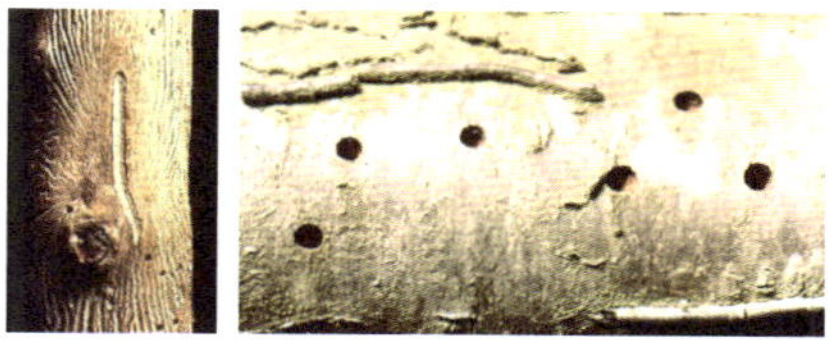

图6–9　皱小蠹为害的坑道、羽化孔

4. 发生规律

皱小蠹在新疆 1 年发生 2 代，以幼虫（老熟幼虫和幼龄幼虫）在韧皮部与木质部之间的子坑道末端越冬。越冬老熟幼虫于第 2 年 4 月上旬开始化蛹，4 月下旬开始羽化为成虫，7 月上旬为羽化末期。5 月上旬雌虫产卵，卵期平均为 11d；5 月中旬出现第 1 代幼虫，幼虫为害 30d 左右，经预蛹期 3~4d，进入蛹期，蛹期为 10d 左右，6 月下旬羽化为成虫；6 月底 ~7 月初开始产卵，卵期平均为 8d，孵化后幼虫发育缓慢。10 月下旬 ~11 月上旬幼虫进入越冬状态。因皱小蠹越冬幼虫中有老熟幼虫和幼龄幼虫，所以存在世代重叠现象。

二、多毛小蠹

1. 寄主与分布

多毛小蠹（*Scolytus seulensis* Murayama）属于鞘翅目小蠹科，分布于新疆各地，是常发生性害虫，主要为害桃树、梨树、李树、杏树、樱桃树等果树，在南疆地区对杏树的危害严重。

图 6-10　多毛小蠹为害形成的坑道

2. 为害特点

该虫喜于衰弱枝干的皮层蛀孔，于韧皮部与边材间筑坑道。母坑道单纵坑，长约为 40mm，交尾室位于母坑道下端；子坑道密集，长约为 5mm，水平伸出，然后向上方、下方伸展，蛹室位于子坑道尽头（图 6–10）。幼虫于子坑道内蛀食，常造成枝干枯死，主要为害桃树、梨树、李树、杏树、榆树等多种树种的衰弱濒死木和新枯死的树干（图 6–11）。

图 6-11　多毛小蠹羽化孔

3. 形态特征

（1）成虫　体长 2.6~4.0mm、宽 1.7~2.1mm，体表为深褐色，鞘翅表面有光泽，被有短绒毛（图 6–12）。腹部急剧收缩成钝角，在第 2 腹板中央两性均有 1 个瘤突，为重要特征。

（2）幼虫　老龄幼虫体长 4~5.4mm、宽 1.8~2.2mm，胸部较粗。体色为乳白色至浅黄色，头和口器为棕褐色，休眠时呈“C”字状（图 6–13）。

图 6-12　多毛小蠹成虫

（3）卵　卵圆形，直径为 0.6~0.7mm，乳白色，孵化前颜色加深。

（4）蛹　裸蛹，长 3.8~4.9mm、宽 1.8~2mm，浅褐色或乳黄色。

4. 发生规律

多毛小蠹 1年发生 2 代，生活史极不整齐，世代重叠明显。9 月下旬以老熟幼虫越冬，越冬幼虫于第 2 年 4 月上旬

图 6-13　多毛小蠹幼虫

开始化蛹，4 月中旬为化蛹盛期，4 月下旬开始羽化，5 月上旬为羽化盛期，5 月下旬为末期，成虫以 12: 00~20: 00 出孔数量最多，占出孔总数的 81.3%。成虫无趋光性。第1代幼虫于 5 月底 ~6 月初开始化蛹，7 月上旬为羽化高峰，7 月下旬羽化结束。

三、小蠹虫类的综合防治措施

1）预防措施。加强预测预报，避免树势衰弱，及时浇水。

2）果园和林木的经营管理。适时进行灌溉、松土、除草、施肥、修枝等营林措施提高植株长势，增强自控能力，能预防小蠹虫的发生和为害。新建果园要远离榆树林，果园周围不用榆树作防护林带。及时伐除衰退的果树、林木，并运出果园或林分之外进行剥皮处理，将剥下的树皮焚毁。剥皮场所和剥皮后的木材要喷洒杀虫剂，如 2.5% 溴氰菊酯乳油 1000 倍液。

3）设置饵木诱集小蠹成虫，直接扑灭，伐除虫害木。4 月下旬 ~5 月下旬和 7 月下旬 ~8 月下旬，在果园中采伐少量衰弱植株作为饵木，每 800m^2 放设 1~2 根饵木，饵木上新的子坑道出现幼虫且未化蛹时，将饵木剥皮杀灭幼虫。成虫羽化期（4 月上旬 ~5 月下旬或 7 月下旬 ~8 月下旬）在果园或林分内悬挂皱小蠹聚集激素诱捕器，或皱小蠹聚集激素粗提物诱捕器，诱捕皱小蠹成虫。多毛小蠹设置饵木（第 1 次不迟于 4 月，第 2 次不迟于 7 月）集中消灭。

4）生物防治。小蠹虫的天敌种类很多，有线虫、螨类、寄生蜂、寄生蝇、捕食性昆虫及鸟类等。一方面加强当地优势天敌的作用，创造有利于天敌生存和繁殖的条件，增加天敌种群数量，提高天敌种群对害虫种群的自然控制力；另一方面可人工繁殖或引入天敌种类和数量，提高生物控制害虫的作用。林内严禁滥用农药，以免杀伤天敌。

5）化学防治。分别在 4 月下旬、7 月中旬和 9 月中旬 3 个成虫羽化高峰期，在枝干喷洒高效低毒低残留的杀虫剂杀灭成虫，可选用 2.5% 溴氰菊酯乳油 1000 倍液，或 50% 杀螟松乳油 800 倍液，或 8% 氯氰菊酯微囊悬浮剂 200~300 倍液。幼虫孵化期用 20% 吡虫啉可溶液剂与水按 1：10 的比例稀释后涂干。

也可制作药泥涂干，即将菊酯类农药掺入麦草及泥土中，加水和成药泥涂抹树干。每千克药泥含药剂原液 0.2~0.5g，从 3 月下旬开始涂抹，药泥厚度为 1cm 以上。

实训任务

通过果园现场教学、图片观察、体视显微镜观察、视频观看及课堂知识传授等方式相结合的理实一体化教学，掌握果树小蠹虫类的形态特征与为害特点，能从小蠹虫成虫、幼虫、蛹的形态特征及为害特点准确识别当地主要小蠹虫（皱小蠹和多毛小蠹）。了解小蠹虫坑道系统的特点，为小蠹虫的识别和综合防治奠定基础。在教师和专业技术人员的指导下，制定综合防治方案，熟练运用关键防治技术，达到预期防治目标。

1. 任务目标

1）能准确识别皱小蠹和多毛小蠹的成虫及为害特点。

2）具备描述皱小蠹和多毛小蠹主要形态特征及为害特点的能力，以便指导果树生产。

3）能够根据皱小蠹和多毛小蠹在当地的发生规律，制定综合防治方案并实施。

2. 任务准备

1）材料。小蠹虫为害的树干，皱小蠹和多毛小蠹成虫、幼虫、蛹等标本（针插标本、液浸标本、玻片标本、生活史标本和被害枝条）。

2）器材。体视显微镜、手持放大镜、镊子、解剖针、培养皿。

3. 任务实施

1）结合冬季果园调查，观察小蠹虫越冬虫态和为害特点。采取相应的措施，彻底消除主干上越冬的小蠹虫幼虫。

2）观察小蠹虫的成虫、幼虫、蛹等各虫态特征及被害植物，比较各虫态的形态区别。

3）观察小蠹虫坑道系统的特点，能够辨别其他蛀干害虫为害的区别。

4）针对当地小蠹虫类的发生情况，制定科学的防治方案，并组织实施。

任务评价

任务考核评价单

序号	评价内容及分值	评价标准	学生自评 10%	小组互评 10%	教师评价 60%	企业评价 20%
1	学习方法 10分	课前完成必备知识的自学；课中认真观察思考，并主动操作实践；课后归纳反思				
2	学习态度 20分	学习态度端正，具有吃苦耐劳、诚实守信、认真负责的品质；认真学习、钻研知识和技能				
3	沟通表达 10分	能够及时与同组成员及指导教师、技术人员沟通交流				
4	合作能力 10分	团队协作意识强				
5	创新实践 10分	能够结合生产实际改进防治措施、降低防治成本、提高防治效率				
6	职业能力 10分	能够准确诊断并防治小蠹虫				
7	学习成果 30分	能准确识别小蠹虫各虫态；能根据发生规律制定小蠹虫的防治方案，并熟练实施关键防治技术				
合计						

任务三　香梨优斑螟的识别与防治

任务导入

香梨优斑螟于20世纪80年代后期在库尔勒首次发现时，仅在新疆局部地区发生，由于该虫主要以幼虫蛀食果树和林木的枝干，为害较隐蔽，果农对其防治重视不足，分布范围逐年扩大，为害程度呈加重趋势。

必备知识

1. 寄主与分布

香梨优斑螟［*Euzophera pyriella*（Yang）］属鳞翅目螟蛾科斑螟亚科优斑螟属，目前已广泛分布于新疆各地，主要为害香梨树、苹果树、枣树、核桃树、杏树、石榴树等果树。

2. 为害特点

香梨优斑螟主要为害香梨树枝干和香梨果实，主要以各代幼虫在寄主主干、主枝的木质部与韧皮部之间为害，影响寄主生长，并易引发腐烂病，使植株衰弱，严重时可导致死枝、死树。幼虫主要从树干的裂缝蛀入，其次是伤口、锯口、翘皮、树杈和树洞等处，蛀食形成的隧道呈不规则状，内部充满褐色颗粒状粪便。第2、第3代幼虫还为害香梨、苹果果实，蛀食果肉，可达果心蛀食种子，一般1个果中有1头虫。老熟幼虫体色为灰黑色，体长为10~15mm，与其他食心虫很容易区分。香梨优斑螟对不同树龄的果树均会为害，但15年以上树龄的植株受害严重，新定植的果园受害较轻。

图6-14　香梨优斑螟成虫

图6-15　香梨优斑螟幼虫

图6-16　香梨优斑螟幼虫蛀食果心

3. 形态特征

（1）成虫　体长为7~8mm，翅展为15~20mm。体大部分呈灰褐色至暗褐色，被鳞光滑。触角呈线状，雄虫较粗；复眼为赤褐色。前翅狭长为灰褐色，中线和外横线均呈波状，灰白色，中室端及下方具有灰白色斑，翅端颜色较浅，外缘有1列小黑点，缘毛为灰色；中室外方有2个小黑点斜向排列。后翅为灰褐色，外缘较深，缘毛为灰色（图6–14）。

（2）卵　椭圆形，长0.55~0.60mm、宽0.30~0.55mm，表面密布网纹，初产卵为乳白色，孵化前为暗红色。

（3）幼虫　老熟幼虫体长为8~12mm，体色为灰黑色，头部为棕褐色，上唇为赤褐色，头两侧各具有单眼6个；腹足趾钩2序、全环式，臀足趾钩2序、中带（图6–15和图6–16）。

（4）蛹　长约为 7mm，腹面为黄褐色，背面为褐色，臀棘 12~13 个（图 6–17）。

图 6–17　香梨优斑螟蛹

4. 发生规律

香梨优斑螟在新疆库尔勒 1 年发生 3 代，阿克苏地区有少量发生 4 代，以老熟幼虫在树干的翘皮下和裂缝内结灰白色纺锤形薄茧越冬，也有的在蛀食的香梨和苹果果实内越冬。第 2 年 3 月下旬越冬幼虫开始化蛹，4 月上中旬为化蛹盛期，也为羽化初期，羽化盛期为 4 月下旬。第 1 代成虫羽化盛期为 6 月上中旬，第 2 代成虫的羽化盛期为 7 月中下旬。10 月，第 3 代幼虫老熟，逐渐进入越冬场所越冬。越冬代成虫寿命平均为 11d，第 1、第 2 代成虫寿命为 4~8d。第 1、第 2 代幼虫期为 30d 左右。

幼虫对梨、苹果的不同品种有一定的选择性，香梨、巴梨、鸭梨、杜梨、砀山梨等 10 余个品种均受害，其中香梨被害株率最高；梨树被害率高于苹果树。幼虫主要为害主干和第 1 层主枝，在树干上的垂直分布依树龄、树势不同而异，定植 30 年的梨树主要为害第 1 层主枝，而定植 15 年左右的梨树主要为害主干。

5. 综合防治措施

1）阻止传播蔓延。加强对苗木、果品及包装物的检查，阻止香梨优斑螟传播蔓延。

2）人工防治。刮除老翘皮，刮治病斑，清除越冬幼虫。果树休眠期可结合其他虫害的防治刮除老翘皮、填补树洞和树缝，以清除越冬幼虫。3 月中下旬，越冬代成虫羽化之前，在树液开始流动时，彻底刮除植株上的腐烂病病斑及往年冻死的皮层，可彻底消灭藏匿在其中的越冬老熟幼虫。一年四季都可在有新旧虫粪处刮皮灭虫，可以起到很好的防治效果。为促进刮治部位形成愈伤组织、减少腐烂病的侵染，刮后应及时涂抹 843 康复剂等药剂原液。

3）糖醋液测报及诱杀成虫。发蛾初期可以用糖醋液进行虫情测报，在 4 月下旬、6 月上中旬和 7 月中下旬 3 个发蛾高峰期增加糖醋液诱捕器（可用碗或瓶制作）的密度，可诱杀大量成虫，每亩悬挂 4~8 个，需要及时清除害虫残体并添加新的糖醋液。诱杀效果较好的配比是红糖：醋：酒：水为 6：20：3：80。也可以使用梨汁按 1：3 兑水做成诱捕液。

4）在发蛾高峰期和幼虫在蛀孔内取食为害期间可以采用化学药剂防治。在发蛾高峰期可选用高效、低毒、低残留的杀虫剂对植株喷雾防治成虫，果园内允许使用且效果较好的药剂主要有 2% 阿维菌素乳油 2000 倍液、1% 苦参碱可溶液剂 1200~1500 倍液、50% 辛硫磷乳油 1000 倍液、50% 马拉硫磷乳油 1000倍液，以及使用溴氰菊酯、高效氯氟氰菊酯等药剂防治。

5）蛀孔涂抹药剂毒杀幼虫。对于果园，采用 5% 顺式氰戊菊酯乳油 1000倍液分别涂抹枝干上的蛀孔，用塑料薄膜包扎。涂药时应细致周到检查，防治彻底，避免多次连续用药。

实训任务

通过果园现场教学、图片观察、体视显微镜观察、视频观看及课堂知识传授等方式相结合的理实一体化教学，掌握香梨优斑螟的形态特征、发生规律及为害特点；在准确诊断的基础上，制定一套切实可行的综合防治方案并实施。

1. 任务目标

1）能准确识别香梨优斑螟成虫、卵、幼虫和蛹，并能准确从果园中找到被害的树干。

2）具备描述香梨优斑螟主要形态特征及为害特点的能力，以便指导果树生产。

3）能够根据香梨优斑螟的寄主树种及在当地的发生规律，制定综合防治方案并实施。

2. 任务准备

1）材料。香梨优斑螟成虫、幼虫、蛹等标本（针插标本、液浸标本、玻片标本、生活史标本），梨园。

2）器材。手持放大镜、体视显微镜、镊子、解剖刀、挑针、培养皿、刮刀。

3. 任务实施

1）结合冬季果园调查，观察香梨优斑螟越冬虫态和为害特点。

2）观察香梨优斑螟的生活史标本，比较成虫体长，翅展大小、体色、前后翅颜色、斑纹、线条等的特征。

3）观察香梨优斑螟老熟幼虫长度、颜色、各体节毛片等的形状，比较各虫态的形态区别。

4）针对当地香梨优斑螟的发生情况，制定科学的防治方案，并组织实施，对防治效果进行调查总结。

任务评价

任务考核评价单

序号	评价内容及分值	评价标准	学生自评 10%	小组互评 10%	教师评价 60%	企业评价 20%
1	学习方法 10分	课前完成必备知识的自学；课中认真观察思考，并主动操作实践；课后归纳反思				
2	学习态度 20分	学习态度端正，具有吃苦耐劳、诚实守信、认真负责的品质；认真学习、钻研知识和技能				
3	沟通表达 10分	能够及时与同组成员及指导教师、技术人员沟通交流				
4	合作能力 10分	团队协作意识强				

（续）

序号	评价内容及分值	评价标准	学生自评10%	小组互评10%	教师评价60%	企业评价20%
5	创新实践10分	能够结合生产实际改进防治措施、降低防治成本、提高防治效率				
6	职业能力10分	能够准确诊断并防治香梨优斑螟				
7	学习成果30分	能准确识别香梨优斑螟各虫态；能根据发生规律制定香梨优斑螟的防治方案，并熟练实施关键防治技术				
合计						

植保天地

森林卫士，自然界的“除蠹医生”

最早的鸟类著作《禽经》中，曾记载了一种被称作“鴷”的鸟类。那么，“鴷”究竟是何类生物呢？据《尔雅》所述：“鴷（liè）斫（zhuó）木，鸟巢木中。嘴如锥，长数寸。常斫树，食蠹虫。喙振木，虫皆动也。”“鴷”是一种善于啄击树木、将巢穴筑在树上的鸟类。它的嘴尖如锥，长度可达数寸。这种鸟常常啄击树木，以取食其中的蠹虫为生。当它们的喙敲击树干时，躲藏的虫便会因振动而暴露出来。通过文献描述，我们推断出，“鴷”实际上是古人对啄木鸟的称呼。现代动物分类学中，啄木鸟也被归类为鴷形目（Piciformes）啄木鸟科（Picidae）。

随着春季的到来，雄性啄木鸟发出洪亮的鸣叫声，这是它们在向潜在的入侵者发出警告。这些声音往往在树洞中产生共鸣，使声音更加显著，传播得更远。而一年中的其他时节，啄木鸟相对沉默。啄木鸟的行为习性与其他鸟类有所不同，它们并不栖息在横枝上，而是习惯攀爬在垂直的树干上。大多数鸟类都是3趾朝前、1趾朝后；而啄木鸟的足部结构较独特，4趾中有2趾朝前、2趾朝后，每个趾尖都长有锋利的钩爪。此外，啄木鸟的羽轴坚硬、富有弹性，尾巴呈楔形，为它们在攀爬时提供了稳固的支撑。借助独特的身体构造，啄木鸟得以牢牢抓住树干，防止滑落，并且能沿着树干灵活地跳跃移动。无论是向上跳跃、向下反弹，或者横向环绕爬行，这些行动都是为了进行领地防御或寻找食物。这种卓越的攀爬能力使啄木鸟在森林生态系统中扮演了不可或缺的角色。

啄木鸟拥有1根坚硬且尖锐的长喙，用它敲击树干，发出清脆的敲击声。这不仅是它们寻找食物的方式，也是它们在森林中进行“手术”般精准捕食的手段。它们的喙如同一把锋利的凿子，能够轻松啄开树皮，挖开洞穴，直击植株内部的害虫藏身之处。当啄木鸟锁定目标后，它们会伸出一条类似蚯蚓的长舌，这条舌头可以伸展至喙外达 14cm。舌头的这一部分由弹性结缔组织构成，它从腭下穿过，向上绕过头骨后部，最终从前方向头顶延伸至右鼻孔并固定。当舌根从下腭向外滑出时，舌头便能伸得异常长。舌头表面覆有一层黏性液体，可以轻易粘住小虫。有些啄木鸟的舌尖进化出了微小的钩状结构，这一巧妙的设计不仅有助于捕捉猎物，而且还能有效地将虫子掏出，让小虫无处遁形。

啄木鸟在觅食时每天会敲击树木 500~600 次，啄击频率之快令人惊叹。尽管这种频繁的啄击行为产生了巨大的冲击力，但啄木鸟却能免受脑震荡或头痛的困扰，这得益于它们的头部拥有至少 3 层独特的防振机制。首先，啄木鸟的头骨结构疏松且充满空气，这种结构能有效吸收和分散冲击力。其次，头骨内部被一层坚韧的外脑膜所覆盖，而在脑膜与大脑之间存在一个装满液体的狭窄空隙，这些液体能够显著降低振动波的传递，起到减振的作用。最后，鉴于旋转运动相较于直线运动更易造成脑部损伤，啄木鸟在其头部两侧进化出了发达且强健的肌肉。这些肌肉在啄击时提供额外的减振和防振效果。这种高度精巧的自然防振机制为现代防震工程学提供了极具价值的参考。现代安全帽的设计就采用了类似的原理：坚硬的外壳配合柔软内衬，并在两者之间保留适当空间，同时引入防护领圈来防止头部在碰撞时发生旋转运动。

除此之外，啄木鸟也象征着那些无私为国为民、默默付出的忠良之士。在我国古代文献中，“蠹”通常指的是那些为害木材的蛀虫，这一词汇也被引申为指那些侵蚀或消耗国家财富的人或行为。啄木鸟以蠹虫为食，这一自然行为与清除国家腐败和社会弊病的正义行动不谋而合。因此它们常常被喻为守护国家社稷的忠诚卫士。

07 项目七 蛀果类害虫的识别与防治

项目导学

- 蛀果类害虫是果树生产上的重要害虫，以幼虫蛀食果肉、种子，对果树生产的危害很大。苹果蠹蛾是检疫对象。梨小食心虫发生普遍且逐年加重，没有得到有效控制。杏仁蜂的寄主比较单一，在各个杏产区都有发生，局部地区发生较严重。桃小食心虫、李小食心虫对南疆地区果树生产也有一定危害。
- 本项目内容包括南疆地区果树生产上常见的蛀果害虫：苹果蠹蛾、梨小食心虫、杏仁蜂的识别与防治。重点掌握主要蛀果害虫的成虫形态特征和综合防治措施。了解发生规律，为制定防治措施提供依据。

项目目标

- 知识学习目标：认识南疆特色果树主要蛀果害虫的形态特征、为害特点。
- 技能培养目标：能够在准确识别为害南疆特色果树的蛀果类害虫种类的基础上，分析发生规律，制定有效的防治措施并实施。
- 职业情感目标：培养虫情监测的意识，培养科学严谨的工作态度和敬业精神。

任务一　苹果蠹蛾的识别与防治

任务导入

苹果蠹蛾以幼虫蛀食果实，造成果实产量和品质的下降，严重时导致整个果实失去食用价值，经济损失巨大。由于苹果蠹蛾具有很强的繁殖和适应能力，一旦大面积发生很难得到有效防治，因此被列为重要植物检疫对象，应重点监控。

必备知识

1. 寄主与分布

苹果蠹蛾［*Laspeyresia pomonella*（Linnaeus）］又名苹果小卷蛾，俗称食心虫，属鳞翅目卷蛾科。苹果蠹蛾是世界上最重要的蛀果害虫之一，在我国分布于新疆和甘肃，主要为害苹果、核桃、樱桃、杏、石榴、库尔勒香梨等。

2. 为害特点

苹果蠹蛾以幼虫蛀食果内种子，有时果面仅留 1 个虫孔，多虫蛀入时果面虫孔较多。各代的大部分初孵幼虫均自果实表面蛀入果实内部，初龄幼虫在果实表面以下取食果肉，并向种室方向蛀食不规则的蛀道，3 龄时进入种室，取食果实的种子。果实表面蛀孔随虫龄的增加不断增大，外部常有大量褐色的虫粪堆积。幼虫发育成熟后向果实表面方向蛀食 1 条较直的蛀道脱果。苹果蠹蛾幼虫有转果为害的习性，1 头苹果蠹蛾幼虫可以蛀食 2~4 个果实，一般 1 个果实内仅有 1 头幼虫，少数情况会出现 2 头乃至多头。被苹果蠹蛾蛀食的果实容易脱落，为害严重时会造成大量落果。

3. 形态特征

（1）成虫　体长为 8mm，翅展为 19~20mm。体为灰褐色带紫色光泽。前翅臀角处有深褐色大圆斑，内有 3 条青铜色条纹，其间显出 4~5 条褐色横纹。翅基部分为浅褐色，外缘突出略呈三角形，在此区内杂有较深的斜行波状纹（图 7–1）。

（2）卵　略呈椭圆形，极扁平。长为 1.1~1.2mm、宽 0.9~1.0mm，半透明状。

（3）幼虫　初孵化时为白色，随着幼虫的发育，背面显现为浅红色至红色（图 7–2）。末龄（老熟）幼虫体长为 14~18mm。前胸气门具有 3 根毛，腹部末端无臀栉。腹足趾钩为单序缺环，有趾钩 19~23 根，臀足趾钩 14~18 根（图 7–3）。

（4）蛹　体长为 7~10mm。第 2~7 腹节背面各节前后，均有一排整齐的刺，前排粗大而后排细小。第 8~10 腹节背面仅为 1 排，第 10 节的刺常为 7~8 根。肛孔两侧各有 2 根钩状毛，加上末端 6 根，共有 10 根。

图 7–1　苹果蠹蛾成虫

图 7–2　梨果内的苹果蠹蛾幼虫

图 7–3　苹果蠹蛾老熟幼虫结茧越冬

4. 发生规律

在新疆南疆地区，苹果蠹蛾 1 年发生 2~3 代，以老熟幼虫在枝干翘皮、裂缝和树洞中越冬。越冬代老熟幼虫在 4 月上旬开始化蛹，4 月中下旬为越冬代成虫羽化高峰期。第 1 代幼虫于 5 月上旬开始发生，盛期为 5 月中下旬；第 1 代成虫羽化期为 6 月中下旬，第 2 代卵盛期为 6 月下旬 ~7 月上旬；幼虫孵化盛期为 7 月上旬；第 2 代成虫羽化盛期为 8 月上中旬，第 3 代卵盛期为 8 月上中旬，产卵期可持续到 9 月中旬。第 3 代幼虫于 8 月底开始出现，成虫于 9 月初达到羽化高峰。世代重叠现象明显，成虫昼伏夜出，具有趋光性。

越代成虫产卵量最大，比较集中，1 片叶或 1 个果面上多达 10 余粒卵；90% 以上的卵粒分布于树冠上层。第 1 代成虫多集中于树冠中上层的果面上产卵，产卵比较分散，一般为 1~2 粒。第 2 代成虫产卵极为分散，分布于整个树冠的层面上。成虫喜在砀山梨、巴梨、鸭梨等杂梨的果面上产卵，各代幼虫蛀食杂梨，因此受害严重。第 1 代幼虫对香梨为害较轻，第 2 代为害加重，第 3 代为害杂梨和香梨最为严重（图 7–4）。

图 7–4　苹果蠹蛾幼虫蛀果

5. 综合防治措施

为了有效降低第 2 年苹果蠹蛾的虫口密度，减轻苹果蠹蛾的危害程度，主要是做好对苹果蠹蛾越冬场所的破坏，从检疫、农业、物理、化学等方面进行综合防治，降低苹果蠹蛾越冬的安全性，预防苹果蠹蛾第 2 年为害。

（1）加强检疫

1）强化产地检疫，做好源头治理工作。经检疫对发生苹果蠹蛾的果园要强制进行防治，防治过程中要组织有序、防治得力，若发生疫情传播，要追究相关工作人员的责任，确保防治工作开展得当。

2）加强调运与市场检疫。严把果品调出、调入关口，实行市场准入制度。

（2）农业防治

1）清除虫果。对果园经常进行检查，及时捡拾落果，进行深埋或发酵处理；果实入窖前，要严格挑选，拾出虫果。

2）诱杀越冬幼虫。7 月下旬 ~8 月上旬，利用玉米秆、破麻袋片、麦草、稻草等，在主干或枝干分叉处束 1 圈，诱集越冬幼虫，10 月 ~ 第 2 年 2 月底之前，将草环解下集中烧毁。

3）树干刷白与刮老皮。在当年气温达到 −10℃后至第 2 年 3 月 15 日前，对 10 年以上树龄的果树老皮进行刮除清理，同时进行石灰刷白。

（3）物理防治

1）采用性信息素迷向丝防治苹果蠹蛾。迷向丝悬挂在果树树冠中上部的阴面通风处，1 年悬挂 2 次，第 1 次在 5 月上旬（苹果蠹蛾越冬成虫羽化期前 7d）悬挂；第 2 次在 7 月下旬悬挂。布设密度为 8~10 根 / 亩。

2）利用频振式杀虫灯诱杀成虫。4 月下旬 ~9 月底，在果园架设杀虫灯诱杀成虫，杀虫灯内放置苹果蠹蛾诱芯效果更好。

（4）化学防治　卵高峰期至幼虫孵化高峰期是防治适期。在各代卵高峰期至幼虫孵化高峰期使用菊酯类药剂或使用 200g/L 氯虫苯甲酰胺悬浮剂 4000 倍液、9% 甲维·茚虫威悬浮剂 2000 倍液等喷雾防治。

实训任务

通过在农业生产企业、校内外果树生产实训基地的现场教学、标本与图片观察、显微镜观察、文献查阅及课堂知识传授等方式相结合的理实一体化教学，掌握苹果蠹蛾的为害特点、形态特征，了解苹果蠹蛾在不同地区的发生规律；在教师和专业技术人员的指导下，制定其防治方案，熟练运用关键防治技术，达到预期防治目标。

1. 任务目标

1）能准确识别苹果蠹蛾成虫、卵、各龄幼虫和蛹。

2）具备描述苹果蠹蛾主要形态特征及为害特点的能力，以便指导果树生产。

3）能够根据苹果蠹蛾在当地的发生规律，制定综合防治方案并实施。

2. 任务准备

1）材料。苹果蠹蛾成虫标本、幼虫浸渍标本、生活史标本及被害果实。

2）器材。手持放大镜、体视显微镜、生物显微镜、泡沫板、镊子、解剖针、多媒体设备、记载用具等。

3. 任务实施

1）形态观察。用手持放大镜或体视显微镜观察苹果蠹蛾成虫、幼虫形态特征，注意虫体大小、体色、翅面上的色斑等。

2）为害特点观察。苹果蠹蛾以幼虫蛀食果内种子，有时果面仅留 1 个小伤疤，多虫蛀入，多数果面虫孔累累。苹果被害后，蛀孔外部逐渐有褐色虫粪排出。被蛀严重时，可堆积相当数量，以丝连成串，挂在蛀果之下。梨被蛀后所排出的虫粪则为黑色，有果胶流出。

3）结合生产实际及不同的时间节点，选择适当的防治措施；使用药剂防治时能正确选择防治药剂及施药方法。

任务评价

任务考核评价单

序号	评价内容及分值	评价标准	学生自评 10%	小组互评 10%	教师评价 60%	企业评价 20%
1	学习方法 10 分	课前完成必备知识的自学；课中认真观察思考，并主动操作实践；课后归纳反思				
2	学习态度 20 分	学习态度端正，具有吃苦耐劳、诚实守信、认真负责的品质；认真学习、钻研知识和技能				
3	沟通表达 10 分	能够及时与同组成员及指导教师、技术人员沟通交流				

（续）

序号	评价内容及分值	评价标准	学生自评 10%	小组互评 10%	教师评价 60%	企业评价 20%
4	合作能力 10 分	团队协作意识强				
5	创新实践 10 分	能够结合生产实际改进防治措施、降低防治成本、提高防治效率				
6	职业能力 10 分	能够准确诊断并防治苹果蠹蛾				
7	学习成果 30 分	能准确识别苹果蠹蛾；能根据发生规律制定苹果蠹蛾的防治方案，并熟练实施关键防治技术				
合计						

任务二　梨小食心虫的识别与防治

任务导入

梨小食心虫是一种隐蔽性强、为害严重的世界性钻蛀害虫，不仅蛀果，还为害部分果树枝梢。对于梨小食心虫的防治，大多数果农采用喷施化学药剂这种简单直接的方法，而长期、反复使用化学药剂，导致害虫抗药性增加、生态环境污染、果品农药残留超标等问题不断暴露。因此，防治梨小食心虫时，释放寄生性天敌赤眼蜂、性信息素迷向丝干扰交尾等绿色防控技术越来越受到人们的重视。

必备知识

1. 寄主与分布

梨小食心虫［*Grapholitha molesta*（Busck）］又名梨小果蛀蛾、东方果蠹蛾、桃折心虫等，属鳞翅目卷蛾科，广泛分布于新疆各果区，是果树食心虫中最常见的一种，主要为害梨、桃、苹果、山楂、李、杏、樱桃、沙果、海棠、枣等。

2. 为害特点

梨小食心虫主要以幼虫蛀食杏（图 7-5）、梨（图 7-6）、桃（图 7-7）、苹果的果实和桃树的新梢。幼虫蛀入果内直达果心，不喜食种子，蛀孔周围变成黑疤称为“黑膏药”；为害桃新梢时，多从新梢前端叶柄基部蛀入并向下蛀食，被害梢易折断。一般在桃树、梨树、苹果树混栽的果园受害严重。

图 7-5　梨小食心虫为害杏

图 7-6　梨小食心虫为害梨

图 7-7　梨小食心虫为害桃

3. 形态特征

（1）成虫　体长为 4.6~6.0mm，翅展为 10.6~15mm。前翅为灰褐色，前翅前缘有 10 组白色斜纹，中室外缘有 1 个明显的白点，翅端有 10 个黑斑（图 7–8 和图 7–9）。后翅缘毛为灰色。

（2）卵　浅黄白色，半透明，扁椭圆形，中央隆起，直径为 0.5~0.8mm。

（3）老熟幼虫　体长为 10~13mm，头为黄褐色，体背面为粉红色，腹面色浅，前胸背板为浅黄白色，臀板为浅黄褐色，腹部末端臀栉 4~7 个刺（图 7–10）。

（4）蛹　长约为 7mm，黄褐色，外被纺锤形灰白色丝茧。

扫码看视频

图 7-8　梨小食心虫成虫

图 7-9　诱集的梨小食心虫成虫

图 7-10　桃梢内的梨小食心虫幼虫

4. 发生规律

梨小食心虫在新疆南疆地区 1 年发生 3~4 代，以老熟幼虫在树干基部土壤、树干裂缝、翘皮及果园枯枝落叶中结茧越冬。第 2 年 3 月中下旬开始化蛹，4 月中旬开始羽化，5 月上旬达到羽化高峰期，越冬代的羽化一直持续到 5 月下旬，6 月中旬第 1 代进入羽化盛期，7 月下旬第 2 代进入羽化盛期，8 月下旬第 3 代进入羽化盛期。世代重叠严重。

越冬代成虫主要在桃树新梢上产卵，第 1 代幼虫造成桃梢枯萎；第 2 代幼虫也主要为害桃树、杏树等果树的新梢；第 3 代开始，幼虫转移蛀食果实。

5. 综合防治措施

（1）农业防治

1）科学建园。新建果园时，避免将苹果树、梨树、桃树等混栽或栽植得很近。

2）冬季刮除干粗裂皮，清除杂草，消灭越冬幼虫。5~6 月连续剪除有虫桃梢，并及早摘除虫果和捡净落果。

（2）物理防治

1）利用杀虫灯、糖醋液（红糖：醋：水为 1：2：20）诱杀成虫。

2）越冬幼虫脱果前，在主枝、主干上捆绑草束或破麻袋片等，诱集越冬幼虫。

3）8 月中旬起在树下束草或布带诱杀脱果幼虫。

4）在越冬代成虫始见期前，将梨小食心虫性信息素迷向丝按照 33 根 / 亩的密度均匀缠绕在背阳面的果树树枝上，距离地面高度为 1.5m。整个果树生长季悬挂 1 次。

（3）生物防治　在虫口密度高的情况下可释放赤眼蜂。

（4）化学防治　在第 2 代和第 3 代成虫高峰期后 5~7d 进行药剂防治。可选用 200g/L 氯虫苯甲酰胺悬浮剂 4000 倍液、9% 甲维·茚虫威悬浮剂 2000 倍液喷雾防治，10% 高效氯氟氰菊酯悬浮剂 3000 倍液和 31% 甲维·灭幼脲悬浮剂 1500 倍液在没有产生抗药性的地区也可以使用。

实训任务

通过果园现场教学、标本与图片观察及课堂知识传授等方式相结合的理实一体化教学，了解梨小食心虫的分布情况，掌握其形态特征、为害特点、发生规律；在教师和专业技术人员的指导下，能够针对各虫态制定综合防治方案并实施防治。

1. 任务目标

1）能准确识别梨小食心虫成虫、卵、各龄幼虫和蛹。

2）具备描述梨小食心虫成虫、幼虫主要形态特征及为害特点的能力。

3）能够根据梨小食心虫在当地的发生规律，制定综合防治方案并实施。

2. 任务准备

1）材料。梨小食心虫成虫标本，梨小食心虫幼虫浸渍标本、生活史标本，被害果实。

2）器材。手持放大镜、体视显微镜、生物显微镜、泡沫板、镊子、解剖针、多媒体课件（幻灯片、视频）、记载用具等。

3. 任务实施

1）形态观察。用手持放大镜或体视显微镜观察梨小食心虫成虫形态特征、幼虫形态特征，注意虫体大小、体色、翅上的色斑等。

2）为害特征观察。

①为害果：幼虫多从果实的萼洼或两果接触处蛀入，一般 1 个果中有 1 头虫。为害苹果时入果孔很小且愈合，不易发现。早期为害梨时入果孔较大，外有虫粪排出，蛀孔周围变黑腐烂，稍凹陷，并逐渐变大成“黑膏药”；后期为害梨时入果孔较小，蛀孔周围为青绿色，果面不凹陷。脱果孔稍大似米粒大小。为害特点是直达果心，在果心周围食害种子

和果肉。

②为害梢：早春幼虫为害新梢，以桃树受害最重，多自顶端第 2~3 片叶叶柄基部蛀入，向下蛀食髓部，将新梢蛀成空心，蛀孔外流出胶液并粘有虫粪，受害梢叶片萎蔫后枯萎下垂（所以称其为折梢虫），当幼虫蛀到硬化部位，会从中爬出，转移到其他新梢继续为害，每头幼虫可转移为害 3~4 个新梢。

3）结合生产实际及不同的时间节点，选择适当的防治措施；使用药剂防治的过程中能正确选择防治药剂及施药方法。

任务评价

任务考核评价单

序号	评价内容及分值	评价标准	学生自评 10%	小组互评 10%	教师评价 60%	企业评价 20%
1	学习方法 10 分	课前完成必备知识的自学；课中认真观察思考，并主动操作实践；课后归纳反思				
2	学习态度 20 分	学习态度端正，具有吃苦耐劳、诚实守信、认真负责的品质；认真学习、钻研知识和技能				
3	沟通表达 10 分	能够及时与同组成员及指导教师、技术人员沟通交流				
4	合作能力 10 分	团队协作意识强				
5	创新实践 10 分	能够结合生产实际改进防治措施、降低防治成本、提高防治效率				
6	职业能力 10 分	能够准确诊断并能确定关键时期防治梨小食心虫				
7	学习成果 30 分	能准确识别梨小食心虫；能根据发生规律制定梨小食心虫的防治方案，并熟练实施关键防治技术				
合计						

任务三　杏仁蜂的识别与防治

任务导入

杏仁蜂在新疆杏产区普遍发生，危害严重时，会造成杏园大量减产甚至绝产，成为杏树生产和管理的难点。杏仁蜂羽化盛期，正值部分品种杏的谢花初期，果实幼嫩，便于产卵，因而凯特杏等品种受害更为严重。需要结合杏仁蜂的习性和发生规律，彻底清理果园内落果、杏核及树上残存的僵果，并在成虫羽化期及时消灭成虫，使该虫得到有效治理。

必备知识

1. 寄主与分布

杏仁蜂［*Eurytoma samsonovi*（Wass）］又名杏仁蛆，属于膜翅目广肩小蜂科，广泛分布于南疆塔里木盆地边缘各县市，库车、轮台主要杏产区发生较重，主要为害杏、扁桃。

2. 为害特点

杏仁蜂以幼虫在杏核内为害杏仁，常在被害果的阳面果肩部有半月形稍凹陷的产卵孔，产卵孔有时出现流胶，杏近成熟期凹陷面扩大变黑。幼果被害后，近成熟期易脱落，个别虫果干缩挂在树上。幼虫在被害果的果核内为害，果仁不能食用，并造成鲜果大量落地，严重影响鲜杏、杏仁产量和品质。

3. 形态特征

（1）成虫　体长约为6mm，黑色。头大，黑色，复眼为红色。触角9节，1~2节为橙黄色，3~9节为黑色，雄蜂触角3~9节上有长环毛，头部及胸部具有网状刻纹。胸足基节为黑色，其余为橙色。雌蜂腹部为橘红色，有光泽，产卵管为深褐色。雄蜂腹部为黑色，腹部第1节细长，呈细腰状（图7–11）。

（2）卵　长约为1mm，长圆形，上尖下圆，白色至乳黄色。

（3）幼虫　体长为6~12mm，乳白色，纺锤形，略向腹部弯曲，中部肥大，两头略尖，头部有1对黄褐色发达的上颚。无足型（图7–12）。

（4）蛹　长为5.5~7mm，裸蛹，奶油色至橘红色（雌蛹）或黑褐色（雄蛹），见图7–13。

图7-11　杏仁蜂成虫

图7-12　杏仁蜂幼虫

图7-13　杏仁蜂蛹

4. 发生规律

杏仁蜂在南疆地区 1 年发生 1 代，以幼虫在果园落地杏内、遗弃的杏核中及枯枝上的干杏中越夏、越冬。第 2 年 3 月中旬 ~4 月中旬，越冬幼虫化蛹，蛹期为 10~30d。杏花谢花时开始羽化（最早为 4 月上旬），成虫羽化时，用上颚将杏核咬穿，从直径为 1.6~1.8mm 的小孔中钻出（图 7–14）。杏小拇指大时，成虫大量出现，白天交尾，选择嫩杏把卵产入其中，多数是 1 个杏产 1 粒卵，每头雌蜂产卵 120 粒左右。卵期为 30 余 d，5 月中旬孵化，初孵幼虫在杏核内取食，蜕皮数次，6 月老熟，留在杏核内越夏、越冬，幼虫期长达 10 个月。

图 7–14　杏仁蜂羽化孔

5. 综合防治措施

（1）加强检疫　严格控制疫区通过杏果、杏仁传播。

（2）农业防治

1）拣拾落果。主要是落果期拣拾落果销毁或深埋，以杀死其中的幼虫；秋末彻底清洁杏园。再拣拾 1 次落杏、干杏、杏核，集中销毁；冬季结合修剪除净枯枝上的干杏；结合果园深翻施肥，再拣 1 次落杏、干杏和杏核，并深埋于施肥沟内。

2）深翻树盘。秋末冬初，深翻树盘土壤，将虫果及果核翻入地下 10~15cm，使越冬成虫不能出土。

3）阻止成虫出土。在成虫出土期，用地膜覆盖树盘地面，以阻止成虫出土产卵。落花后到杏果豌豆粒大小之前，即可覆盖。也可在地膜覆盖之前，先在树盘地面撒放毒土，防治效果更好。

（3）物理防治

1）杏仁蜂成虫具有趋光和趋黄的习性，4 月下旬将太阳能诱虫灯放置于地头或将黄板挂于杏树枝条上，诱捕杏仁蜂成虫。

2）用水选法掏出被害杏核。被害杏核多中空，在水中呈漂浮状。因此，在剥离果肉后，进行水选，将漂浮的空壳捞出，集中焚毁；沉在水底的，为未被虫害的，捞出晾干后贮存或调运。

（4）化学防治　成虫羽化期和产卵期，一般为杏树落花期到果实膨大期。可在杏树开始落花时，喷 2.5% 高效氯氟氰菊酯乳油 1500~2000 倍液或 2.5% 溴氰菊酯乳油 2000~2500 倍液，连续喷洒 2 次，及时消灭羽化成虫。

实训任务

通过果园现场教学、标本与图片观察及课堂知识传授等方式相结合的理实一体化教学，了解杏仁蜂的分布情况，掌握其形态特征、为害特点、发生规律，能够制定综合防治方案并实施防治。

1. 任务目标

1）能准确识别杏仁蜂成虫、幼虫和蛹，以及为害特点。

2）具备描述杏仁蜂主要形态特征及为害特点的能力。

3）能够根据杏仁蜂在当地的发生规律，制定综合防治方案并实施。

2. 任务准备

1）材料。杏仁蜂成虫蜡制标本，杏仁蜂幼虫浸渍标本、生活史标本，被害果实。

2）器材。手持放大镜、体视显微镜、生物显微镜、泡沫塑料板、镊子、解剖针、多媒体设备、记载用具等。

3. 任务实施

1）形态观察。用手持放大镜或体视显微镜观察杏仁蜂成虫、幼虫形态特征，注意虫体大小、体色等。

2）为害特征观察。杏仁蜂以幼虫在杏核内蛀食杏仁，虫果表面有半月形稍凹陷的产卵孔，有时产卵孔出现流胶。虫果易脱落，也有的干缩在树上。第 2 年春季成虫羽化后，杏核表面出现 1 个小圆孔，即成虫羽化孔。

3）针对当地杏仁蜂的发生情况，制定科学的防治方案，并组织实施，对防治效果进行调查总结。

任务评价

任务考核评价单

序号	评价内容及分值	评价标准	学生自评 10%	小组互评 10%	教师评价 60%	企业评价 20%
1	学习方法 10 分	课前完成必备知识的自学；课中认真观察思考，并主动操作实践；课后归纳反思				
2	学习态度 20 分	学习态度端正，具有吃苦耐劳、诚实守信、认真负责的品质；认真学习、钻研知识和技能				
3	沟通表达 10 分	能够及时与同组成员及指导教师、技术人员沟通交流				
4	合作能力 10 分	团队协作意识强				
5	创新实践 10 分	能够结合生产实际改进防治措施、降低防治成本、提高防治效率				
6	职业能力 10 分	能够准确诊断并防治杏仁蜂				

（续）

序号	评价内容及分值	评价标准	学生自评 10%	小组互评 10%	教师评价 60%	企业评价 20%
7	学习成果 30 分	能准确识别杏仁蜂；能根据发生规律制定杏仁蜂的防治方案，并熟练实施关键防治技术				
合计						

植保天地

与时俱进，依法防控外来入侵物种——苹果蠹蛾

随着经济全球化的不断深入，各国之间的交流与合作越发频繁，这不可避免地加速了外来物种的入侵。生物入侵已成为一个迫切需要解决的国际问题。自 2003 年我国发布首批外来入侵物种名录以来，公众对这些潜在威胁的认知和关注逐渐加强。近年来，我国相继颁布了《中华人民共和国生物安全法》和《外来入侵物种管理办法》，这些法律法规的出台标志着国家对外来物种管理的升级和强化。党的二十大报告中，明确强调了“加强生物安全管理，防治外来物种侵害”，进一步印证了国家对于这一议题的高度关注。实际上，外来入侵物种可能就潜伏在我们的日常生活中，如当我们吃苹果时，有时候会发现一种蛀虫，这可能就是入侵物种——苹果蠹蛾。

苹果蠹蛾原本只存在于欧洲，经过 1 个世纪的传播，现已入侵多个国家。苹果蠹蛾传入我国以来，因其自身适应能力强、传入地区寄主资源丰富，同时又缺乏有力的天敌制约，在当地迅速繁殖传播，种群逐渐扩大起来，危害也越来越严重！因此苹果蠹蛾于 2010 年 1 月 7 日被环境保护部列入《中国第二批外来入侵物种名单》，2020 年 9 月 15 日被中华人民共和国农业农村部列入《一类农作物病虫害名录》。

苹果蠹蛾对仁果类果树构成了毁灭性的威胁。这种害虫不仅侵害苹果，还严重为害梨、桃、杏、沙果和核桃等经济作物，导致大量果实受害。蛀果率普遍超过 50%，而在严重的情况下，甚至可以达到 70%~100%，受害的果实常在成熟前腐烂或脱落。苹果一旦受害，外部会逐渐出现褐色的虫粪，受害严重时，虫粪大量堆积形成串状，悬挂在受害果实下方。梨树受害后排出的虫粪则为黑色，并伴有果胶流出。苹果蠹蛾的繁殖和活动隐蔽，不易被发现，因此常常错失最佳施药时机。此外，由于苹果蠹蛾幼虫会在果实内部取食，常规的农药难以直接作用于幼虫，使得化学防治效果并不理想。目前，药剂防治仍是对抗苹果蠹蛾的重要手段，但随着药剂使用量的增加，害虫对农药的抗性也随之增强，以至于不得不加

大用药的浓度和次数，这不仅降低了农产品的安全性，也严重破坏了生态环境。实际上，苹果蠹蛾的飞行能力并不强，它们之所以能够传播，主要是由于人类在日常生活中和生产中的不当运输行为。因此，苹果蠹蛾的危害性虽然强，但通过加强检疫措施，可以有效防止其进一步扩散。在早春时期，正值苹果树发芽之前，及时进行修剪，刮除树枝上的翘皮并集中焚烧，可以有效地消除害虫的潜在栖息地。此外，利用性诱剂进行监测、频振式杀虫灯来诱捕成虫及结合迷向丝防控策略，这些综合防治方法能够在一定程度上减少苹果蠹蛾造成的损失。

习近平总书记在十九届中央国家安全委员会第一次会议中提出："全面贯彻落实总体国家安全观，必须坚持统筹发展和安全两件大事，既要善于运用发展成果夯实国家安全的实力基础，又要善于塑造有利于经济社会发展的安全环境。"历史已经充分证明，植物检疫作为一种有效的植物保护防治方法，对于预防和控制重大疫情的扩散发挥着至关重要的作用。植物资源作为国家战略性资源的重要组成部分，其健康与安全更是离不开植物检疫工作。在这样的背景下，植物检疫员承担着维护生物多样性、保护生态系统平衡的重要职责，他们不仅是农业可持续发展的守护者，也是国家生态安全的坚强后盾，为植物健康护航，为国家安全守关。

模块三

病害的识别与防治

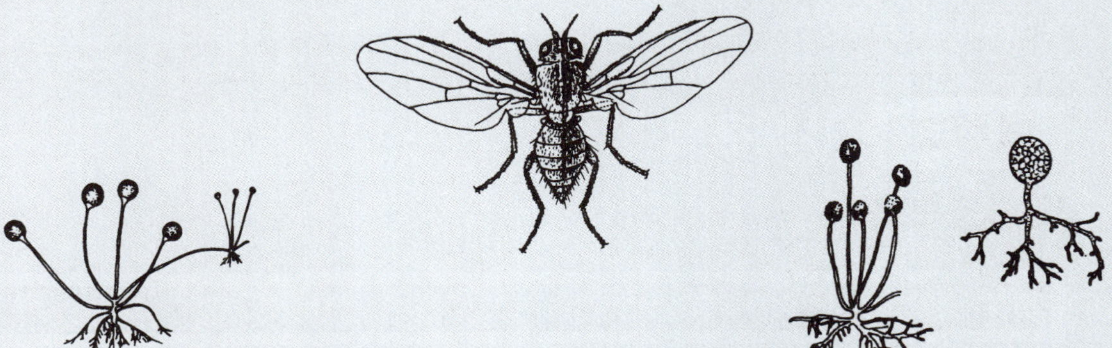

08 项目八 南疆特色果树真菌性病害的识别与防治

项目导学

- 果树真菌性病害是指由真菌感染引起的果树病害。这些真菌侵入果树的各个部位，包括根、茎、叶、花和果实，导致发生不同程度的病害，常见的南疆特色果树真菌性病害有腐烂病、黑斑病、白粉病、霜霉病等、锈病、桃缩叶病，对农业造成了严重的危害和损失，如减产和质量下降、经济损失、病原传播等。
- 本项目内容包括南疆特色果树主要的真菌性病害症状、病原、发病规律及发病条件。通过观察、分类、鉴别，准确诊断病原种类，确定发病程度，加强病害监测，制定并实施合理有效的病害防治措施，以减少真菌对果树的为害。

项目目标

- 知识学习目标：能够根据症状与病原准确识别南疆特色果树主要真菌性病害。
- 技能培养目标：能够描述各类果树真菌性病害的症状、病原，以分析发生规律，为制定合理有效的防治措施奠定基础。
- 职业情感目标：培养学生在调查的基础上分析问题、解决问题的能力；培养认真、严谨、规范的职业精神。

任务一　腐烂病的识别与防治

任务导入

腐烂病又称臭皮病，可使梨、苹果、核桃、桃、樱桃等多种落叶果树受害，主要为害果树的主枝、侧枝，有时也可为害主干及细小枝条，在南疆的各个苹果、梨产区普遍发生，危害严重，可削弱树势，造成死枝、死树，甚至毁园，给南疆的特色果树产业造成了重大的经济损失。

必备知识

1. 症状

发病于主干、主枝和侧枝，幼树和果实也可受害，但较为少见，致使皮层腐烂，有时也可侵害靠近皮层的木质部。果树腐烂病的症状有溃疡型和枝枯型两类，以溃疡型为主。

（1）溃疡型　发病初期表现为叶片稀疏，树皮局部颜色较深，略隆起，后皮层腐烂，并且用手压较软，常溢出黄褐色汁液并且有酒糟味，挑开可发现皮层与木质部已分离，新梢叶片萎缩，成失水状，无新叶、新枝生长。发病后期，枝干病部树皮干缩、下陷，呈黑褐色。病部、健康组织交界处出现裂纹，表面产生许多小黑点，雨后或浇水后湿度较大，小黑点溢出大量浅黄色丝状孢子角（图 8–1）。如果病斑绕枝干 1 周，则引起枝干枯死。

（2）枝枯型　枝枯型症状多发生在 2~4 年生的小枝及剪口、果苔、干枯桩和果柄等部位。病斑为红褐色或暗褐色，形状不规则，边缘不明显，病部扩展迅速，病斑绕干 1 周后全枝很快失水干枯死亡（图 8–2）。后期病部表面也产生许多小黑点，遇湿溢出橘黄色孢子角。枝枯型症状在弱树上尤为明显。

图 8-1　腐烂病溃疡型

图 8-2　腐烂病枯枝型

该病有潜伏侵染现象，早期病变多在皮层内隐蔽产生，外表无明显症状不易识别，若掀开表皮或刮去粗皮，可见许多形状、大小不一的红褐色湿润斑点或黄褐色干斑。只有在条件适宜时，内部病变才得以向外进一步扩展使外部呈现症状。在条件不适宜的情况下，病斑停止扩展，病原潜伏生存在皮层内，而外部无症状表现。树干基部萌生根蘖时，基部已经被侵染，严重时整株花、果、叶异常，不成比例，病部常埋于地表下，易被忽视。

2. 病原

果树腐烂病是由真菌引起的病害，有性态为子囊菌亚门黑腐皮壳属（*Valsa*）；无性态为半知菌亚门壳囊孢属（*Cytospora*）。秋季形成子囊壳（图 8–3）。子囊孢子无色，单孢，于树皮下形成分生孢子座（小黑粒点），产生多个分生孢子器。分生孢子无色，单孢，腊肠形。

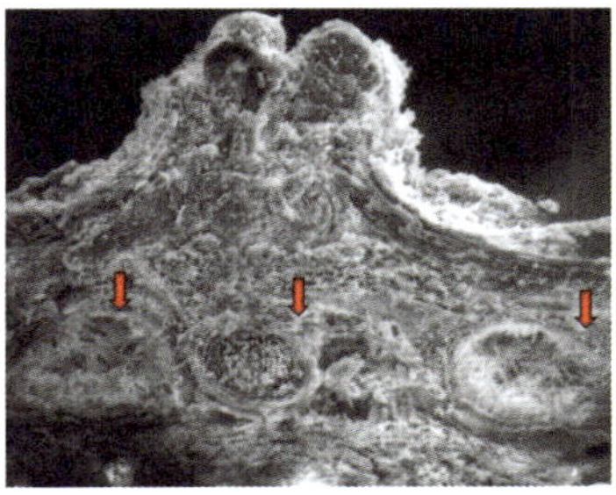

图 8-3　黑腐皮壳属子囊壳

3. 发病规律及发病条件

腐烂病病原以菌丝、分生孢子器、孢子角和子囊壳在病组织中越冬，可以通过雨水、昆虫等方式传播，可以从伤口、皮孔侵入（图 8–4）。

每年 3~11 月腐烂病均可侵染，一般有春、秋 2 次发生高峰，以春季高峰发病最多，为害最盛，一般出现在 3~4 月植株抗病能力低时。病枝、病皮和病枯枝上的越冬菌源是该

扫码看视频

病的初侵染源，病菌产生的分生孢子和子囊孢子随风雨传播侵入，具有潜伏侵染特点。4 月上中旬 ~5 月上旬，病部开始表现症状。6 月展叶开花后，光合作用增强，植株营养较好，枝干的抗扩展能力强，病斑停止扩展，并干缩凹陷，呈现一个相对静止期，发病锐减。7~9 月，花芽分化，果实加速生长，枝干营养水平及抗病能力降低，新病斑开始少量出现，旧病斑扩展，形成一个秋季高峰。10 月以后气温降低，营养回流，枝干抗病能力较强，又进入一个相对静止期。但是，落在皮层上的病菌会侵入健康皮层组织，在皮下形成多个坏死点，同时表层坏死组织内的腐烂病病菌也向健康皮层缓慢扩展，为第 2 年春季高峰的病菌来源。

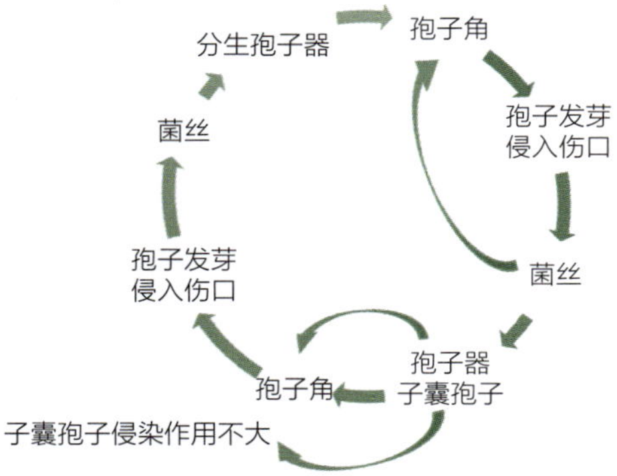

图 8-4　腐烂病侵染循环

树势强的果树愈伤能力强，可抑制病菌的侵染和扩展。影响树势的主要原因是结果负载量的轻重，造成大小年现象，大年之后病情较重，小年之后病情较轻。以阿拉尔垦区的香梨为例，2002 年是梨树挂果大年，负载量过重使植株贮藏营养减少，导致抗寒、抗病力大大降低。之后冬季气温较低，部分香梨树发生冻害，随之 2003 年梨树腐烂病害普遍发生偏重，流行蔓延严重，发病率比正常年份高出 10%~20%。

幼树生长旺盛，营养丰富，发病轻，老龄树果园发病重；管理粗放，水分过高或过低，修剪不当的果园，树势弱，易发病；冻害造成梨树主干、主枝组织坏死，潜伏病菌容易蔓延扩展，引起腐烂病大流行；各种伤口是病菌侵染的门户，伤口越多，病菌侵染的概率越大，病害就越严重。

4. 综合防治措施

（1）增强树势，培育壮树　加强栽培管理，增强树势，提高植株抗病力，选择抗逆性强的树种，营造混交林，是预防腐烂病的根本措施。增施优质有机肥料，科学施用氮肥、磷肥、钾肥，干旱季节及时灌水；合理修剪，及时疏花、疏果，调节负载量，平衡大小年；预防早期落叶，喷施叶面肥，提高植株营养水平，控制后期贪青徒长；树干涂白，喷施防冻剂防止冻害发生；尽量减少各种伤口，及时防治害虫。

（2）减少菌源，清洁梨园　晚秋清扫梨树落叶，及早清除病果、病枯枝，减少越冬菌源；早春梨树发芽前结合修剪，清除病梢，集中烧毁；发病初期及时摘除病梢、病花簇。

（3）刮除病斑，涂药治疗　早春梨树发芽前，细致刮除树干上的腐烂病斑。对已发病至木质部的病斑，要彻底刮净，要求刮面超出病斑和健康组织交界处 0.5cm；对仅在韧皮部发病的病斑，刮除变色的韧皮组织即可，主干受害严重的，刮除病斑后可采取桥接的方式帮助恢复树势（图 8-5）。刮面可用康复剂原液或 50% 腐必清 4 倍液均匀涂抹 1 次，7~10d 后再涂抹 1 次。

（4）敷泥法　红土泥和毛发混合液涂抹治疗。将红土泥与毛发混合成适宜黏度后抹于病斑处，厚度为 3cm 以上，然后用塑料薄膜捆扎，经 10d 左右，即可使病原因干泥固定隔绝空气而窒息死亡。

图 8-5　果树主干桥接

（5）化学防治　早春发芽前 3 个关键期全园喷药预防，可使用 3.315% 甲硫·萘乙酸涂抹剂、80% 乙蒜素乳油、50% 腐必清 50 倍液，1.8% 辛菌胺醋酸盐 100 倍液等，主干及枝干的基部要重点喷，可有效消灭植株上的潜伏病菌；重病园在 5~8 月于树干基部喷施 50% 腐必清 50 倍液或 43% 戊唑醇悬浮剂 1000 倍液淋洗树干，可以控制腐烂病的传播感染。另外，在花露红期、谢花期、套袋前全株喷施菌毒清等，可有效预防腐烂病的发生。

实训任务

通过在果园内现场调查、样本取样和病害症状观察等手段，对果树腐烂病病原的类型、病害程度及发生规律等进行科学观测，掌握枝干类病害田间发生情况的调查和统计方法；在教师和专业技术人员的指导下，查阅文献资料，分析当地果树腐烂病的发生情况，制定合理有效的综合防治方案。

1. 任务目标

1）能准确识别果树腐烂病。

2）掌握枝干类病害田间发生情况的调查和统计方法。

3）能够根据当地果树发生的腐烂病的发生规律和发病条件制定综合防治方案。

2. 任务准备

1）材料。病害图片及幻灯片、苹果树、梨树、核桃树腐烂病发生的果园。

2）器材。手持放大镜、枝剪、手锯、解剖刀、手套、计数器、多媒体设备等。

3. 任务实施

1）观察各类腐烂病枝干病部树皮上的分生孢子座和分生孢子角，注意比较不同果树分生孢子角颜色的差异。

2）完成枝干类病害（腐烂病）发生情况调查与统计（表 8–1）。以小组为单位选择当地发生果树腐烂病的地块，调查病害发生、分布情况，记录品种、生育期、种植环境情况、栽培模式等因子。采用分行取样或 5 点取样法调查并统计发病率。

发病率和病情指数可用下列公式计算：

$$发病率 = (发病株数 \div 调查株数) \times 100\%$$

$$病情指数 = [\sum(各级病叶数 \times 各级代表值) \div (调查总叶数 \times 最高级代表值)] \times 100\%$$

3）选择当地一种代表性果树腐烂病，分析病害发生的原因。

4）制定果树腐烂病综合防治方案。

枝干类病害分级标准如下：

0 级：枝干无病。

1 级：植株有几个小病斑或 1~2 个较大病斑（宽度为 15cm 左右），枝干齐全，对树势无明显影响。

2 级：植株有多块病斑，或在粗大枝干部位有 3~4 个较大病斑，枝干基本齐全，对树势有些影响。

3 级：植株病斑较多，或粗大枝干部位有几个大病斑（宽度为 20cm 以上），已锯除 1~2 个主枝，树势和产量已受到明显影响。

4 级：植株遍布病斑，或粗大枝干病斑很大或很多，枝干残缺不全，树势极度衰弱，以至枯死。

表 8-1　枝干类病害（腐烂病）发生情况调查与统计

组别：	记录人：	地点：	时间：
果树种类和品种：			
树龄：			
取样方法：	样点数目：	取样量：	
发病植株数量：	发病率：		
发病程度和病情指数的计算：			
0 级：	1 级：		
2 级：	3 级：		
4 级：	病情指数：		
备注：（土质、地势、种植环境情况、栽培模式等情况的特殊说明）			

任务评价

任务考核评价单

序号	评价内容及分值	评价标准	学生自评 10%	小组互评 10%	教师评价 60%	企业评价 20%
1	学习方法 10 分	课前完成必备知识的自学；课中认真观察思考，并主动操作实践；课后归纳反思				
2	学习态度 20 分	学习态度端正，具有吃苦耐劳、诚实守信、认真负责的品质；认真学习、钻研知识和技能				

（续）

序号	评价内容及分值	评价标准	学生自评10%	小组互评10%	教师评价60%	企业评价20%
3	沟通表达10分	能够及时与同组成员及指导教师、技术人员沟通交流				
4	合作能力10分	团队协作意识强				
5	创新实践10分	能够结合生产实际改进防治措施，提高防治效率				
6	职业能力10分	能够准确诊断并防治果树腐烂病				
7	学习成果30分	能准确识别果树腐烂病；能根据发生规律制定并实施防治方案；完成表8-1的内容				
合计						

任务二　黑斑病的识别与防治

任务导入

黑斑病，主要感染苹果树、梨树、桃树、杏树、红枣树等果树。黑斑病是梨树果实生长期和贮藏期的重要病害，常造成贮藏期果实大量腐烂。除为害果实外，还为害叶片，在叶片上形成病斑，严重时导致早期落叶。如果防治不及时，黑斑病可能在果园中迅速传播。

必备知识

1. 症状

（1）新梢和叶片受害　初期有黑色、圆形、稍凹陷的病斑，后逐渐扩大呈浅褐色，病健交界处常产生裂缝或呈疮痂状。嫩叶感染初期，出现针头大小的圆形黑色斑点，后逐渐扩大，病斑中心呈灰白色，边缘为黑褐色，常多个病斑愈合成不规则形状的大斑（图8-6）。湿度较大时，病斑表面形成黑色霉层，严重时导致早期落叶。

（2）幼果受害　初期在果面上产生1个至数个墨色圆形针头状斑点，随后逐渐扩大，呈圆形或椭圆形，病部略凹陷，其上有黑霉。由于病健部发育不均匀，果面常发生龟裂，有时裂口纵横交错或呈“丁”字形，在裂隙内会产生很多黑霉，病果早期掉落。成果受害，早期症状与幼果相似，但病斑较大，呈黑褐色，在重病果上常数个病斑合并成大病斑，甚至使全果变为漆黑色，表面密生墨绿色至黑色的霉，随后果实软化、腐烂脱落（图 8-7）。

图 8-6　梨树叶片受害

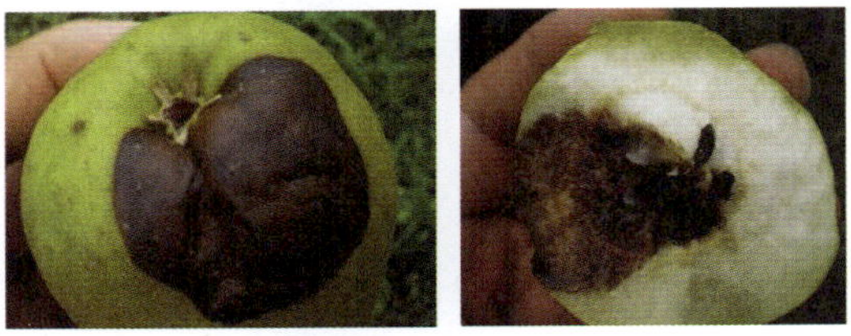

图 8-7　梨果实受害

2. 病原

通常情况下，果树黑斑病由真菌引起。目前，仅在新疆就已经分离出了 24 种病原，主要是链格孢属真菌，还有少数是茎点霉属真菌。这种类型的病原对周围环境的适应性较强，不论是在果实的生长期还是贮藏期，当果实生理衰弱或有伤口时都能侵染发病。

3. 发病规律及发病条件

该病病菌以分生孢子及菌丝体在病枝梢、病芽及芽鳞、病叶、病果上越冬。第 2 年春季产生分生孢子，借风雨传播。分生孢子在湿度充分的条件下才能萌发，穿破寄主表皮或经气孔、皮孔侵入寄主植物组织，引起初次侵染。以后新老病斑上又不断产生新的分生孢子而发生再侵染。

温度和降雨量与黑斑病病害的发生和发展关系极为密切。分生孢子萌发的最适温度为 25~27℃，30℃以上或 20℃以下萌发不良。分生孢子的形成、萌发与侵入，除温度条件外，还需要有水分，因此，一般气温为 24~28℃，同时连续阴雨，有利于黑斑病的发生与蔓延，如气温达 30℃以上，并连续晴天，则病害停止扩展。因此由于南疆的天气黑斑病在果树生长期发生并不多见，大多出现在果实的贮藏期间。树势强弱、树龄大小与发病的关系也很密切，10 年以内树龄，植株健壮，发病都较轻；10 年以上树龄，树势衰弱则发病常严重。此外，地势低洼，或通风透光不良，或缺肥及偏施氮肥的果园发病较重。

4. 综合防治措施

（1）选用抗病品种　比较抗黑斑病的梨品种有鸭梨、酥梨、苹果梨、日本梨、西洋梨。

（2）冬季清园，消灭越冬菌源　在梨树萌芽前结合修剪，剪除病枝、枯枝，刮掉老皮，用 50% 甲基托布津可湿性粉剂 50 倍液涂抹伤口消毒，杀灭越冬病虫，结合深翻改土，清除园内杂草、枯枝、烂叶，深埋或集中烧毁，清除越冬病虫源，并喷洒 5° Bé 石硫合剂，可有效减少菌源，减轻病害初次侵染。

（3）加强梨树栽培管理　增施有机肥和磷肥、钾肥，推广配方施肥，促进树势健壮，提高抗病力。合理留果，避免株产偏高，使树势衰弱。地势低、排水不良的果园，应做好开沟排水防涝工作；老果园应加强修剪，增加树冠间的通风透光，大量剪除患病枝梢，促进植株更新复壮，可减轻黑斑病为害。

（4）果实套袋　套袋可以减少黑斑病病菌对果实的侵害。由于黑斑病病菌芽管能穿过普通纸袋侵害内部果实，幼果期应套上专用杀菌小蜡袋，套小袋前应喷 1 次杀菌混合保护剂，5 月底 ~6 月初完成第 2 次梨果专用袋套袋，套袋前做好黑斑病等病虫害防治工作，以提高防效，减少果斑和锈斑，避免黑斑病侵染，增强果实耐贮性。

（5）化学防治　药剂防治应注意 2 个关键环节：一是果树萌芽前，全面喷 1 次波尔多液或 5° Bé 石硫合剂，全面消毒灭菌；二是落花后至果实成熟期间，隔 7~10d，可用 25% 吡唑醚菌酯悬浮剂 1500 倍液，或 10% 苯醚甲环唑水分散粒剂 3000 倍液，或 43% 戊唑醇悬浮剂 1000 倍液，或 80% 代森锰锌可湿性粉剂 800 倍液，或 50% 异菌脲可湿性粉剂 1500 倍液进行喷雾。梨黑斑病容易产生抗药性，要求各种杀菌剂轮换施用。

实训任务

通过在果园内现场调查、果实和叶片黑斑病症状观察、室内黑斑病病原镜检及课堂知识传授等方式相结合的理实一体化教学，掌握果树黑斑病症状特点、病原形态、发病率、病害严重程度；在教师和专业技术人员的指导下，查阅文献及气象历史资料，分析黑斑病的发生规律，以现有的管理措施为基础，制定合理有效的综合防治方案。

1. 任务目标

1）能准确识别果树黑斑病症状。

2）能使用显微镜观察，确定致病菌种类。

3）能在果园中根据病害分级标准进行调查统计。

4）能分析影响发病的各方面因素，制定合理的防治方案。

2. 任务准备

1）材料。苹果黑斑病、梨黑斑病、杏黑斑病、红枣黑斑病等病害发生田块，植物病害标本和图片。

2）器材。生物显微镜、载玻片、盖玻片、胶头滴管、挑针、标本夹、记录本、计数器、铅笔、剪刀、多媒体设备等。

3. 任务实施

1）观察黑斑病病叶、病果症状特点；挑取病部霉层于显微镜下观察病原形态，确定病原种类。

2）完成叶部、果实病害（黑斑病）发生情况调查与统计（表 8-2）。以小组为单位选择当地发生果树黑斑病的地块，调查病害发生、分布情况，记录品种、生育期、种植环境情况、栽培模式等因子，用合理的取样法调查并统计发病率、病情指数。

3）选择当地一种代表性果树黑斑病，分析病害发生的原因。

叶部（果实）病害分级标准如下：

0 级：叶片（果实）上无病斑。

1 级：叶片（果实）上有个别病斑。

2 级：病斑面积占叶片（果实）面积的 1/3 以下。

3 级：病斑面积占叶片（果实）面积的 1/3~1/2。

4 级：病斑面积占叶片（果实）面积的 2/3 或叶（果）柄有病斑。

4）制定果树黑斑病综合防治方案。

表 8-2　叶部、果实病害（黑斑病）发生情况调查与统计

组别：	记录人：	地点：	时间：
果树种类和品种：			
树龄：			
取样方法：	样点数目：		取样量：
发病植株数量：	发病率：		
发病程度和病情指数的计算：			
0 级：		1 级：	
2 级：		3 级：	
4 级：		病情指数：	
备注：（土质、地势、种植环境情况、栽培模式等情况的特殊说明）			

任务评价

任务考核评价单

序号	评价内容及分值	评价标准	学生自评 10%	小组互评 10%	教师评价 60%	企业评价 20%
1	学习方法 10 分	课前完成必备知识的自学；课中认真观察思考，并主动操作实践；课后归纳反思				
2	学习态度 20 分	学习态度端正，具有吃苦耐劳、诚实守信、认真负责的品质；认真学习、钻研知识和技能				
3	沟通表达 10 分	能够及时与同组成员及指导教师、技术人员沟通交流				
4	合作能力 10 分	团队协作意识强				
5	创新实践 10 分	能够改进防治措施、降低防治成本、提高防治效率				

（续）

序号	评价内容及分值	评价标准	学生自评 10%	小组互评 10%	教师评价 60%	企业评价 20%
6	职业能力 10 分	能够准确诊断并防治果树黑斑病				
7	学习成果 30 分	能准确识别果树黑斑病，完成表 8-2 的内容				
合计						

任务三　白粉病的识别与防治

任务导入

白粉病是一种常见的真菌性病害，由白粉菌引起。白粉菌寄生于植物表面，产生大量的分生孢子，主要为害叶片，同时也为害幼嫩的茎干和果实，菌丝附着在植物表面，形成吸器吸收寄主细胞内的养分。感染后叶片被白色粉状霉斑覆盖，叶片卷曲，影响植物的光合作用，使正常新陈代谢遭受干扰，甚至影响果实的外形和食用价值。白粉菌寄主广泛，为害葡萄树、苹果树、梨树、桃树等果树，生产上需要加强监测，及早防治。

必备知识

1. 症状

葡萄白粉病发生比较普遍，流行年份对果实品质和产量往往造成很大影响。同时还影响枝条的生长发育及葡萄树第 2 年的生长发育。叶片、新梢及果实等幼嫩器官较多受害，老叶及着色果实较少受害。葡萄展叶期叶片正面或叶片背面产生白色或褪绿小斑，随后病斑逐渐扩大，表面长出粉状白色霉斑，严重的布满整片叶，致叶片干枯，有时在病部产生黑色小粒点，称为闭囊壳；幼果感病，果面布满白粉，有的果面出现黑褐色网状花纹，因局部发育停滞，形成畸形果，易龟裂露出种子，果实发酸，穗轴和果实容易变脆，穗轴易断，果实易枯萎脱落（图 8-8）。

图 8-8　葡萄白粉病为害果实和叶片症状

苹果白粉病发生后通常在叶片背面覆盖一层白色粉状物，为病菌的分生孢子梗和分生孢子。病芽干瘪尖细，呈灰褐色，少茸毛，鳞片松散，顶端张开，发芽晚，易干枯。从病芽发出的新梢、叶丛、花丛往往整个染病。病梢细弱、节间短，病叶狭小细长，质硬而脆，逐渐变成褐色，叶缘向上卷曲，直立而不伸展，严重时早期落叶，影响树冠扩大和植株发芽。嫩叶染病，叶背病斑凹陷，叶面鼓起，病叶皱缩扭曲，秋季早期脱落。病花畸形，萎缩褪色，以至干枯，不能坐果。幼果多在花萼附近发病，果实长大后，白色粉斑脱落，形成网状锈斑。严重的病果，萎缩不长，易引起裂果脱落。后期在病梢叶腋和病叶主脉附近病斑上发生很多密集的黑色小粒点，即病菌的闭囊壳。苗木发病初期，顶端叶片及嫩枝上发生灰白色斑块，病叶逐渐萎缩，变褐焦枯（图 8–9 和图 8–10）。

图 8–9　苹果白粉病为害叶片和果实症状

图 8–10　苹果白粉病为害花簇症状

梨白粉病因病原种类不同为害特点略有差异。梨球针壳白粉病（图 8–11）主要为害成龄梨树叶片，先发生在枝条中下部叶片，逐步向上部新叶扩展。6 月下旬 ~7 月下旬，叶片背面出现一块块大小不等的近圆形或不规则形白粉斑，随着霉层的扩大，病斑数量增多，叶片背面被白粉全面覆盖，叶片正面未发现白粉。幼果期的果实也会感染白粉病，成熟之后果实会出现铜绿现象。枝条感染白粉病后，枝条顶端的叶片和果实失水干枯。从 8 月中下旬开始，发病部位陆续长出大量扁球形小黄点（闭囊壳），分布相对稀疏均匀，小黄点慢慢长大，然后变成褐色，最终变成黑色。随着秋季气温降低，露水出现，前期感染的病斑白粉渐渐消退，小黑点随风落在土壤或枝干上，部分残留于叶片。早熟品种于 8 月上旬开始大量落叶，晚熟品种从 9 月开始落叶。隐蔽叉丝单囊壳、白叉丝单囊壳主要为害梨树实生苗，成龄树极少发生，叶片正反两面均产生大量白粉，隐蔽叉丝单囊壳产生的闭囊壳主要发生在叶片正面，而白叉丝单囊壳的闭囊壳多发生在叶片背面（图 8–12）。

图 8–11　梨球针壳白粉病

图 8–12　叉丝单囊壳引起的梨树白粉病

桃白粉病为害初期在叶片上出现近圆形或不定形的白色霉点，后霉点逐渐扩大，发展为白色粉斑，粉斑可互相连合为斑块，严重时叶片大部分乃至全部被白粉状物所覆盖，像叶面被撒上一薄层面粉。被害叶片褪黄，甚至干枯脱落。果实染病，症状于 5 月出现，果面上生有直径为 1~2cm 的粉状菌丛，扩大后可占果面 1/3~1/2，果实表面变褐、凹陷或硬化，盛期为6月中下旬（图8-13）。

2. 病原

白粉病是由子囊菌亚门白粉菌目真菌引起的病害，不同果树侵染的病原有所不同。苹果白粉病是由白叉丝单囊壳菌引起的；葡萄白粉病是由葡萄钩丝壳菌侵染引起的；而梨白粉病病原有梨球针壳、隐蔽叉丝单囊壳、白叉丝单囊壳，其中以梨球针壳发生最为普遍，为害最重；桃白粉病则是由三指叉丝单囊壳和桃单壳丝侵染引起的。

图8-13　桃白粉病为害果实症状

3. 发病规律及发病条件

白粉病病菌是典型的专性寄生菌，只能寄生在寄主的活组织上，病菌以闭囊壳在植物病残体上越冬，第2年条件适宜时，闭囊壳破裂，散发出子囊孢子。子囊孢子随风雨传播，落到果树叶片上开始初侵染。病菌的芽管从气孔侵入叶肉细胞，吸收营养，发育繁殖。病菌侵染果树叶片后，菌丝匍匐在叶面上，形成分生孢子梗，随后产生大量分生孢子，进行再侵染，使病害不断蔓延。

白粉病的发生时期与地区、年份有关，并且不同果树品种间的抗性不同，因此发病时期不一致。当降雨过于集中、连续阴雨时间较长时，果园湿度过大，易造成白粉病的大量发生。密植和树冠郁闭的果园易发病，排水不良和偏施氮肥的果园发病严重。

越冬菌源对白粉病流行有着重要的影响，病菌数量决定着是否导致白粉病的流行。湿度和水分会限制白粉病传播蔓延，设施栽培的葡萄，白粉病发生率和流行率最高；葡萄生长季节发生干旱，也利于该病的传播流行。

4. 综合防治措施

（1）选育及应用抗病品种　加强抗病品种培育，是控制和减少白粉病的关键且有效的措施。

（2）加强栽培管理　合理轮作，以降低菌源基数，减少病害的发生；植物早期和快速生长期平衡施肥，氮肥过多，叶片肥厚，加重白粉病发生；灌溉方式选择滴灌和上午浇水抑制病害发生。改善通风透光条件，栽植过密，光照不足，通风不良，加重白粉病发生。

（3）清洁田园　将摘除的老叶、病叶移至园外销毁，以减少再侵染，收获后清洁田园，冬季修剪时注意剪除病枝、病芽、病梢，集中烧毁或深埋，以清除越冬菌源。

（4）生物防治　在白粉病的防治过程当中，生物防治发挥着非常重要的作用。食线虫真菌、芽孢杆菌、武夷菌素等生防菌，可以大幅控制和减少白粉病的发生。

（5）化学防治　为了对白粉病进行有效防治，化学防治是重要手段，特别是一些地区种植的果树品种感病率较高，而且白粉病在该区频繁流行，则需要通过化学防治手段进行防治。石硫合剂在防治白粉病过程中发挥着非常重要的作用，然而硫杀菌作用和环境因素与其类型状态有着非常紧密的关联性，尤其温度条件是重要的影响因素。在25~30℃的条件下，最适宜硫黄发生作用，而在 18℃条件下，很难发挥杀菌作用，超过 30℃极易引发药害。

25% 吡唑醚菌酯悬浮剂 2000 倍液、50% 醚菌酯水分散粒剂 1500 倍液和 25% 嘧菌酯悬浮剂 1500 倍液等甲氧基丙烯酸酯类杀菌剂，具有保护、铲除与系统治疗的效果，可以控制和减少萌发的分生孢子，抑制菌丝生长，引发细胞死亡。还可选择 250g/L 吡萘胺·苯甲唑悬浮剂 1500 倍液、80% 硫黄水分散粒剂 500 倍液、6% 嘧啶核苷类抗菌素水剂 500 倍液、0.1% 大黄素甲醚水剂 100mL/ 亩、20% 丁香菌酯悬浮剂 1500 倍液等多种药剂交替使用，提高防治效果。

实训任务

通过在果园内现场观察、室内白粉病病原镜检及田间调查统计，掌握白粉病病菌的形态特征、白粉病在果树上的症状表现、发生的严重程度；在教师和专业技术人员的指导下，熬制并施用石硫合剂；查阅文献资料，结合南疆特有的气候、地形和种植条件，制定合理有效的防治方案。

1. 任务目标

1）能准确描述南疆特色果树白粉病的主要症状特点和病原特征。

2）能够开展田间病害调查和统计，完成病害的田间调查工作。

3）熟悉南疆特有气候、地形、种植条件等对果树白粉病发生的影响，并掌握其发生的规律。

4）掌握石硫合剂的熬制方法，并能正确、安全地使用。

5）能够结合生产实际与病害的发生规律，设计综合防治方案。

2. 任务准备

1）材料。葡萄白粉病、苹果白粉病、桃白粉病、梨白粉病等病害发生田块，植物病害标本和图片，生石灰，硫黄粉。

2）器材。生物显微镜、载玻片、盖玻片、胶头滴管、挑针、标本夹、记录本、计数器、铅笔、剪刀、铁锅、波美比重计、漏勺、滤网、喷雾器等。

3. 任务实施

1）观察白粉病在果树叶片、嫩梢、果实上的症状表现；挑取闭囊壳于显微镜下观察其形态特征，区分白粉病病菌种类。

2）以小组为单位，选择当地发生果树白粉病的地块，调查病害发生率、分布特点，并记录品种、生育期、种植环境情况、栽培模式等因子。采用合理的取样法调查并统计发病率。

3）以小组为单位熬制石硫合剂，对发生白粉病的植物实施防治，观察并记录 7d 后的防治效果。完成石硫合剂对果树白粉病的田间防效测定（表 8–3）。

石硫合剂按生石灰∶硫黄粉∶水为 1∶2∶15 的比例进行熬制，用少量热水将硫黄粉调成糊状。再用少量热水在锅中化开生石灰，加足水，把石灰渣捞出，加火烧开，然后将硫黄粉糊慢慢倒入已烧开的石灰乳中，边倒边搅，维持药液沸腾，熬煮 40~60min，药液变成红褐色，即可停火。此时，药渣为黄绿色，红褐色液体为原液。熬好的原液放凉后，捞出药渣，用波美比重计测其浓度。

防治效果可用下列公式计算：

防治效果(%)=[（对照区病情指数 – 防治区病情指数）÷ 对照区病情指数] × 100%

4）制定果树白粉病综合防治方案，并组织实施。

表 8-3　石硫合剂对果树白粉病的田间防效测定

<table>
<tr><td colspan="2">组别：　　　　　记录人：</td><td colspan="2">地点：　　　　　　时间：</td></tr>
<tr><td colspan="4">果树种类和品种：</td></tr>
<tr><td colspan="4">树龄：</td></tr>
<tr><td>取样方法：</td><td colspan="2">样点数目：</td><td>取样量：</td></tr>
<tr><td>发病植株数量：</td><td colspan="3">发病率：</td></tr>
<tr><td colspan="4">对照区（清水处理）病情指数的计算：</td></tr>
<tr><td colspan="2">0 级：</td><td colspan="2">1 级：</td></tr>
<tr><td colspan="2">2 级：</td><td colspan="2">3 级：</td></tr>
<tr><td colspan="2">4 级：</td><td colspan="2">对照区病情指数：</td></tr>
<tr><td colspan="4">防治区病情指数的计算：</td></tr>
<tr><td colspan="2">0 级：</td><td colspan="2">1 级：</td></tr>
<tr><td colspan="2">2 级：</td><td colspan="2">3 级：</td></tr>
<tr><td colspan="2">4 级：</td><td colspan="2">防治区病情指数：</td></tr>
<tr><td colspan="4">防治效果计算：</td></tr>
<tr><td colspan="4">备注：（土质、地势、种植环境情况、栽培模式等情况的特殊说明）</td></tr>
</table>

任务评价

任务考核评价单

序号	评价内容及分值	评价标准	学生自评 10%	小组互评 10%	教师评价 60%	企业评价 20%
1	学习方法 10 分	课前完成必备知识的自学；课中认真观察思考，并主动操作实践；课后归纳反思				

（续）

序号	评价内容及分值	评价标准	学生自评 10%	小组互评 10%	教师评价 60%	企业评价 20%
2	学习态度 20 分	学习态度端正，具有吃苦耐劳、诚实守信、认真负责的品质；认真学习、钻研知识和技能				
3	沟通表达 10 分	能够及时与同组成员及指导教师、技术人员沟通交流				
4	合作能力 10 分	团队协作意识强				
5	创新实践 10 分	能够结合生产实际改进防治措施、降低防治成本、提高防治效率				
6	职业能力 10 分	能够准确诊断并防治果树白粉病				
7	学习成果 30 分	石硫合剂熬制步骤规范，原液呈红褐色，滴入清水中立即散开；能与团队完成表 8-3 的内容				
合计						

任务四　霜霉病的识别与防治

任务导入

霜霉病指的是由真菌中的霜霉菌引起的病害。在南疆地区，葡萄霜霉病是为害南疆葡萄产业的重点病害之一。果树霜霉病主要侵害嫩梢、叶片和果实，形成白色霜状的霉层，阻碍了光合作用，影响果实的正常生长发育，降低果实品质和产量。霜霉病传播速度快，防治困难，准确识别果树霜霉病的症状，有助于早发现和处理感染的植株，降低病害损失。

必备知识

1. 症状

叶片发病初期产生浅黄色水渍状边缘不清晰的小斑点，以后扩展为黄色至褐色不规则形或多角形病斑，数个病斑相连变成不规则形大斑。叶斑背面产生白色霜霉状不清晰的小斑点（即病原的孢囊梗和孢子囊），以后逐渐扩大（图 8-14），严重时整个叶背布满白色霜霉层，叶片易脱落，后期霜霉层变为褐色，叶片焦枯早落（图 8-15）。霜霉病导致与叶片光合作用有关的所有生理过程受阻；造成叶片出现病斑，致使叶片早衰、脱落，削弱树势和减少营养贮藏，从而成为产量下降、果实品质降低、冬季发生冻害、春季缺素症、花序发育不良等的重要因素。

图 8-14　霜霉病为害叶片初期症状

新梢、卷须、叶柄、穗轴感病产生黄色或褐色斑点，略凹陷，空气潮湿时也产生白色霜霉状物，后期褐色斑点逐渐变大，干枯脱落。

图 8-15　霜霉病为害叶片后期症状

幼果易感病，感病后果实呈灰白色，表面附着一层霜霉状物（图 8-16）。当果实长到直径为 2cm 时，一般不产生病菌孢子，即不会产生霜霉层。成熟的果实很少感病，果梗感病时会传染给老果实，病果呈现褐色，不会形成孢子。红色葡萄品种感染后大果实变为粉红色，果实硬度比较大，有时会超出正常果实的硬度。白色葡萄品种感染后大果实颜色变为暗灰绿色，但成熟时又会变软。感病的果实容易从穗轴上脱落，脱落后剩下的梗疤穗轴或整体果穗也会脱落。

图 8-16　葡萄霜霉病病果

2. 病原

葡萄霜霉病是由鞭毛菌亚门葡萄生单轴霉属（*Plasmopara*）真菌寄生引起的，属卵菌门，专性寄生菌。病菌的孢囊梗有分枝，分枝处近直角，分枝的末端有 2~3 个短小梗，圆锥形，末端钝，孢子囊着生在小梗上。孢子囊无色、单孢，呈卵形或椭圆形。

3. 发病规律及发病条件

病原主要以卵孢子在病组织中或随病残体于土壤中越冬。落入土壤中的卵孢子可存活 2 年，当降雨超过 10mm 且温度达到 11℃时，休眠 3 个月后的卵孢子开始萌发，产生孢子囊，孢子囊释放游动孢子，游动孢子借风雨飞溅，传播到葡萄树上，成为春季初侵染源。病原侵入后，菌丝在寄主细胞间寄生和扩展，吸取植物养分和水分，引起发病（图 8-17）。一个生长季节可多次再侵染，也会进行重叠侵染，使病情逐渐加重。

当秋季气温下降、水分减少、植株逐渐落叶进入休眠时，病组织内的菌丝产生藏卵器官和雄性器官，配合后形成卵孢子，卵孢子先休眠，然后再越冬。水分的存在（降雨、浓雾和结露）是该病发生和流行的关键。低温高湿是霜霉病流行的天气条件，在低温、少风、多雨、多雾或多露的情况下，最适合发病。夜间低温有利于孢子囊萌发和侵入，夜间比白天易发病。潮湿、冷凉的天气或季节，有利于发病。

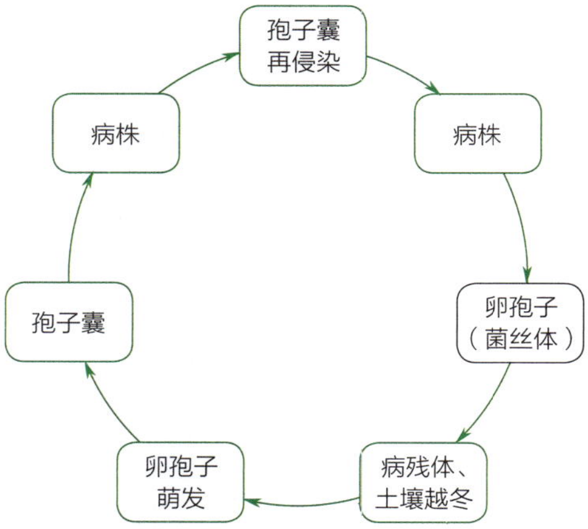

图 8-17　葡萄霜霉病病害循环

4. 综合防治措施

（1）农业防治　加强果园栽培管理，改善葡萄树生长环境。果园建设时应选择不积水的坡地，或者栽植前起高垄。对于黏重的土壤要改良成壤土或沙壤土。多施有机肥，少施化肥。生长季节避免土壤湿度过大，及时清理叶幕层，做到通风透光透气。冬季及时清园，剥除植株上的老皮层，将坏死枝条移出果园，消除菌源。在有条件的地区尽量采取避雨栽培模式以防止病害发生和扩展，但仍要注意园区湿度不应超过 85%。

（2）化学防治　冬季修剪时，主干及时涂白。待葡萄树叶片充分展开后，采用波尔多液喷施叶片预防霜霉病。霜霉病发生后，可以使用以下化学杀菌剂：25% 氰霜唑 2000 倍液、40% 烯酰吗啉悬浮剂 1600~2000 倍液、25% 嘧菌酯水分散粒剂 1000~1500 倍液、68.75% 噁酮·锰锌可湿性粉剂 1500 倍液等。注意定期更换药剂，防止病菌随着时间的推移对同一药物产生抗药性。

（3）生物防治　主要采用哈茨木霉菌等生物制剂。在发病前或发病初期，哈茨木霉菌可在葡萄植株的周围形成“保护罩”，通过抢占植物根、叶片等部位的表面位点，防止病原侵染植株。

（4）筛选具有抗性基因的种质资源　筛选具有霜霉病抗性基因的葡萄种质资源对防治葡萄霜霉病尤其重要。不同的葡萄品种对霜霉病的抗性不同，我国的葡萄属野生种，如瘤枝葡萄、变叶葡萄、华东葡萄、山葡萄等品种或株系对霜霉病有很高的抗性，而刺葡萄对霜霉病很敏感。

实训任务

通过比较葡萄霜霉病和其他植物霜霉病（如十字花科植物霜霉病）的发病部位和病部特征，对果树霜霉病和普通蔬菜霜霉病的异同做出初步判断。结合显微镜观察病原的形态特征，确诊病害；在教师和专业技术人员的指导下，结合发生规律，制定综合防治方案，熟练运用关键防治技术，有效防控果树霜霉病。

1. 任务目标

1）准确识别葡萄霜霉病的症状特点，能够区分葡萄霜霉病和其他植物霜霉病（如十字花科植物霜霉病）症状的异同。

2）熟练应用显微镜观察霜霉菌的形态特征。

3）能够结合发生规律，制定综合防治方案。

2. 任务准备

1）材料。葡萄霜霉病、常见蔬菜霜霉病（白菜霜霉病、萝卜霜霉病、黄瓜霜霉病）病害的新鲜或压制标本、图片，霜霉菌永久玻片。

2）器材。生物显微镜、载玻片、盖玻片、胶头滴管、挑针、枝剪、标本夹等。

3. 任务实施

1）在葡萄园内或实训室内取葡萄霜霉病病害标本或图片，观察发病部位及病部特征。

2）切取发病部位的植物组织，制备临时切片，观察葡萄霜霉病病菌形态特征。

3）观察常见蔬菜霜霉病的病害标本及病原切片，比较和概括果树霜霉病与常见蔬菜霜霉病的异同点。

4）制定葡萄霜霉病综合防治方案。

任务评价

任务考核评价单

序号	评价内容及分值	评价标准	学生自评 10%	小组互评 10%	教师评价 60%	企业评价 20%
1	学习方法 10分	课前完成必备知识的自学；课中认真观察思考，并主动操作实践；课后归纳反思				
2	学习态度 20分	学习态度端正，具有吃苦耐劳、诚实守信、认真负责的品质；认真学习、钻研知识和技能				
3	沟通表达 10分	能够及时与同组成员及指导教师、技术人员沟通交流				
4	合作能力 10分	团队协作意识强				
5	创新实践 10分	能够结合生产实际改进防治措施、降低防治成本、提高防治效率				
6	职业能力 10分	能够准确诊断并防治果树霜霉病				
7	学习成果 30分	能够准确识别葡萄霜霉病，比较和概括葡萄霜霉病与蔬菜霜霉病的异同点				
合计						

任务五 锈病的识别与防治

任务导入

锈病是侵染果树叶片和果实的一种真菌病害，危害性极大，可为害枣树、梨树、苹果树等果树，但梨锈病和苹果锈病在南疆地区极少发生，主要以枣锈病为主，常在枣膨大期引起大量落叶，果实皱缩，果肉含糖量大减，病果失去食用价值，重灾年份甚至绝收。病株早期落叶后出现二次发芽，严重影响下一年生长，危害严重的，第 2 年枣树生长量只相当正常枣树的 63%~83%，成为枣生产中亟待解决的一大难题。

必备知识

1. 症状

枣锈病初发生时，叶片背面出现浅绿色小点，后逐渐变为灰色，突起并变为黄褐色斑块，即病菌的夏孢子堆，多分布在叶脉两侧、叶尖和叶片基部上，有时连成条状或片状，形状不规则（图 8–18），后期破裂，散出黄粉，即夏孢子。叶片正面与夏孢子堆相对应处发生绿色小点，边缘不规则，使叶面呈花叶状，后逐渐变为灰黄色，最后叶片逐渐失去光泽，干枯脱落（图 8–19）。落叶首先从树冠下部开始，逐渐向上蔓延，严重发生时，果面也会出现病斑及孢子堆。由于叶片脱落过早，致使枣果不能正常成熟，果肉含糖量降低，部分提前脱落。

图 8–18 枣锈病病叶背面

图 8–19 枣锈病病叶正面

2. 病原

枣锈病病原为担子菌门锈菌目层锈菌属。该病害是以夏孢子进行初侵染和再侵染的单循环病害，病叶上越冬的夏孢子堆是第 2 年侵染发病的重要初侵染来源。目前只发现冬孢子和夏孢子阶段，夏孢子堆单生或群生，突起，初生于表皮下，后突破表皮。夏孢子为黄色或浅黄色，革质，椭圆形或卵圆形，密生短刺。落地病叶有时能形成冬孢子堆，冬孢子堆多散生，近圆形，黑色，不突破表皮。冬孢子 2~4 层，长椭圆形或多角形，单孢，褐色，表面光滑，上层孢子的顶壁稍厚。枣锈病无外来菌源及转主寄主，冬孢子数量极少，在侵染上无明显作用，主要以病叶上的夏孢子堆越冬，越冬后夏孢子萌发率约为 3.15%，用越冬的夏孢子接种可以侵染发病。

3. 发病规律及发病条件

枣锈病病原主要以落叶上的夏孢子堆越冬，越冬后的夏孢子在 3~33℃均可萌发，最适温度为 24℃，通常在 6~7 月，雨水多、湿度大时开始萌发，一般从叶片气孔侵入，11~16d 后开始发病，产生新的夏孢子借气流远距离传播。枣锈病首先在根蘖苗和树冠下部离地面较近的枝叶上发生，然后逐渐向上传染，发病中后期内膛发病轻，上部发病最重，下部次之。感病植株 8 月开始大量落叶。

枣锈病在不同年份间的流行变化，主要取决于气温高低、降雨时间和阴雨天持续的长短。空气相对湿度在 70% 以上，日平均气温达到 30℃时，病害发生早而且重；干旱年份发生轻或不发生；枣园病害防治不及时，以及冬季修剪后未能彻底清除植株、地面上病残体，均可造成果园菌源积累，第 2 年枣锈病易流行。另外，枣树的不同品种间抗病性有差异，新郑的鸡心枣，还有圆枣、团枣最不抗病；其次为新郑的灰枣、灵宝大枣、沧州金丝小枣等；新郑九月青、河北赞皇大枣、梨枣、京枣、安徽小枣等较抗病。树冠茂密、通风透光差、园内湿度大的密植园，枣锈病发病率较高；相反，植株健壮、结构合理、通风透光好、排水良好的枣园，枣锈病的发病明显减轻。

4. 综合防治措施

（1）做好枣锈病病害的预测预报工作　枣锈病发生初期流行较慢，中期较快，在降雨量较多的年份，应把枣锈病的防治工作作为重点，提前进行预防。

（2）选择抗病品种，加强田间管理，提高植株抗病性　落叶后至发芽前，彻底清扫枣园内落叶，集中烧毁或深翻埋入土中，以减少越冬菌源，消灭初侵染来源。在枣树感病期，喷布 0.5% 尿素溶液或 0.3% 磷酸二氢钾溶液 2~3 次，增强树势。新建枣园，定植不宜过密，对稠密生长的枝条要适时进行修剪，调整好植株结构，使枝系分布均匀，改善通风透光条件。雨季应注意及时排水，降低枣园湿度。枣树行间要留营养带，种植绿肥，近枣树行间避免种植高秆作物。

（3）化学防治　枣树萌芽前，全树喷施 3~5° Bé 石硫合剂进行预防保护；枣锈病病菌侵入叶片之前，喷 1 次石灰倍量式（硫酸铜∶生石灰∶水为 1∶2∶200）波尔多液，8 月中旬、下旬再各喷 1 次，可基本控制病害。枣锈病发生时，用 25% 吡唑醚菌酯悬浮剂 2000 倍液，或 50% 醚菌酯水分散粒剂 1500 倍液，或 25% 嘧菌酯悬浮剂 1500 倍液，或 43% 戊唑醇悬浮剂 3000 倍液防治。20% 三唑酮乳油 600 倍液对预防和控制冬枣锈病的初侵染和再侵染具有很好的防效，但使用时注意控制浓度，以免产生药害。

实训任务

通过在农业生产企业、校内外果树生产实训基地的现场教学、标本与图片观察、室内病原镜检及课堂知识传授相结合的理实一体化教学，掌握锈病的症状特点、夏孢子和冬孢子的形态特征，采集并制作枣锈病标本；在教师和专业技术人员的指导下，在准确诊断的基础上，结合南疆特有的气候和种植条件，制定合理有效的防治方案。

1. 任务目标

1）能够描述果树锈病的病原特征，并绘制枣锈病夏孢子和冬孢子图。

2）能够采集具有典型锈病症状特点的病枝，并制作标本保存。

3）能够制定果树锈病的防治方案。

2. 任务准备

1）材料。蒸馏水、病害永久玻片、枣锈病病害标本、幻灯片、枣锈病发生地块。

2）器材。载玻片、盖玻片、胶头滴管、显微镜、枝剪、手套、标本夹、铅笔、标签纸。

3. 任务实施

1）观察果树锈病病叶的症状特点；在显微镜下观察夏孢子和冬孢子形态，并绘图。

2）采集病枝，整理后铺展，夹在吸水纸中，同时放入写有采集地点、日期和寄主名称的标签纸，再用标本夹压紧后日晒或加温烘烤，使其干燥，视情况更换吸水纸。

3）取枣锈病新鲜病组织，制备临时玻片，观察夏孢子的形态、特征，并利用病害永久玻片观察冬孢子的形态、特征；根据所观察的枣锈病症状特点，开展描述，绘制显微镜下观察到的孢子。

4）结合当地气候条件和发病规律制定综合防治方案

任务评价

任务考核评价单

序号	评价内容及分值	评价标准	学生自评 10%	小组互评 10%	教师评价 60%	企业评价 20%
1	学习方法 10 分	课前完成必备知识的自学；课中认真观察思考，并主动操作实践；课后归纳反思				
2	学习态度 20 分	学习态度端正，具有吃苦耐劳、诚实守信、认真负责的品质，能够认真学习、钻研知识和技能				
3	沟通表达 10 分	能够及时与同组成员及指导教师、技术人员沟通交流				
4	合作能力 10 分	团队协作意识强				
5	创新实践 10 分	能够结合生产实际改进防治措施、降低防治成本、提高防治效率				
6	职业能力 10 分	能够准确诊断并防治枣锈病				
7	学习成果 30 分	能够采集并制作枣锈病的病害标本，能够准确识别并描述枣锈病的症状特点，绘制夏孢子和冬孢子图				
合计						

任务六　桃缩叶病的识别与防治

任务导入

桃缩叶病是一种由子囊菌门畸形外囊菌真菌引起的病害。该病主要为害桃树、樱桃树、杏树、李树等，主要为害桃树幼嫩部分，以侵害叶片为主，严重时也可为害花、嫩梢和幼果。重病时能够造成叶片干枯脱落，对当年的产量、品质及第2年的花芽分化产生严重影响。生产上需定期检查果树，特别是注意叶片的形态变化，以便早期发现病害。

必备知识

1. 症状

春季嫩枝抽出时呈卷缩状，红色，叶展开后卷曲加剧，变脆，呈褐色。春末夏初，叶表面有灰白色粉状物，即病菌子囊层。叶最终变褐、焦枯脱落，腋芽萌发新梢不再受害。枝梢呈灰绿色或黄色，节间缩短，簇生卷缩病叶，整枝可枯死（图8–20和图8–21）。花、果受害脱落，花瓣肥大变长，病果畸形，果面龟裂。

图8-20　桃缩叶病叶片发病

图8-21　桃缩叶病局部叶片发病

2. 病原

病原为畸形外囊菌［*Taphrina deformans*（Berk.）Tulasme］，属子囊菌门外囊菌属。子囊裸生在病叶表皮组织上，呈栅栏状排列，无色，长圆筒形，顶部扁平，下部稍窄。子囊内有圆形或椭圆形无色的子囊孢子4~8个，直径为1.9~5.4μm，单孢。子囊孢子能在子囊内芽殖形成芽孢子。分生孢子分为薄膜、厚膜两种，薄者能直接发芽，后者具有休眠性，可抗不良环境。病菌侵染适温为10~16℃，厚壁芽孢子抗干燥、抗寒，在果园内可以存活1年以上。

3. 发病规律及发病条件

病菌以子囊孢子或芽孢子在桃芽鳞片和枝干的皮上越夏，温度适宜时，以芽孢子在树皮和芽鳞片上或潜入鳞片缝内越冬。春季，当桃芽萌发时芽孢子产生芽管，直接穿透表皮或经气孔侵入嫩芽进行初侵染，展叶时由叶片背面侵入，展叶后也可从正面侵入，初夏形成子囊层，产生子囊孢子和芽孢子。桃缩叶病侵染适温为 13~17℃，桃树萌芽时，如持续低温、湿度大，发病严重，21℃以上病害停止发展。一般 3 月开始发病侵染，4 月下旬 ~5 月上旬进入盛期，6 月停止发展。一般早熟品种发病较重，中晚熟品种发病则轻。

4. 综合防治措施

（1）化学防治　桃树花芽刚露红但尚未展开前，喷石硫合剂，减少越冬菌源。喷药质量如能掌握好，桃树发芽后一般不需要再喷药，但如遇冷凉多雨天气，则有利于病菌侵染，可再喷 25% 多菌灵可湿性粉剂 300~500 倍液 1~2 次，或 70% 甲基硫菌灵（甲基托布津）可湿性粉剂 1000 倍液、70% 代森锰锌可湿性粉剂 500~600 倍液 1~2 次。早春及时喷药是防治该病的关键措施，若连续防治 2~3 年，可根治该病。

（2）农业防治　发病初期及早摘除病叶，剪除病梢、病果，集中烧毁处理。选择抗病品种，加强土肥水管理，提高树势，加强栽培管理。

实训任务

通过对果树叶部病害的田间调查和统计，全面了解桃缩叶病在果园中的分布和发生情况。基于调查数据，制定一套切实可行的防治方案。

1. 任务目标

1）能准确识别桃缩叶病症状。

2）能通过显微镜镜检诊断桃缩叶病病原。

3）能在果园中根据病害分级标准进行调查和统计。

4）能根据发病规律制定合理的防治方案。

2. 任务准备

1）材料。桃缩叶病等病害发生田块、植物病害标本和图片。

2）器材。显微镜、载玻片、盖玻片、胶头滴管、挑针、刀片、剪刀、多媒体设备等。

3. 任务实施

1）观察桃缩叶病病叶的症状特点；做病部叶片切片，于显微镜下观察叶表皮下栅栏状排列的子囊。

2）完成桃缩叶病发生情况调查与统计（表 8–4）。以小组为单位，就近选择发生桃缩叶病的地块，调查病害发生、分布情况，记录品种、生育期、种植环境情况、栽培模式等因子。用合理的取样法调查并统计发病率。

3）根据发病规律和发病程度制定桃缩叶病综合防治方案。

表 8-4　桃缩叶病发生情况调查与统计

<table>
<tr><td colspan="6">组别：　　　　　记录人：　　　　　地点：　　　　　时间：</td></tr>
<tr><td colspan="6">病害名称：</td></tr>
<tr><td colspan="6">树龄：</td></tr>
<tr><td colspan="2">取样方法：</td><td colspan="2">样点数目：</td><td colspan="2">取样量：</td></tr>
<tr><td colspan="2">发病植株数量：</td><td colspan="4">发病率：</td></tr>
<tr><td colspan="6">发病程度和病情指数的计算：</td></tr>
<tr><td colspan="3">0 级：</td><td colspan="3">1 级：</td></tr>
<tr><td colspan="3">2 级：</td><td colspan="3">3 级：</td></tr>
<tr><td colspan="3">4 级：</td><td colspan="3">病情指数：</td></tr>
<tr><td colspan="6">备注：（土质、地势、种植环境情况、栽培模式等情况的特殊说明）</td></tr>
</table>

任务评价

任务考核评价单

序号	评价内容及分值	评价标准	学生自评 10%	小组互评 10%	教师评价 60%	企业评价 20%
1	学习方法 10 分	课前完成必备知识的自学；课中认真观察思考，并主动操作实践；课后归纳反思				
2	学习态度 20 分	学习态度端正，具有吃苦耐劳、诚实守信、认真负责的品质；认真学习、钻研知识和技能				
3	沟通表达 10 分	能够及时与同组成员及指导教师、技术人员沟通交流				
4	合作能力 10 分	团队协作意识强				
5	创新实践 10 分	能够结合生产实际改进防治措施、降低防治成本、提高防治效率				
6	职业能力 10 分	能够准确诊断并防治桃缩叶病				
7	学习成果 30 分	能够准确识别桃缩叶病，完成表 8-4 的内容				
合计						

农事看台

库尔勒香梨有害生物防治工作历见表 8–5。

表 8–5　库尔勒香梨有害生物防治工作历

月份	物候期	防治对象	技术要求	防治方法
12 月 ~ 第 2 年 2 月	休眠期	梨火疫病、腐烂病、越冬春尺蠖、害螨、梨小食心虫	1）仔细修剪病虫枝，彻底清理，集中销毁 2）刮除时要仔细彻底，露红不露白，树下应铺上布或塑料薄膜，接收刮下来树皮，集中烧毁 3）树干束薄膜带宽不小于 10cm，紧贴树干，接缝平整	1）结合冬季修剪剪除病枯枝、病虫果，并集中销毁或深埋 2）刮老翘皮。2 年刮 1 次，重点是主干、中心干、各大主枝及树杈的老翘皮 3）树干束薄膜捕杀春尺蠖雌蛾，设置黑光灯诱杀春尺蠖雄蛾 4）2 月底前解除上一年秋季在树干绑扎的诱集带（麻袋片、毡片等），集中用沸水浸泡，消灭越冬害螨、梨小食心虫等，诱集带晒干后可多年重复使用
3 月	萌芽期	梨木虱、介壳虫、春尺蠖、梨火疫病、腐烂病	1）喷施农药要均匀全面，不留死角 2）刮治腐烂病病斑时，在树干基部放置塑料薄膜，集中回收刮除的树皮并销毁	1）3 月上中旬用 46% 氢氧化铜水分散粒剂 1500~1750 倍液喷雾防治梨火疫病 2）3 月下旬喷施 3~5° Bé 石硫合剂防治越冬病虫，或喷施 2.5% 高效氯氟氰菊酯水乳剂 1000~2000 倍液 +1.8% 阿维菌素乳油 1800 倍液防治梨木虱、春尺蠖 3）刮治腐烂病病斑，涂抹康复剂
4 月	开花期、坐果期	梨茎蜂、梨小食心虫、香梨优斑螟、盲蝽、害螨、金龟子、春尺蠖、梨火疫病、霉心病	1）喷施农药要均匀全面，不留死角 2）黄板每株树悬挂 1 块，高度为 1.5m 左右 3）及时剪除梨茎蜂为害的枝条，集中处理	1）挂黄板，诱杀梨茎蜂成虫 2）在果园设置杀虫灯诱杀金龟子成虫，每 3~5 亩配置 1 盏，也可用黄板、糖醋液诱杀金龟子 3）设置性引诱剂或糖醋液诱杀梨小食心虫、香梨优斑螟成虫 4）谢花后喷施 1.8% 阿维菌素乳油 1000~2000 倍液 +25% 噻虫嗪水分散粒剂 2500 倍液 +4.5% 高效氯氰菊酯乳油 1000~1500 倍液防治梨茎蜂、梨小食心虫、香梨优斑螟、盲蝽、害螨、金龟子、春尺蠖 5）开花前喷施 10% 丙硫唑悬浮剂 800 倍液，谢花后喷施 40% 春雷·噻唑锌悬浮剂 1200 倍液防治梨火疫病

（续）

月份	物候期	防治对象	技术要求	防治方法
5月	幼果期	梨木虱、介壳虫、害螨、梨小食心虫、蚜虫、苹果蠹蛾、梨火疫病、腐烂病	1）喷施农药要均匀全面，不留死角 2）在发病部位以下50cm处修剪梨火疫病感病枝条（枝条不足50cm的，要从基部剪除。下同）	1）1.8%阿维菌素乳油1500倍液+22.4%螺虫乙酯悬浮剂4000倍液+5%吡丙醚水乳剂1500倍液防治梨木虱、介壳虫、害螨、梨小食心虫、蚜虫、苹果蠹蛾 2）43%戊唑醇悬浮剂3000倍液喷雾防治腐烂病 3）及时剪除梨火疫病病菌感染的花、幼果及枝条，集中销毁
6月	幼果膨大期	梨木虱、介壳虫、害螨、梨小食心虫、蚜虫、苹果蠹蛾、梨火疫病、腐烂病	1）喷施农药要均匀全面，不留死角 2）在发病部位以下50cm处修剪梨火疫病感病枝条	1）1.8%阿维菌素乳油1500倍液+20%乙螨唑悬浮剂4000倍液+2.5%高效氯氟氰菊酯水乳剂1000~1500倍液或2.5%联苯菊酯水乳剂1000~1500倍液防治梨木虱、介壳虫、害螨、梨小食心虫、蚜虫、苹果蠹蛾 2）10%苯醚甲环唑水分散粒剂1500倍液或10%丙硫唑悬浮剂800倍液喷雾淋干，防治腐烂病 3）及时剪除梨火疫病病菌感染的幼果及枝条，集中销毁
7月	花芽分化期、果实膨大期	梨木虱、害螨、梨小食心虫、梨火疫病、腐烂病	1）喷施农药要均匀全面，不留死角 2）在发病部位以下50cm处修剪梨火疫病感病枝条 3）结合夏季修剪，彻底剪除病虫枝、病虫果，并集中处理	1）43%联苯肼酯悬浮剂1500~2000倍液或30%乙唑螨腈悬浮剂3000倍液+20%噻虫胺悬浮剂2000倍液防治梨木虱、害螨、梨小食心虫 2）10%苯醚甲环唑水分散粒剂2500倍液或10%丙硫唑悬浮剂800倍液喷雾淋干，防治腐烂病 3）及时剪除梨火疫病病菌感染的幼果及枝条，集中销毁 4）根据天气和雨水情况，选用40%春雷·噻唑锌悬浮剂1200倍液或10%丙硫唑悬浮剂800倍液或2%春雷霉素水剂600倍液进行喷雾，防治梨火疫病
8月	果实膨大期	梨木虱、害螨、梨小食心虫	1）喷施农药要均匀全面，不留死角 2）结合夏季修剪，彻底剪除病虫枝、病虫果，并集中销毁或深埋	1）用35%吡虫啉悬浮剂2000倍液+10%氯虫苯甲酰胺悬浮剂2000倍液+40%联苯乙螨唑悬浮剂3000倍液防治梨木虱、害螨、梨小食心虫 2）可在粘虫板上放置诱芯诱杀梨小食心虫

（续）

月份	物候期	防治对象	技术要求	防治方法
9月	果实成熟采摘期	梨火疫病、腐烂病	果实采收后，要及时清理果园病枯枝、病虫果，并集中销毁或深埋	持续深度修剪病枯枝
10月	越冬初期	梨木虱、害螨、梨火疫病、腐烂病	彻底剪除病虫枝，集中销毁	1）选用专用清园药剂全面喷施清园防治 2）喷施铜制剂防控梨火疫病
11月	落叶休眠期	越冬害虫、梨火疫病	1）修剪的病枯枝必须及时移出果园集中销毁 2）涂白高度为1m，须整齐一致	1）结合冬季修剪剪除病枯枝、僵果，及时清理，集中销毁 2）树干涂白。涂白可减轻植株日灼和冻害，杀死树皮内的越冬虫卵，防止病菌感染

这是针对库尔勒香梨制定的有害生物防治工作历，通过本工作历，你认为这份工作历中有哪些遗漏的地方？为什么？请说说你的观点，并结合这份库尔勒香梨有害生物防治工作历给该公司一些建议。

植保天地

一代宗师育桃李 躬耕杏林拓真菌
——戴芳澜先生

每位致力于植物病理学研究的学者，几乎都研读过戴芳澜先生所著的《中国真菌总汇》。这部经典之作不仅奠定了戴先生作为国内真菌学泰斗的崇高地位，更是其辉煌学术生涯的缩影。戴芳澜先生被誉为“我国真菌学的开门大师”，在植物真菌形态学、遗传学、分类学等多个植物病理学分支领域均有所造诣，有关研究成果迄今仍被国内外学者广泛引用。

1905年，仅12岁的戴芳澜先生伴随兄长踏入了上海震旦中学的殿堂。为了求知，戴芳澜先生于1910年进入了北京公费开办的清华学堂，并以优异的成绩毕业，获得了赴美深造的机会。戴先生在其自传中曾谈及自己的留学初心，他说：“那个时代几乎不断地有外国欺侮我国的事件发生，生在那个时代的青年人，无不义愤填膺，希望祖国赶快富强起来。那时青年人都抱有‘实业救国’的志愿。美国农学颇发达，因此，在留学时我的志愿是学农……”1914年，戴芳澜先生告别故乡，远渡重洋，踏上了异国求学的旅程。他先后留学于威斯康星大学、康奈尔大学和哥伦比亚研究院。然而，由于家中变故，戴先生不得不中断学业，回国养家。

戴芳澜先生回国之初，便怀抱着壮志雄心，致力于我国植物病理学的发展。在当时的中国，植物病理学领域的教授职位普遍由外籍学者占据，而这些学者多为植物学家和昆虫学家。在那个年代，外国学者频繁在我国境内采集标本并随意带出，以至于我国境内真菌的文献记载全是外国人发表的。1927 年，戴芳澜先生任金陵大学农学院生物系教授。有一次，戴先生受邀参与一项真菌标本的鉴定工作，一位美国籍系主任负责在我国收集真菌标本，并计划将其送往美国进行专业鉴定。然而，戴芳澜先生坚持认为这些珍贵的标本应当在我国本土完成鉴定，并且强调必须将样本留在我国。美国籍系主任认为，中国无人可以完成鉴定。戴芳澜出于强烈的民族自尊心，毅然决然地承担了这一鉴定工作。1930 年，戴芳澜先生的研究成果《三角枫上白粉菌之一新种》在权威刊物《中国科学社生物研究所论文集》上得以正式发表，这篇论文标志着我国真菌学科的创立。

戴芳澜先生致力于为国家造就卓越的真菌学和植物病理学专业人才。尽管科研任务重如泰山，他仍坚持亲自授课、编撰参考材料和教材，同时还细致地指导学生的实验课，并亲自带队赴野外进行标本采集等实习活动。戴芳澜先生在培养学生方面首先注重基础课程的教学，强调学生们应具备广泛的知识面和扎实的基础；其次，他推崇启发式教学，严格要求学生并做到奖惩分明；另外，他积极组织读书会和学术讨论会，鼓励学生认真钻研学问。戴先生特别强调，学习菌物学的学生不应局限于本专业知识，而应涉猎包括植物学、动物学、遗传学、生物化学、细菌学、病毒学等相关学科的书籍。他认为不了解一个领域的发展历程、现状动态和未来趋势，很难在该领域取得突出成就。戴芳澜先生不仅着眼于真菌学领域，更考虑到我国生物科学的整体发展。在他精心指导下，沈善炯专攻遗传学；方中达深入细菌学；周家炽、裘维蕃等人在病毒学领域取得显著成就；余永年、郑儒永等人致力于菌物学研究；魏江春则研究地衣学……，这些学者的研究成果丰富了我国生物科学的学术地图，填补了众多科研空白。

戴芳澜先生一生笔耕不辍，利用多年的研究成果，他着手编写了《中国真菌总汇》这部巨著，并在逝世前 1 个月完成了初稿。在这部耗费戴芳澜先生 20 年心血的书稿中，他并未过多夸耀个人的贡献，仅在前言中谦逊地写道：“谨以这本书，作为我个人晚年对人民的一点贡献吧！”

09 项目九 南疆特色果树细菌性病害的识别与防治

项目导学

- 果树细菌性病害是指由细菌感染引起的果树病害。重要的果树细菌性病害有梨火疫病、（桃树、李树、杏树、樱桃树）细菌性穿孔病、根癌病，病状为坏死、腐烂和畸形，病征为脓状物。在实际生产中，果树细菌性病害的防治方法、防治用药上有误区，盲目用药、用错药剂的情况时有发生。
- 通过学习，深入了解常见细菌性病害的症状特点和发病规律，掌握农业防治方法、生物防治可选用的生防菌、化学防治对症的药剂，提高果农对果树细菌性病害的防治意识，及时采取措施预防和控制细菌性病害的发生。

项目目标

- 知识学习目标：认识并列举南疆特色果树上的细菌性病害的种类、症状和识别特征。
- 技能培养目标：能够应用细菌性病害的防治策略和技术措施，有效地控制果树细菌性病害的发生和蔓延。
- 职业情感目标：培养独立分析和解决植物病害问题的能力；培养服务“三农”的意识。

任务一　梨火疫病的识别与防治

任务导入

梨火疫病（Fire Blight）是由梨火疫欧文氏杆菌侵染所引起的、发生在梨树上的病害，别名梨枝枯病，是近年来新传入新疆的一种检疫性细菌病害，2015 年 6 月首次在新疆伊犁霍城县发现并暴发流行，现已蔓延至新疆 14 个州市地，严重为害梨树、苹果树、山楂树、海棠树、榅桲树等蔷薇科果树，以库尔勒香梨受害面积和受害程度最重。2020 年梨火疫病被我国农业农村部列为一类农作物病害。

必备知识

1. 症状

（1）花簇和嫩枝　开花期病害的症状主要出现在花瓣脱落后 1~2 周内，花托、子房及花梗先表现出灰绿色或褐色水渍状病斑，感病组织随后坏死，病征逐渐向周围的花簇和幼果蔓延（图 9–1 和图 9–2），湿度较大时，感病组织上会有菌脓溢出，菌脓初期为奶白色，后期变为琥珀色。

图 9-1　梨火疫病为害山楂花簇和嫩梢症状

图 9-2　梨火疫病为害苹果花簇和嫩梢症状

（2）果实　主要为害香梨、山楂及苹果的幼果，在幼果表面形成褐色或黑色水渍状坏死斑，严重时整个果簇大部分果实都被感染，幼果变黑干枯萎缩死亡，无法正常结实，造成整个结果枝成为空枝或只有 1~2 个果实挂在枝头（图 9–3 和图 9–4）。

图 9-3　梨火疫病为害山楂果实症状

图 9-4　梨火疫病为害香梨果实症状

（3）叶片　叶片感染后，初期常在叶柄部位出现黑褐色水渍状坏死，症状沿叶片主脉扩展，造成主脉变褐坏死，随后大的支脉褪绿变黄，呈黄色网状。叶片感染也会在叶片上出现褐色水渍状不规则的坏死斑点（图 9–5 和图 9–6）。

图 9-5　梨火疫病为害香梨叶片症状

图 9-6　梨火疫病为害山楂叶片症状

（4）新梢　新梢的症状与花的症状相似，但发展速度较快，新梢顶端出现急剧萎蔫枯死，枯死后的新梢顶端下垂或弯曲，新梢顶端叶片干枯死亡；湿度大时，发病枝条有菌脓溢出。发病严重时，大量的新梢出现干枯死亡的症状，远看似火烧状，病害由此得名（图 9-7~ 图 9-11）。

图 9-7　梨火疫病为害香梨新梢症状

图 9-8　梨火疫病为害山楂新梢症状

图 9-9　梨火疫病为害杜梨新梢症状

图 9-10　梨火疫病为害新梢后出现的菌脓症状

图 9-11　梨火疫病导致大量新梢枯死

（5）主干、主枝　树皮受害后表现为颜色变深，呈褐色或黑色水渍状或流汁状，病部树皮开裂腐烂，进一步向树干内部扩展，发病组织呈黑褐色（图 9-12）；病害严重时，较大的侧枝整个萎蔫死亡，叶片萎垂或脱落，大量结果枝提早被砍伐（图 9-13）；主干感染多发生在基部嫁接点附近或菌脓随雨水流经的部位（图 9-14），也表现为树皮开裂呈水渍状，严重时导致整株果树死亡，发病严重的果园死亡率达 10%~20%，严重影响产量和果园第 2 年的管理。

图 9-12　梨树主干发病

图 9-13　发生梨火疫病后毁园伐树

图 9-14　主干感染发生在菌脓随雨水流经部位

2. 病原

梨火疫病的病原是梨火疫欧文氏杆菌［*Erwinia amylovora*（Burrill）Winslow et al.］，属原核生物界薄壁菌门肝肠菌科欧文氏杆菌属，革兰氏阴性菌，菌体呈短杆状，周生多根鞭毛，具有荚膜。兼性好氧菌，最适生长温度为 25~27.5℃。

病菌在 KB 培养基上培养 48h 后，形成直径为 3~5mm 的圆形菌落，菌落质地黏稠，白色半透明状，边缘整齐，无荧光色素产生（图 9-15）。

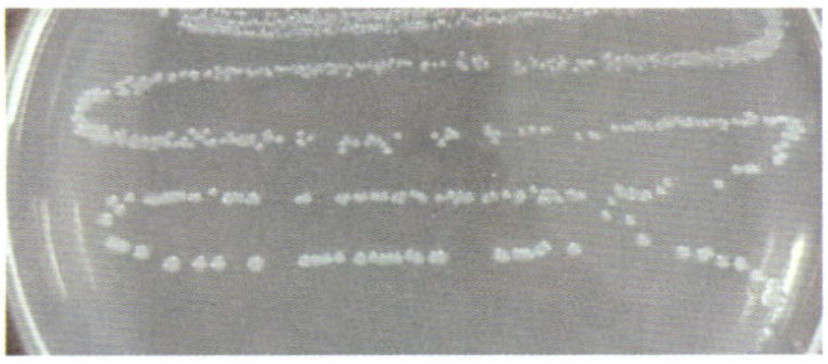

图 9-15　梨火疫病病菌在 KB 培养基上的菌落形态

3. 发病规律及发病条件

梨火疫病病菌在病部或病株树皮中越冬，第 2 年早春病菌通过伤口、自然孔口（气孔、蜜腺、水孔）、花侵入寄主组织，有一定损伤的花、叶、幼果和茂盛的嫩枝最易感病。遇到潮湿、温和的天气，病部渗出大量乳白色黏稠状的细菌分泌物，即为当年的初侵染源，通过昆虫、雨滴、风、鸟类及人的田间操作将病菌传给健株。梨火疫病远距离传播主要是感病寄主的繁殖材料。

扫码看视频

4. 综合防治措施

（1）培育抗性品种　培育抗性品种是解决梨火疫病病害最根本的手段。培育抗性品种包括筛选抗性植株和培育转基因抗性植株 2 种方式。抗病资源的鉴定是抗病育种的基础，如在新疆梨系统中选择抗病育种材料可优先考虑棉梨、也历克阿木特和绿梨。抗病砧木的开发也是育种的重点。尽管抗病砧木不能阻止易感接穗品种感染梨火疫病，但可以减少因砧木枯萎而造成的损失。

（2）化学防治　化学防治是快速控制梨火疫病发生的有效途径之一。在开花期喷施杀菌剂，对梨火疫病有显著防控效果。香梨主产区的梨火疫病市售药剂主要归为七大类：铜制剂（噻菌铜、氢氧化铜、松脂酸铜、波尔多液、唑醚·喹啉铜）、抗生素类（中生菌素、春雷霉素、宁南霉素）、微生物菌剂（枯草芽孢杆菌、哈茨木霉）、免疫诱抗剂（香菇多糖、氨基寡糖素）、植物源类（乙蒜素）、有机酸类（氯溴异氰尿酸、过氧乙酸）和其他类（噻唑锌、噻霉酮）。以上药剂多为广谱性杀菌剂，对细菌和真菌病害均有效。在库尔勒香梨生产中，使用 40% 春雷·噻唑锌悬浮剂 1200 倍液防效较好。

（3）生物防治　应用拮抗菌。拮抗菌一方面分泌细菌素等抑制病菌生长的物质，另一方面与病菌竞争营养和生存空间，从而抑制病菌的生长。已发现的梨火疫病病菌的拮抗菌主要为荧光假单胞菌菌株，已经注册用于商业化。另外，还包括贝莱斯芽孢杆菌、成团泛菌、酵母菌、噬菌体、蜜蜂导向盒＋生防菌等。

（4）农业防治　通过修剪去除病残体来减少果园中的初侵染源是梨火疫病管理策略的重要组成部分。发现感染的嫩梢和枝条必须及时修剪，修剪之前，修剪工具用铜制剂、酒精或漂白剂溶液进行表面消毒，剪去发病部位以下 30~50cm 的病枝，并在剪切口进行消毒处理，修剪下来的病枝要带到园外焚毁或深埋处理。除了清除田间发病的枝条、果实外，秋、冬季应及时刮除主枝和树干的溃疡，并涂上杀菌剂，发病严重的甚至需要挖除整株树，防止病原在上面越冬，成为下一个生长季的侵染源。同一个果园应当避免同时种植梨和苹果，拆除果园内或附近的山楂树篱，并且保持果园内的卫生。

（5）加强植物检疫，杜绝病害传入　梨火疫病在大多数国家是一种检疫性植物病害，因此与它的寄主相关的植物或植物产品在调运过程中会采取严格的检疫措施，主要是蔷薇科的植物及植物产品。禁止从发生梨火疫病的国家和地区进口或调运蔷薇科植物的接穗、幼苗及其他植物材料。

实训任务

通过在果园现场和实训室内梨火疫病的症状观察、喷菌现象的观察、病原形态的观察，准确诊断梨火疫病，掌握细菌性病害发病部位样品的采集方法和田间调查统计方法；在教师和专业技术人员的指导下，通过文献与网络查阅了解传播途径、发生规律，在调查分析的基础上制定梨火疫病综合防治方案并实施。

1. 任务目标

1）能准确识别果树上梨火疫病在嫩枝、花、幼果和叶片上的症状特征。

2）能够开展田间调查。掌握细菌性病害发病部位样品的采集方法和田间调查统计方法。

3）能够根据田间发病情况和发生规律，制定综合防治方案并实施。

2. 任务准备

1）材料。梨火疫病感病果树、病原永久切片、病害挂图及图片，如噻菌酮、波尔多液、春雷霉素等防治细菌性病害的常用药剂。

2）器材。手持放大镜、标本夹等采集工具、记录本、铅笔、显微镜、载玻片、盖玻片、滴管、挑针、多媒体设备、喷壶、搅拌棒、胶皮手套、插地杆、记号牌、标签等。

3. 任务实施

1）观察梨火疫病发病部位及病部特征，切取梨火疫病病部组织，制备临时切片，观察植物病原细菌的喷菌现象。完成梨火疫病的识别诊断（表 9–1）。

表 9–1　梨火疫病的识别诊断

组别：	记录人：	日期：
1. 梨火疫病的症状特点是什么		
① 发病部位		
② 病状的类型，病斑大小、颜色、形状		
③ 病征的类型、产生部位		
2. 简述观察植物病原细菌喷菌现象的方法		

2）以小组为单位，调查附近梨火疫病病害发生的轻重程度、分布特点，并记录相关因子如品种、生育期、种植环境情况等。采用五点取样法调查并统计发病率。完成梨火疫病病情调查（表 9–2）。

表 9–2　梨火疫病病情调查

调查日期：　　　　调查人：

组别	病害种类	调查地点	调查株数	发病株数	发病率	病情指数

3）以小组为单位制定综合防治方案。

4）以小组为单位，针对梨火疫病选择 2~3 种化学药剂，实施病害综合防治。完成梨火疫病的化学防治调查（表 9–3）。

表 9-3　梨火疫病的化学防治调查

组别：	调查人：	调查日期：
药剂名称：		
药剂剂型：		
生产厂家：		
施药面积：		
施药浓度：		
施药工具：		
施药方式：		

任务评价

任务考核评价单

序号	评价内容及分值	评价标准	学生自评 10%	小组互评 10%	教师评价 60%	企业评价 20%
1	学习方法 10 分	课前完成必备知识的自学；课中认真观察思考，并主动操作实践；课后归纳反思				
2	学习态度 20 分	学习态度端正，具有吃苦耐劳、诚实守信、认真负责的品质；认真学习、钻研知识和技能				
3	沟通表达 10 分	能够及时与同组成员及指导教师、技术人员沟通交流				
4	合作能力 10 分	团队协作意识强				
5	创新实践 10 分	能够结合生产实际改进防治措施、降低防治成本、提高防治效率				
6	职业能力 10 分	能够准确诊断并防治梨火疫病				
7	学习成果 30 分	能准确识别并区分梨火疫病和果树腐烂病；与团队完成表 9-1~表 9-3 的内容				
合计						

任务二　细菌性穿孔病的识别与防治

任务导入

细菌性穿孔病是桃树、李树、杏树、樱桃树、梅树等核果类果树的主要叶部病害，多为害叶片造成叶片穿孔，引起大量早期落叶；也为害果树枝梢和果实，造成枝梢枯死，果面病斑累累，对产量和树势影响极大。

必备知识

1. 症状

（1）叶片受害　初期，背面靠近叶脉处出现零星的浅褐色水渍状斑点，随着病害发展，斑点扩大，数量增多，颜色逐渐加深，变成红褐色、深褐色甚至黑褐色，病斑周围可见水渍状浅黄色晕环；病斑部分失去营养，逐渐干枯、碎裂、掉落，形成一个个圆形或不规则小孔；几个病斑也会连在一起，形成1个较大的不规则病斑，病斑脱落后形成大的穿孔（图9–16和图9–17）。果树叶片一旦受到病菌侵害，会导致大量叶片过早凋零。

图9-16　桃细菌性穿孔病为害叶片症状

图9-17　樱桃细菌性穿孔病为害叶片症状

（2）枝梢受害　初始阶段慢慢出现浅褐色水渍状小点，随后小点扩展延长，中部稍凹陷，龟裂并呈现溃疡状，受侵害的枝梢会出现流胶；有的病斑会逐渐扩大成环斑，受感染的枝梢逐渐枯死，严重影响果树长势。

（3）果实受害　表面出现褐色水渍状小点，并逐渐形成深褐色凹陷病斑。部分果实病斑开裂，流出黄色菌脓，腐生菌易滋生繁殖，引起果实腐烂（图9–18和图9–19）。

2. 病原

细菌性穿孔病病原属薄壁细胞门黄单胞杆菌属黄色单胞菌。菌体呈短杆状，大小为（1.4~1.8）μm×（0.4~0.8）μm，单根极生鞭毛，革兰氏阴性菌，好气性。在肉汁琼脂培养基上，菌落为黄色，圆形，光

图9-18　桃细菌性穿孔病为害果实症状

图9-19　李细菌性穿孔病为害果实症状

滑，边缘整齐；液化明胶，胨化牛乳。

3. 发病规律及发病条件

病原在果树病枝溃疡组织内越冬，第 2 年春季气温升高，越冬病菌开始活动，先在枝梢上发病，随后病斑逐渐扩大，发展成溃疡斑，流出菌脓，产生大量病菌，成为初侵染源。花期前后，病菌会借助各种昆虫和风雨传播，通过叶片的气孔或枝梢、果实的皮孔侵入潜伏，形成初次侵染。病害通常在每年 5 月发生，6 月迅速蔓延，10 月停止侵害，随着果树休眠在被害枝梢上越冬，形成侵染循环。

病原在 19~28℃、相对湿度为 70%~90% 的环境条件中最适宜生长繁殖，造成病害发生流行。如果环境干燥，病原能存活 10~13d。病原在病梢溃疡组织内能存活 1 年。细菌喜温暖潮湿的环境，一般为 5 月发病，7 月下旬 ~8 月中旬病害发展缓慢，秋雨期间又发生后期感染。其潜育期因气温的高低和树势的强弱而不同，在 25~26℃时潜育期为 4~5d，而 19℃左右时为 16d，若树势较强，其潜育期可达 40d。此外，树势弱、排水不良、通风不好、偏施氮肥，发病均会加重。

4. 综合防治措施

（1）合理建园

1）选择排水良好、通风向阳的地块作为园址，种植密度不宜过大，确保果树成龄后通风采光条件好，不出现园地积水、通风不畅等现象。

2）应尽量避免樱桃树、桃树、杏树、李树等果树混种或相邻。如果避免不了，则应在果园中间栽种隔离带，防止交叉感染。

（2）选择抗病品种　结合市场需求，因地制宜，选栽抗病性较强的品种，降低发病概率。在选择抗病品种时，要注意综合考虑当地的土壤、气候条件。为降低种苗成本，也可以选择本地抗病性较强的成龄树作为砧木自行嫁接。

（3）科学施肥　轻施氮肥，增施生物有机肥，建议施用硫酸钾复合肥，杜绝施用氯基复合肥，根据树龄及复合肥含量的高低确定施用量。

（4）加强田间管理　10~11 月，病菌随果树进入休眠期，在被害树枝上越冬，应重视做好冬季清园修剪，剪除受侵染的枝梢和枯枝，清扫干净地上的落果、落叶及枯草，将其带出果园，集中烧毁。开春后开沟排水，降低果园湿度。多雾天气或下雨之后要及时巡园，发现病害马上防治。对近年来发过病的植株要做好标记，密切观察，重点预防。及时防治桃蚜和红蜘蛛，减少病菌的传播渠道。

（5）化学防治

1）春季果树发芽前，用波尔多液（1∶1∶100）或石硫合剂全面喷雾 1 次，铲除病原。

2）开花前、谢花后和幼果期各喷 1 次 20% 噻唑锌悬浮剂 500 倍液或 40% 春雷·噻唑锌悬浮剂 1200 倍液。之后根据降雨及发病情况，交替使用铜制剂和有治疗作用的药剂。

实训任务

通过在农业生产企业、校内外果树生产实训基地的现场操作观察，实训室标本、图片观察及课堂知识传授等方式相结合的理实一体化教学，掌握细菌性穿孔病在桃树、杏树、李树、樱桃树等不同果树上的症状特点、田间发病情况；在教师和专业技术人员的指导下，结合发病规律制定综合防治方案。

1. 任务目标

1）能准确识别果树细菌性穿孔病为害后的症状表现。

2）掌握细菌性穿孔病果园发生情况的调查和统计方法。

3）了解果树细菌性穿孔病的发病规律和发病条件。

4）能够制定有效的细菌性病害防治方案并实施。

2. 任务准备

1）材料。桃、李、杏细菌性穿孔病病害标本，病原永久切片，病害挂图及幻灯片，噻唑锌、春雷霉素等防治细菌性病害常用药剂。

2）器材。手持放大镜、标本夹等采集工具、记录本、铅笔、显微镜、载玻片、盖玻片、滴管、挑针、多媒体设备、喷壶、搅拌棒、胶皮手套、插地杆、记号牌、标签等。

3. 任务实施

1）取果树细菌性穿孔病病叶、病果，观察发病部位及病部特征，切取果树上的病部组织，制备临时切片，观察植物病原细菌的喷菌现象。完成果树细菌性穿孔病的识别诊断（表 9-4）。

表 9-4　果树细菌性穿孔病的识别诊断

组别：	记录人：	日期：
1. 果树细苗性穿孔病的症状特点是什么		
① 发病部位		
② 病状的类型，病斑大小、颜色、形状		
③ 病征的类型、产生部位		
2. 简述观察植物病原细菌喷菌现象的方法		

2）以小组为单位，调查附近果树细菌性穿孔病发生的轻重程度、分布特点，并记录相关因子如品种、生育期、种植环境情况等。采用棋盘式取样法调查并统计发病率。完成果树细菌性穿孔病病情调查（表 9–5）。

表 9–5 果树细菌性穿孔病病情调查

调查日期：			调查人：			
组别	病害种类	调查地点	调查株数	发病株数	病株率	病情指数

3）以小组为单位制定综合防治方案。

4）以小组为单位，针对当地一种果树的细菌性穿孔病，选用 2~3 种化学药剂，开展病害防治工作。完成果树细菌性穿孔病的化学防治调查（表 9–6）。

表 9–6 果树细菌性穿孔病的化学防治调查

组别：	调查人： 调查日期：
药剂名称：	
药剂剂型：	
生产厂家：	
施药面积：	
施药浓度：	
施药工具：	
施药方式：	

任务评价

任务考核评价单

序号	评价内容及分值	评价标准	学生自评 10%	小组互评 10%	教师评价 60%	企业评价 20%
1	学习方法 10 分	课前完成必备知识的自学；课中认真观察思考，并主动操作实践；课后归纳反思				
2	学习态度 20 分	学习态度端正，具有吃苦耐劳、诚实守信、认真负责的品质；认真学习、钻研知识和技能				

（续）

序号	评价内容及分值	评价标准	学生自评 10%	小组互评 10%	教师评价 60%	企业评价 20%
3	沟通表达 10 分	能够及时与同组成员及指导教师、技术人员沟通交流				
4	合作能力 10 分	团队协作意识强				
5	创新实践 10 分	能够结合生产实际改进防治措施、降低防治成本、提高防治效率				
6	职业能力 10 分	能够准确诊断并防治果树细菌性穿孔病				
7	学习成果 30 分	能准确识别细菌性穿孔病，并熟练实施关键防治技术；与团队完成表 9-4~ 表 9-6 的内容				
合计						

任务三　根癌病的识别与防治

任务导入

根癌病是由细菌引起的果树常见病害，受害的果树有仁果、核果及浆果类果树，如葡萄树、苹果树、桃树、李树、梅树、樱桃树、无花果树。主要侵害果树根颈处，也发生于主根和侧根，个别植物也易发生在枝条或嫁接处。该病发生后抑制果树生长、减少产量、降低果实品质，并增加其他病害的感染风险。未及时防治可能导致大面积感染和植株死亡。

必备知识

1. 症状

根部被害形成癌瘤，癌瘤形状、大小、质地因寄主不同而不同，一般木本植物寄主的瘤大而硬，木质化；草本植物寄主的瘤小而软，肉质。瘤的形状一般是球形或扁球形，大如拳头，直径达 10cm 以上；小如豆粒，直径为 1cm 以内。瘤初生时为乳白色或略带红色，光滑柔软。后逐渐变成褐色，木质化而坚硬，表面粗糙或凹凸不平。在其表面或周围生出一些细根。老熟瘤表面组织破裂，或从表层向中心腐烂，有的瘤从基部脱落，还可再生出新的癌瘤（图 9-20 和图 9-21）。发病植株由于根部发生癌变，水分、养分流通受阻，树势衰弱，叶薄色黄。苗木受害后植株矮小，严重时叶片早衰。盛果期植株受害，果实小，结果不良，品质降低，树龄缩短，严重者，植株日渐枯死，乃至毁园。

图 9–20　果树根癌病为害根部症状

图 9–21　果树根癌病为害侧枝症状

2. 病原

根癌病是由薄壁菌门土壤杆菌属（*Agrobacterium*）的致病菌引起的细菌性病害。根据生理生化特征将土壤杆菌属致病菌分为 3 种生物型。生物Ⅰ型和生物Ⅱ型寄主广泛，能侵染桃树、樱桃树、梨树、苹果树、欧李树等大部分果树；葡萄根癌病主要为生物Ⅲ型病原侵染所致。

土壤杆菌呈短杆状，单极生 1~4 根鞭毛，在水中能游动。有荚膜，不生成芽孢，革兰氏染色阴性（图 9–22）。发育温度为 10~34℃，最适为 22℃，致死条件为 51℃下 10min，耐 pH 范围为 5.7~9.2，最适 pH 为 7.3。菌细胞内带致瘤质粒，可诱发寄主植物形成癌瘤。

3. 发病规律及发病条件

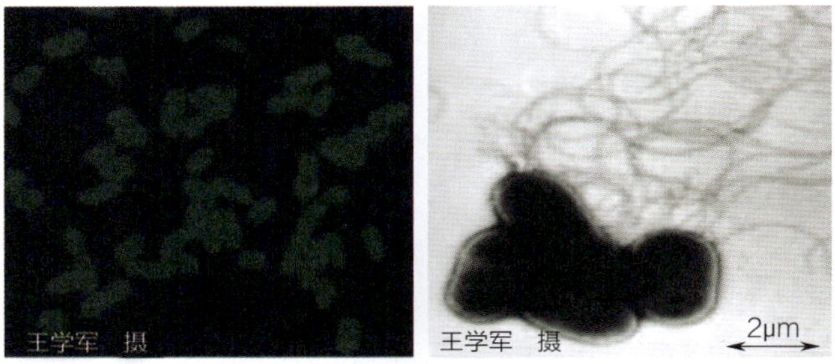

图 9–22　樱桃根癌病的病原

病原存活于病组织和土壤中，随病苗、病株向外传带。雨水、灌溉水及地下害虫、线虫等媒介也可传播扩散，而苗木带菌是远距离传病的主要途径。病原主要通过伤口侵入寄生植物，也可通过自然孔口侵入。细菌侵入植株后，在薄壁细胞间隙中不断繁殖，并分泌刺激性物质，使邻近细胞加快分裂、增生，形成癌瘤。病原进入植株后，可潜伏存活，待条件合适时发病。

该病每年生长期都可发生为害，6~10 月间以 8 月发生最多。微碱性土壤有利于发病，偏酸性土壤发病少；湿度大的沙壤土有利于发病，黏重土发病少；苗木嫁接、起苗、定植、埋土防寒、中耕等造成伤口时易招致发病；桃树发病较多，杏树发病较少；灾害性天气导致该病害加重，如冻害、雹害等；其他病虫伤害也会导致该病害加重，如地下害虫、线虫等。根癌病病原在癌瘤组织的皮层内越冬，或在癌瘤破裂时进入土壤中越冬。

4. 综合防治措施

1）加强苗木检疫，带病苗木严禁出圃。对出圃或外来苗木应抛弃病株并就地销毁，若发现可疑苗木，可用 1% 硫酸铜、石灰水等药剂浸根处理，用清水冲洗后栽植。在栽植苗木时，应避免从病区引进苗木或插穗，若有带病苗木应彻底清除烧毁。

2）建立无病苗木繁育基地，对种条或插穗，用 0.5% 高锰酸钾溶液浸泡 10min 进行杀菌。

3）加强栽培管理，适宜于根癌病发生的中性或微碱性土壤，应多施有机肥以提高土壤酸度，改善土壤结构；在进行中耕除草等操作时应尽量少伤根；注意及时防治地下害虫和土壤线虫，减少虫伤；雨后注意排除积水，降低土壤湿度；发现苗圃或栽植花木感染病菌后，应及时扒开周围土壤，用刮刀将癌瘤彻底切除，直至露出无病的木质部，并用氨基寡糖素加春雷霉素涂抹保护伤口，以免再感染；无法治疗的重病株应及时清除并彻底收拾残根，集中烧毁处理。

4）截至目前，生物防治是应用最广泛、效果最好的防治根癌病的方式。放射土壤杆菌 K84 以及由它改造而来的工程菌株 K1026 是开发应用最多且防治效果较好的生物制剂。放线菌 G19 等也是与根癌病病原有拮抗作用的菌种。

5）化学防治。轻病株可切除瘤体后用乙蒜素、辛菌胺或 5% 硫酸亚铁等喷涂伤口；嫁接时应避免伤口接触土壤。嫁接工具可用 75% 酒精或 1% 甲醛溶液消毒灭菌；发病期间可用 50% 多菌灵灌根或喷干。

实训任务

通过在果园内现场观察和田间调查、图片观察、室内病原镜检、网络和文献查阅及课堂知识传授等方式相结合的理实一体化教学，培养信息获取的能力、田间调查取样的能力，掌握根癌病不同阶段的症状表现，了解根癌病的发病规律、为害程度和病情变化趋势；在教师和专业技术人员的指导下，制定综合防治方案并实施。

1. 任务目标

1）能够准确识别果树根癌病不同阶段的症状表现。

2）掌握根癌病感染程度、树龄、土壤状况等关键数据的采集方法。

3）制定综合防治方案，合理应用生物制剂、化学防治药剂进行瘤体处理和土壤修复。

2. 任务准备

1）材料。梨根癌病、桃根癌病、葡萄根癌病或其他果树根癌病病株，病原永久切片，病害挂图及幻灯片，乙蒜素、硫酸铜、石硫合剂等防治根癌病害常用药剂。

2）器材。手持放大镜、标本夹等采集工具、记录本、铅笔、生物显微镜、载玻片、盖玻片、滴管、挑针、多媒体设备、喷壶、搅拌棒、胶皮手套、插地杆、记号牌、标签等。

3. 任务实施

1）观察梨根癌病、桃根癌病、葡萄根癌病或其他果树根癌病的发病部位、病部特征，切取病部组织制备临时切片，观察植物病原细菌的喷菌现象。完成果树根癌病的识别诊断（表 9–7）。

2）以小组为单位，针对果树根癌病，选择 2~3 种药剂，实施病害综合防治。完成果树根癌病的化学防治调查（表 9–8）。

表 9-7　果树根癌病的识别诊断

组别：	记录人：	日期：
1. 果树根癌病的症状特点是什么		
①发病部位		
②病状的类型，病斑大小、颜色、形状		
③病征的类型、产生部位		
2. 简述观察植物病原细菌喷菌现象的方法		

表 9-8　果树根癌病的化学防治调查

组别：	调查人：	调查日期：
药剂名称：		
药剂剂型：		
生产厂家：		
施药面积：		
施药浓度：		
施药工具：		
施药方式：		

任务评价

任务考核评价单

序号	评价内容及分值	评价标准	学生自评 10%	小组互评 10%	教师评价 60%	企业评价 20%
1	学习方法 10 分	课前完成必备知识的自学；课中认真观察思考，并主动操作实践；课后归纳反思				
2	学习态度 20 分	学习态度端正，具有吃苦耐劳、诚实守信、认真负责的品质；认真学习、钻研知识和技能				
3	沟通表达 10 分	能够及时与同组成员及指导教师、技术人员沟通交流				
4	合作能力 10 分	团队协作意识强				
5	创新实践 10 分	能够结合生产实际改进防治措施、降低防治成本、提高防治效率				
6	职业能力 10 分	能够准确诊断并防治果树根癌病				
7	学习成果 30 分	完成当地任意一种果树根癌病的识别诊断（表 9–7），并与团队完成表 9–8 的内容				
合计						

农事看台

农药链霉素为何被禁用?

近年来，受种植业产业结构调整、极端天气频发、新型病害流行等诸多因素影响，细菌性病害在我国的危害越来越严重。农用链霉素不但防治谱广，对大部分细菌性病害都有效果，而且价格低廉，深受广大农户喜爱，但是 2016 年起已经全部取消农用链霉素登记，目前已经全面禁用农用链霉素。2011 年 5 月，第八届全国农药登记评审委员会第九次全体会议在杭州召开。会议决定停止受理和批准硫酸链霉素的新增田间试验、农药登记，已批准含有硫酸链霉素的产品，其登记证到期不再办理续展登记。做出这样的决定主要原因是抗生素给人类带来了巨大的风险。

链霉素属于氨基糖苷类抗生素，这类抗生素在临床上给人使用后会产生耳毒作用，甚至会导致失聪。农用链霉素的反复使用甚至滥用会导致其进入我们的食物链中，动物通过摄入有链霉素残留的植物或水源，使链霉素进入了牛肉、猪肉、牛奶、蜂蜜等动物源性食品中，最终通过食物链传播到人类体内。如果长期食用氨基糖苷类残留超标的食品，会容易引发神经肌肉阻滞、皮疹、发热、血管性水肿、剥脱性皮炎，甚至还会出现过敏性休克等症状。

欧盟对氨基糖苷类抗生素的使用有着非常严格的要求和限制，虽然这类抗生素药物在我国农业生产上属于相对环保且安全的农药，但因为它对人类健康的不确定性而最终被禁用！

植保天地

对抗死神，挽救生命的奇迹药物

柑橘在长时间放置后极易感染青霉病。发病初期，果实表面产生水渍状褐色圆形斑点，病变组织湿润而绵软，轻轻一压就可能破裂。随着病害的扩展，病变部位形成白色菌丝后演变成青色或绿色霉层，最终导致整个果实彻底腐烂。引起柑橘青霉病的真菌是意大利青霉，隶属于真菌界子囊菌门盘菌亚门不整囊菌纲曲霉目发菌科青霉属。该属的特征在于其分生孢子和分生孢子梗均为鲜明的绿色，并且菌落中央呈现出同样的绿色，所以得名“青霉菌”。青霉菌作为一类广泛分布的真菌，不仅在土壤中繁衍生息，而且在变质食物上也常能发现它们的踪迹。许多青霉菌种能够产生毒枝菌素这类潜在致癌物质，令人担忧。有趣的是，对战争史乃至人类健康史产生了深远影响的青霉素正是从这些微小的青霉菌中提取出来的。

1928年，伦敦大学圣玛丽医院的实验室内，英国细菌学家亚历山大·弗莱明正专注于对葡萄球菌特性的研究。他每次打开培养皿的盖子，小心翼翼地取出其中的细菌样本置于玻璃片上，总有空气中飘浮的微生物趁机落入培养皿中。这些意外入侵者在培养皿中繁衍生息，经常干扰实验的正常进行，这让弗莱明对它们深感厌恶，然而他却对这些“不请自来的访客”束手无策。有一天，弗莱明正准备将取出的葡萄球菌置于显微镜下进行观察，他的目光被一个奇怪的现象牢牢吸引：原本布满了金黄色葡萄球菌的培养皿中竟长出了一块青绿色的霉菌菌落，显然这是由于杂菌入侵所致。令他震惊的是，这块青绿色霉菌周围几乎没有葡萄球菌，而距离较远的葡萄球菌则依旧完好如初。弗莱明立刻意识到，这种青绿色的霉菌可能分泌出一种能够裂解葡萄球菌的神秘物质，这或许就是他多年来不懈追求的自然抗生素。弗莱明谨慎地将这些意外的“访客”从培养皿中分离出来，保存至液体培养基中，并命名为“青霉菌”。经过一系列实验的验证，他发现这种青霉菌具有强大的杀菌作用。因此，他将这种由青霉菌产生的抗菌物质命名为“青霉素”。

弗莱明对青霉素在各种有机体上的抗菌效果进行了深入研究，发现它不仅能够有效抑制葡萄球菌等细菌，还能对抗包括肺炎、猩红热、脑膜炎、白喉、淋病等多种由革兰氏阳性菌导致的疾病。然而，令人遗憾的是，弗莱明一直未能发现提取高纯度青霉素的方法。于是，他一代代地培养着青霉菌菌株，直至1939年，他将这一珍贵的菌种提供给了正致力于青霉素研究的英国病理学家弗洛里和德国生物化学家钱恩。经过漫长的科学研究，弗洛里和钱恩最终运用冷冻干燥技术成功提取出了高纯度青霉素。

1944年末，汤飞凡和樊庆笙两位中国学者在美国完成学业后归国，并在国民政府的资助下成立了中央防疫处。他们成功提炼出青霉素，为我国青霉素的工业化生产奠定了坚实的基础。中华人民共和国成立后，以马誉澂为代表的一批科学家致力于青霉素的研发和生产，并为之奋斗终生。1950年初，通过中试放大工艺，我国终于成功生产出了第一批结晶青霉素钾针剂，突破了国外的技术封锁，开启了自己的抗生素研发事业。

青霉素，作为一种广泛应用的医用抗生素，其起源可以追溯到微生物间的相互作用与斗争。它的发现，不仅是一次幸运而美丽的意外，更是科研工作者们不懈追求、持续努力和协同合作的结果。

10 项目十 南疆特色果树生理性病害的识别与防治

项目导学

- 果树生理性病害是由不适宜的土壤因素、气候因素或环境条件引起的，这类病害无病原侵染，不能在果树植株之间相互传染，所以也称为非侵染性病害。果树生理性病害在发病时间上较为一致，病斑形状、大小、色泽比较固定，通常成片、成块发生，无发病中心，只有症状，没有病征。采用相应的农业措施改善环境条件可使植株生长恢复为正常状态。
- 本项目内容包括裂果病、日灼病、果树冻害、果树缺素症的症状、发病原因和综合防治措施，以症状识别为学习重点。

项目目标

- 知识学习目标：能够根据症状特点准确识别南疆特色果树常见的生理性病害。
- 技能培养目标：能够根据非侵染性病害的发病规律和发病条件制定综合防治措施并实施。
- 职业情感目标：培养科学、准确、严谨的工作态度；加强专业技能的训练，提高病害诊断与治理水平，以更好地服务农业生产。

任务导入

新疆南疆地区属于温带大陆性干旱气候，冬季漫长严寒，夏季炎热干燥，春季气温变化剧烈，光照丰富，降水量少，果树易发生冻害、裂果病和日灼病。同时，因部分地区土壤盐碱化程度高，影响了矿物质元素的吸收和利用，果树缺素症较为普遍。生产中需要准确区分侵染性病害和非侵染性病害，以针对性地采取合理施肥、合理灌溉等农业防治措施，预防和减缓生理性病害。

必备知识

一、裂果病

红枣树、葡萄树、苹果树、桃树、樱桃树等果树在果实膨大期至果实采收期会出现果实开裂的现象，使果实失去商品价值甚至腐烂霉变。

1. 症状

裂果病主要在果实上表现症状，近成熟期果实受害较多，如果连日下雨，果面纵向裂开 1 条长缝，果肉稍外露，随之裂果腐烂变酸，不堪食用。果实开裂后，易引起炭疽菌等病原侵入，从而加速了果实的腐烂变质。裂果形状可分为纵裂（图 10–1 和图 10–2）、横裂（图 10–3）和 T 形裂（图 10–4）3 种类型。一般纵裂较多，T 形裂次之，横裂较少。

图 10–1　桃裂果病症状

图 10–2　葡萄裂果病症状

图 10–3　红枣裂果病症状

图 10–4　苹果裂果病症状

2. 发病原因

（1）裂果的内因　裂果是一种生理失调症，矿物质营养硼和钙的缺乏是发病原因之一。品种和裂果敏感性也密切相关，如壶瓶枣、骏枣等属于极易裂品种。

（2）裂果的外因　主要原因是果实进入白熟期后降雨，果肉细胞吸水膨胀，造成果皮破裂。后期连续阴雨是导致该病发生的主要因素。开花期多次喷施赤霉素也可加重裂果病病害。

3. 综合防治措施

（1）农业防治

1）有计划地筛选和培育抗裂品种。

2）新栽枣园应选择沙质土壤，若已在排水不良地区和黏土上建园后，应加强土壤管理，增施有机肥，适当增施钙、钾肥。对于土质过分黏重的要掺沙改良土壤结构，提高土壤保水性能。

3）适时适量灌水，及时排水，维持稳定适宜的土壤水分状况，避免土壤水分的剧烈变化，维持适宜的树势；应用节水灌溉技术，保持干旱季节有稳定的水能供应；在果实生长后期注意控水，使土壤水分处于充足而稳定的状态，不使果皮细胞停止生长过早，减少裂果。

4）枣园覆草可以减轻裂果，起垄加覆草也可减少裂果枣。

5）合理修剪，改善通风透光条件。裂果品种提前至白熟期采收。

（2）化学防治　7 月初开始每 10~20d 喷 1 次 2% 氨基寡糖素 1000 倍液、3000mg/L 氯化钙可明显减少裂果；喷浓度为 300 倍液的磷酸二氢钾，可为细胞扩张提供动力；喷 800 倍液的细胞分裂素，可刺激细胞分裂扩大，平衡果皮和果肉细胞的生长速度，减少裂果；成熟期于降雨前喷果胶溶液 4~10 倍液对防止裂果有一定效果。也可喷洒提前或延迟枣成熟的其他激素，使成熟期和雨天错开。

二、日灼病

在农业生产中，日灼病是指由于强烈的太阳照射或局部高温导致梨树、枣树、葡萄树等皮层细胞失水，从而发生叶片、果面或果皮层灼伤的一种生理性病害。土壤干旱引起植株缺水，高温加剧蒸腾作用使叶片、果实过度失水，易发生日灼病，也称其为“日烧病”。2021 年库尔勒香梨果实日灼病发生较严重。

1. 症状

日灼病主要发生在叶片和果实上，叶片日灼表现为叶脉间似开水烫的急剧变褐，轻者仅叶片的一部分变褐，重者蔓延到全叶，导致早期落叶。果实日灼容易在叶片较少的向阳面树冠外围发生，一般从小幼果期至转色期均可受害，以白熟期至转色期为重，初为黄白色、黄绿色不定形的病斑，后变为褐色坏死病块，形成畸形果（图 10–5 和图 10–6）。

2. 发病原因

日灼病主要发生在高温雨季，尤其在一次明显的降雨后，迅速晴天，很容易发生。叶片日灼主要发生在果树萌芽期，果实日灼主要发生在果实膨大期至白熟期。强光照、高温是该病发生的主要原因。

图 10–5　苹果果实日灼病症状

图 10–6　葡萄果实日灼病症状

3. 综合防治措施

合理修剪，避免修剪过度，使果实能够有枝叶遮阴。小幼果期注意及时浇水，保证土壤水分供应，使果实含水量充足。大雨后如天气马上转晴，叶片喷施芸苔素内酯和海藻酸钠等，可有效控制日灼病的发生。

三、果树冻害

在持续的低温环境下，园林树木冻害的发生比较普遍。在受到 0℃以下的低温影响后，植株组织内部有结冰现象，引起组织变褐呈水浸状受冻坏死的自然灾害。无论是秋季的提早降温，还是冬季的低温或是春季的气温回寒和干寒等，均可使气温降到 0℃以下造成冻害。

1. 症状

（1）枝条冻害　枝条冻害多发生在初冬，轻微受冻时只表现为髓部变色，冻害较重时木质部变色，严重冻害时才冻伤韧皮部，待形成层变色时枝条已失去恢复能力（图 10–7~图 10–9）。在生长期则以形成层抗寒力最差，若形成层尚未受伤，便可以逐渐恢复。

图 10–7　健康的枝条

图 10–8　冻害较轻髓部变褐

图 10–9　冻害较重木质部变色

（2）枝杈冻害　多年生枝杈或主枝的基角内部，进入休眠期较晚，位置荫蔽而狭窄，输导组织发育差，最易遭受积雪冻害或一般冻害。受冻处皮层下陷或开裂，内部变成黑色，组织死亡（图 10–10）；受冻枝干发芽迟，叶片畸形，严重时主枝死亡，易感染腐烂病、干腐病等。

图 10–10　果树枝杈冻害

（3）主干冻害　主干受冻后常发生冻裂。轻者裂缝小，可以愈合；重者裂缝宽，深达木质部，树皮外卷，不易愈合，常引发腐烂病（图 10–11）。冻裂的主要原因是气温突降，昼夜温差太大，主干组织内外膨胀不均而引起，裂缝一般只限于皮部，以西南面为多。冻裂部位多在分枝角度小的分杈处或有伤口的部位。

图 10–11　果树主干受冻引起腐烂病

（4）花芽冻害　初冬如气温突然下降或春季回暖后又遇寒流时，易使花芽受冻。花芽受冻后，轻者春季发芽迟，萌发后花器官不完全或畸形；严重者花芽干瘪，春季不萌发，易僵芽、脱落，组织内部变褐，鳞片脱落；即将开放的花芽受冻后主要表现为柱头枯黑或雌蕊变褐（图 10–12~ 图 10–15）。

花芽越冬时分化越完善则抗寒力越低。因此，顶花芽比腋花芽易受害；短果枝花芽比中、长果枝花芽易受冻害；成龄树的花芽比幼树的花芽易受冻害；开花早的比开花晚的易受冻害。

图 10–12　健康的花芽

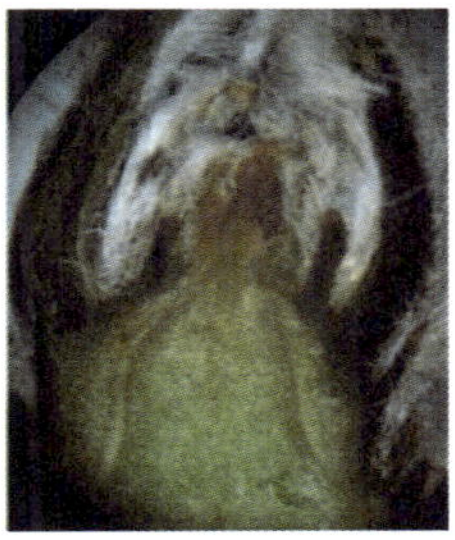
图 10–13　花芽顶端发生冻害

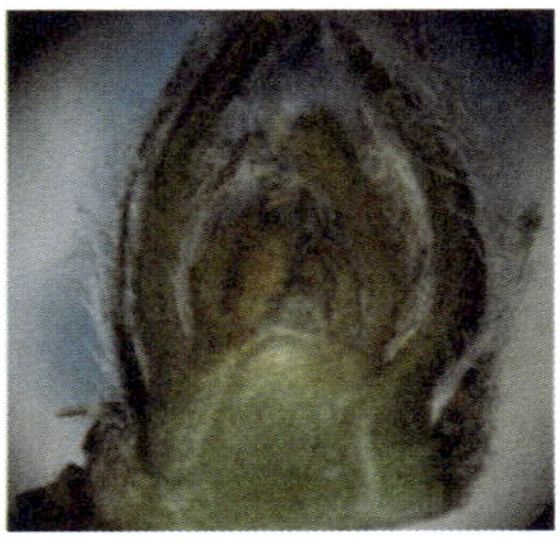
图 10–14　花器官发生冻害

图 10–15　花芽髓部发生冻害

（5）根颈冻害　根颈是植株组织较活跃的部分，对外界温度变化最为敏感，进入休眠最晚，而解除休眠最早，因此抗寒力低。同时，由于根颈所处的部位接近地表，当地面温度降低时很易受冻。根颈冻害对植株危害很大，常引起树势衰弱或整株死亡。

（6）根系冻害　根系无休眠期，其抗寒力比地上部差，且形成层最易受冻，皮层次之，而木质部抗寒力较强。近根颈处的根段易受冻。根系受冻后，外表皮层变褐，与木质部分离。根系受冻往往不易发现。根系受冻后地上部有如下反应：春季萌芽晚或不整齐，有的展叶后又干缩或发叶后又突然死亡。梨树根系受冻的土壤临界温度为 –10℃。

2. 发病原因

（1）不同树种冻害程度不同　枣树、杏树、香梨树等由于落叶早，皮层含水量低，未受冻害；而核桃树、桃树、葡萄树等由于落叶晚，生长旺，皮层含水量高，受冻严重。

（2）同一树种不同树龄冻害程度不同　幼树由于停止生长晚，冻害比成龄树、壮树严重。

（3）果树不同部位受冻程度不同　含水量高的部位受冻严重，迎风面受冻严重；根颈部比主干易受冻，成熟木质化的枝较抗冻，花芽比叶芽易受冻，地上部比地下部易受冻。

（4）不同地势受冻程度不同　地势高，地下水位高，干旱的地方，果树不易受冻害；相反，地势低洼，地下水位低，排水不良的地方冻害严重。

（5）栽培管理水平不同受冻程度不同　栽培管理水平高，修剪适中，施磷、钾肥多，后期控制浇水，能及时落叶，枝条粗壮的果树抗冻能力强；栽培管理水平低，管理粗放，修剪过重，后期浇水次数多，延迟落叶，枝条徒长、不充实的果树抗冻能力差。

3. 综合防治措施

（1）选择抗寒树种或品种　在种植果树时，因地制宜，根据当地的气候条件，选择适合本地栽培的树种或品种，选择抗寒性强的树种或品种（一般落叶早的果树抗寒性强）。

（2）适当选地建园　选择地势高，地下水位高，排水条件良好的沙土和沙壤土，风力小，土层厚而肥沃的地方栽植果树建园。

（3）加强生长期栽培管理　果树栽培管理水平的高低，对防止冻害有很大关系，特别是果树生长后期的栽培管理一定要重视。生长后期，加强肥水管理，多施磷、钾肥，少施或不施氮肥。9 月下旬 ~10 月上旬，早施基肥（农家肥），控制浇水次数，控制秋后植株旺长。

（4）冬季及时修剪　冬季要及时进行修剪，改善光照条件，促其光合作用。幼树和抗冻力差的树种冬季修剪推迟到春季果树萌芽前进行。11 月中下旬对没有及时落叶的果树要喷乙烯利，促使落叶，迫其尽早进入休眠期。

（5）建立防护林　在建立果园时，在果园的迎风面营造防护林带，建防风墙，降低风速，改善小气候，提高园内温度。

（6）加强病虫害防治　注意喷药，防治病虫害，保护好果树叶片，提高光合作用和效能，增加营养物质的积累，促进果树枝芽早成熟、植株健壮，从而提高越冬抗性。秋季雨水多，地下水位高的果园，注意及时排水，促使果树提早结束生长，适时进入休眠。

（7）应急措施　冬季来临，对新定植的幼树和抗寒能力差的树种，及早采取果树树干涂白、培土防寒措施。及时收听、收看天气预报，天气急剧降温时，组织广大果农和承包户及时进行树干绑草把、包塑料薄膜、树盘培土、浇水降温，以降低植株及土壤温度，减少温差。4~5 月发生倒春寒时，可在果园用弥雾机或喷淋装置进行水雾喷淋。

（8）冻伤后的补救措施

1）寒流来临之前发狼烟。果园一旦遭遇大雪等极端天气影响时，要积极开展生产自救。例如，提前在果园里放置秸秆并点火，烟火上冲去消冷空气；组织、指导果农及时排除积雪，既能防止冻害侵袭，又可避免积雪压劈枝干。清雪可摇振树干，也可用棍棒等物轻轻敲打振落，但棍棒敲击枝干时，要在棍棒的端部绑缚秸秆或废旧棉衣等软物，以防损伤枝干上的树皮。

2）适时修枝。果树枝干受冻后会发生变色、抽干、皱缩等明显的受冻现象，在春季气温回升后要进行适度修剪。成龄树发生枝干受冻，要剪除冻坏的主、侧枝，一般将枝干从受冻部剪除，同时注意剪口要涂抹保护剂。适度修枝，可除去干枯无用枝条，有利于植株萌发新的壮梢，促进树势的恢复。

3）药剂调节。果树遭受低温后，多施有机肥加生物菌肥养根、护根，氮、磷、钾肥搭配施用，培育壮苗，保持土壤湿润，有利于提高植株抗逆性和抗病性。及时选用赤·吲乙·芸苔或磷酸二氢钾、芸苔素、氨基酸等喷雾调节。疏除残叶，适当浇水，施用速效肥修复缓解。

4）加强管理。对受冻的果园，要加强果树综合管理，增施肥水，除草松土，防治病虫害，尤其是做好腐烂病的防治，以此来复壮树势，减缓冻害的影响。开春后及时中耕松土施肥；铺设地膜，提高地温；防治害病虫。受冻害后的植株树势衰弱，新梢和新叶容易受到蚜虫、螨类为害，且易诱发腐烂病，要注意加强对上述病虫害的防治。加强对花、果的量化管理，一方面在受冻植株开花期，要采用人工辅助授粉措施，提高坐果率；另一方面，要严格疏果，留果量要比正常树适当减少，以恢复树势。

四、果树缺素症

果树缺素症是由生长的土壤环境中缺乏某种营养元素或土壤的营养物质不能被果树根系吸收利用所引起的生理性病害，可以通过施用相应的大量或微量元素肥料来进行矫正。

1. 缺氮（N）

症状有新梢短而细，叶小直立，新梢下部的叶片逐渐失绿转黄，并不断向顶端发展，花芽形成少，果小、早熟、易落，须根多，粗根少，新根发黄。严重缺氮时，嫩梢木质化后呈浅红褐色，叶柄、叶脉变红，甚至造成严重的生理落果。

土壤瘠薄，管理粗放，缺肥和杂草多的果园，易表现缺氮症。春梢迅速生长期，植株需要大量氮素，雨季时土壤中氮素很容易流失，可增施 1 次复合肥，喷复硝酚钠，将多余的枝条剪掉，每个主枝上留出 3~4 个枝条，结果期再进行修剪，主要修剪一些过密的枝条。

2. 缺磷（P）

症状有新梢和根系生长减弱，枝条细弱而分枝少，叶片小而薄，老叶呈古铜色，叶脉间出现浅绿色斑，幼叶呈暗绿色，叶柄、叶背呈紫色或紫红色。严重缺磷时，老叶会出现黄绿色和深绿色相间的花叶，甚至出现紫色、红色的斑块，叶缘出现半月形坏死，枝条基部叶片早落，而顶端则长期保留一簇簇叶片。枝条下部芽不充实，春季不萌发，展叶开花迟缓，花芽少，果实着色面小，色泽差。植株抗逆性差，常引起早期落叶，产量下降。苹果树上早春或夏季生长较快的枝叶，几乎都呈紫红色，新梢末端的枝叶特别明显，这种现象是缺磷的重要特征。

果园缺磷包括土壤中含磷量少和土壤中缺乏有效磷 2 种情况。当土壤含钙量多或酸度较高时，磷素被固定，不能被果树吸收，从而造成缺磷。另外，在疏松的沙土或有机质不足的土壤中，常有缺磷现象发生。对于缺磷果树，可叶面补充磷酸二氢钾，在果树生长中后期施用高磷植炼素。

3. 缺钾（K）

果树缺钾时，根加粗，生长减弱，新梢细弱，叶尖和叶缘常发生褐红色枯斑，易受真菌为害，降低果实产量和品质。严重缺钾时，叶片从边缘向内焦枯，向下卷曲枯死而不易脱落，花芽小而多，果实色泽差、着色面小。在细沙土、酸性土，以及有机质少的土壤中，易表现缺钾症。

为避免缺钾，应增施有机肥，如厩肥和农家肥。缺钾果树要在果实迅速膨大期追施高钾植炼素。

4. 缺钙（Ca）

果树缺钙主要表现在幼叶上，叶片较小，幼叶首先出现褪绿与坏死斑点。严重时枝梢先端的嫩叶叶尖、叶缘和叶脉开始枯死，顶叶和茎枯死，或花朵萎缩。新根停止生长早，粗短、扭曲、尖端不久褐变枯死，枯死后附近又长出很多新根，形成粗短且分枝多的根群。缺钙还能导致核果类果树的流胶病和根癌病，引发苹果苦痘病和红玉斑点病。

当土壤 pH 低于 5.5 时，钙很快流失，导致果树缺钙。另外，前期干旱而后期大量灌水，或偏施、多施速效氮肥，特别是生长后期偏施氮肥，均会降低果实内钙的含量，从而加重苦痘病的发生。为防治果树缺钙，应增施有机肥和绿肥，改良土壤，幼果期喷施 3 次柠檬酸钙或壳聚糖钙、EDTA 钙，采收前施用 2 次，每次间隔 10d。早春注意浇水，雨季及时排水，适时适量施用氮肥，促进植株对钙的吸收。

5. 缺锌（Zn）

果树缺锌时早春发芽晚，新梢节间极短，从基部向顶端逐渐落叶，叶片狭小、质脆，小叶簇生，俗称“小叶病”，数月后可出现枯梢或病枝枯死现象。病枝以下可再发新梢，新梢叶片初期正常，以后又变得窄长，产生花斑，花芽形成减少，且病枝上的花显著变小，不易坐果，果实小而畸形。幼树缺锌，根系发育不良，老树则有根系腐烂现象。

在沙地、瘠薄山地或土壤冲刷较重的果园中，土壤含锌盐少且易流失，而在碱性土壤中锌盐常转化为难溶状态，不易被植物吸收。另外，土壤过湿，通气不好，降低根吸收锌的能力，这些情况都可以引起果树发生缺锌症。对缺锌果树，可在发芽前 3~5 周，结合施基肥施入一定量的锌肥。

6. 缺硼（B）

果树缺硼可使花器官发育不良，受精不良，落花、落果加重发生，坐果率明显降低。

叶片变黄并卷缩，叶柄和叶脉质脆易折断。严重缺硼时，根和新梢生长点枯死，根系生长变弱，还能导致苹果、梨、桃等果实畸形（即缩果病）。病果味淡而苦，果面凹凸不平，果皮下的部分果肉木栓化，致使果实扭曲、变形。严重时，木栓化的果皮开裂，所以又称“猴头果”。

山地果园、河滩沙地或沙砾地果园，土壤中的硼和盐类易流失，易发生缺硼症。另外，土壤过干、盐碱或过酸，化学氮肥过多时也能造成缺硼。对于缺硼果树，可于秋季或春季开花前结合施基肥，施入硼砂。

7. 缺铁（Fe）

果树缺铁首先产生于新梢嫩叶，叶片变黄，发生黄化病（图 10–16 和图 10–17）。其表现是叶肉发黄，叶脉为绿色，称典型的网状失绿，严重时，除叶片主脉靠近叶柄部分保持绿色外，其余部分均呈黄色或白色，甚至干枯死亡。随着病叶叶龄的增长和病情的发展，叶片失去光泽、皱缩，叶缘变褐、破裂。果树缺铁的原因比较复杂，由多种因素综合导致。一般土壤中并不缺铁，只是由于土壤和水的碱性过大，有机质过少，土壤不通透或土壤盐渍化等原因，使表土含盐量增加，土中可以吸收的铁元素变成了不能吸收的铁元素；以及土壤和叶片中的锰、镁离子偏低，叶绿素含量发生了变化；同时，树势强的植株相对树势弱的来说黄化病发生得要轻、要迟；另外，缺铁与砧木的耐碱性有关，用东北山荆子作为砧木，易表现缺铁症，而用海棠作为砧木的苹果树则很少发现该病。

图 10–16　梨树幼树黄化病

图 10–17　梨树成龄树黄化病

防治黄化病，首先应注意改良土壤，排涝，通气和降低盐碱。春季干旱时，注意灌水压碱，低洼地要及时排除盐水；增施有机肥料，合理地施用化肥，树下生草增施绿肥，以增加土壤腐殖质，改良土壤，施用酸性肥料降低土壤 pH；对已经发生黄化病的植株可挂吊针输液，在病树主干基部钻孔打眼至髓部（图 10–18），可选用柠檬酸铁、糖醇铁。发病严重的树在发芽前可喷 0.3%~0.5% 硫酸亚铁溶液或冲施矿源黄腐酸钾，也可结合深翻施入有机肥，适量加入硫酸亚铁，但切忌在生长期施用，以免产生肥害。降低灌溉水的 pH，避免土壤次生盐渍化。

图 10-18　果树输液治疗

8. 缺镁（Mg）

幼树缺镁，新梢下部叶片先开始褪绿，并逐渐脱落，仅先端残留几片软而薄的浅绿色叶片。成龄树缺镁，枝条老叶叶缘或叶脉间先失绿或坏死，后渐变为黄褐色，新梢、嫩枝细长，抗寒力明显降低，并导致开花受到抑制，果小、味差。

在酸性土壤或沙质土壤中镁容易流失，常会引起缺镁症。轻度缺镁果园，可在 6~7 月叶面喷施硫酸镁 2~3 次。缺镁较重果园，可把叶镁素混入有机冲施肥中根施，每亩施叶镁素 1kg。

9. 缺锰（Mn）

果树缺锰，常出现缺锰性失绿。从老叶叶缘开始，逐渐扩大到主脉间失绿，在主脉处出现宽度不等的绿边，严重时全叶黄化，而顶端叶仍为绿色。但锰也不宜过多，过多则会引起果树发生粗皮病。

坚持施用全营养、全元素肥，可改善果树赖以生存的土壤环境、缺素引起的各种症状。果树缺素症时有发生，生产上主要采取根施和叶面喷肥的方法进行防治。秋季结合基肥施入一定量的微量元素肥料对果树缺素症有良好的防治效果，且持续时间长。

实训任务

通过在农业生产企业、校内外果树生产实训基地的现场教学、标本与图片观察及课堂知识传授等相结合的理实一体化教学，掌握各类果树生理性病害的典型症状；在教师和专业技术人员的指导下，结合文献查阅，分析某一生理性病害的田间分布情况与发病原因，制定综合防治方案。

1. 任务目标

1）能准确判断病害类型，识别各类果树生理性病害。

2）了解各类生理性病害的发病条件。

3）能够根据果园发病情况，制定综合防治方案并实施。

2. 任务准备

1）材料。裂果病、日灼病、果树冻害、果树缺素症等生理性病害新鲜样品标本或永久标本，病害图片，有机肥、水溶性肥料。

2）器材。挑针、手持放大镜、刀片、多媒体设备等。

3. 任务实施

1）观察植物生理性病害宏观症状表现，分析与侵染性病害的区别。

2）观察生理性病害的发病部位及病部特征，比较、概括和总结不同果树生理性病害的症状特点。

3）切开裂果病、日灼病、果树冻害、果树缺素症等病害部位，观察器官或组织的异常情况，以及病部有无症状。完成非侵染性病害的识别诊断（表 10–1）。

4）根据某种生理性病害在当地的发生情况，制定综合防治方案，并提出当前的应急防治措施，组织实施。

表 10–1　非侵染性病害的识别诊断

组别：	记录人：	地点：	时间：
病害名称			
发生面积			
症状类型及色泽、形状			
病部有无病征			
植物生理性病害田间宏观症状表现，分析与侵染性病害的区别			

任务评价

任务考核评价单

序号	评价内容及分值	评价标准	学生自评 10%	小组互评 10%	教师评价 60%	企业评价 20%
1	学习方法 10 分	课前完成必备知识的自学；课中认真观察思考，并主动操作实践；课后归纳反思				
2	学习态度 20 分	学习态度端正，具有吃苦耐劳、诚实守信、认真负责的品质；认真学习、钻研知识和技能				
3	沟通表达 10 分	能够及时与同组成员及指导教师、技术人员沟通交流				
4	合作能力 10 分	团队协作意识强				
5	创新实践 10 分	能够结合生产实际改进防治措施、降低防治成本、提高防治效率				
6	职业能力 10 分	能够准确诊断并防治果树生理性病害				
7	学习成果 30 分	能准确识别并区别果树生理性病害；完成表 10-1 的内容，并熟练实施关键防治技术				
合计						

农事看台

2022 年 4 月初，正值库尔勒香梨树开花期，气温从 10℃开始持续上升，连续几天持续 30℃以上高温，让香梨树的盛花期由 15d 左右缩短至 3~5d。因花期太短，授粉受精不良，导致坐果率低，香梨大面积减产，严重的甚至绝收。

花期高温除了浇大水给果树降温外，还有哪些应对的技术措施？

1. 提升花芽质量，提高梨花应对自然气候变化的能力

上一年的花芽结下一年的果，培养好上一年的花芽，是决定下一年增产、稳产的基础，培养和维护好花芽的主要技术措施如下：

（1）疏果　当年结果过多，应充分疏果，既要满足当年果个长大，还需留足营养满足花芽分化完成。

（2）追肥　除提供果品所需的营养外，还应提供足够的营养以满足花芽分化完成，6月中旬（大部分枝梢停止生长），每亩深施复合肥50~80kg。

（3）底肥　9月中下旬（果实采收后），每亩深施生物有机肥200~300kg。

（4）叶面喷施　9月叶面喷施0.3%~0.5%尿素加0.1%磷酸二氢钾加0.1%大量元素水溶肥，15d喷1次，直至落叶为止。花芽萌动期，叶面喷施0.1%大量元素水溶肥，7d喷1次，连喷2~3次。

2. 增加果园空气湿度

没有灌水条件的，可隔行覆膜存水，于初花期放置，保持水量至盛花期结束。

3. 其他

除无人机授粉外，增加人工点授。

植保天地

发展有机肥料产业，是农业绿色转型的关键途径

农药和化肥是现代农业生产过程中重要的生产资料。农药在控制病虫害发生发展、确保粮食产量增长和提高收益方面发挥着重要作用。随着农作物种植面积的持续扩张，病虫害的发生概率上升，防治难度增加，再加上不合理使用农药，导致农药的使用量年复一年地攀升。而化肥，常被喻为土壤的“粮食”，对于提升单位面积农作物产量和促进农业的可持续发展具有显著影响。我国不仅是化肥的生产大国，同时也是使用大国。然而，当前化肥的使用中存在诸多问题，如盲目施肥、过量使用及施肥结构失衡等，这些问题引发了生态平衡破坏、环境污染加剧及种植成本上升等一系列挑战。为了积极推动农药和化肥减量增效，探索资源节约、产出高效、产品安全且环境友好的现代农业发展路径，2015年农业部发布了《到2020年农药使用量零增长行动方案》和《到2020年化肥使用量零增长行动方案》。这标志着在我国大地上启动“两减”行动的序幕。“十三五”规划期间，科技部进一步启动了国家重点研发计划——“化学肥料和农药减施增效综合技术研发”试点专项，旨在对化肥和农药减量增效的综合技术体系进行关键技术攻关、基础研究深化，以及集成示范应用的全链条设计与一体化实施。经过5年的科研努力，截至2020年底，“双减”行动顺利达成了既定目标，农药和化肥的使用量大为减少，利用率大幅提升，有效推动了农业的高质量发展。

当前，绿色农业已成为我国农业发展的主旋律，习近平总书记高度重视生态文明建设，在多个场合反复强调“绿水青山就是金山银山”的发展理念，要求坚定不移走以生态优先、绿色发展为导向的高质量发展新路子，并提出力争2030年前实现碳达峰、2060年前实现碳中和的目标。习近平总书记指出，要坚定不移加快转变农业发展方式，尽快转到数量质量效益并重、注重提高竞争力、注重农业

技术创新、注重可持续的集约发展上来，走产出高效、产品安全、资源节约、环境友好的现代农业发展道路。

沈其荣院士认为，我国农业由集约化向可持续化、绿色化转型的先决条件是要有高肥力、无污染的土壤，而大力发展有机（类）肥料产业是实现此条件的关键途径。有机肥料可以优化作物营养和提升土壤的有机质含量，对改善土壤结构和维护土地肥沃度起到了积极作用。此外，减少化学肥料的使用不仅有助于降低农业对环境的影响，还能增强农业的固碳能力，为达成碳达峰和碳中和的宏伟目标贡献力量。有机肥料产业的蓬勃发展依托于技术创新和工艺的不断进步。沈其荣院士率领的南京农业大学土壤研究团队，专注于有机肥料生产技术的研究，长期致力于推动这一领域的科学探索。他们成功突破了如木霉固体菌种制造和功能菌活性保持等关键技术难题。通过精心选育出一系列适用于高温堆肥的微生物菌种，并研制了促进堆肥成熟的独特腐熟剂，团队还开发了创新的开放式木霉固体菌种生产技术和气流膜堆肥工艺。这些技术突破和创新成就为有机肥料行业的高质量发展奠定了坚实的技术基础。

沈其荣院士曾说过：“一个人的理想和国家民族的发展相结合是幸福的，一个人的事业发展和国家民族的发展轨迹相重合又是何等的幸运！”

11 项目十一 南疆特色果树其他病害的识别与防治

项目导学

- 在农业生态系统中，植物病害不仅包括真菌性、细菌性和生理性病害，还涉及诸如植原体、螺旋体等病原，以及病原混合侵染导致的问题。为有效解决混合侵染问题，需要掌握混合侵染引起的病害的症状特点、发病规律，以及对植物的为害特征，还需要了解病原的分类、相互关系和不同病原之间的交互作用等方面的内容，以此为基础，有针对性地制定综合防治措施。
- 本项目学习内容包括枣疯病、果树流胶病、枣缩果病的症状、病原、发病规律及发病条件和综合防治措施，以症状和综合防治措施为学习重点。

项目目标

- 知识学习目标：识别各种果树混合侵染病害的种类、症状特点和病原特征。
- 技能培养目标：能列举并描述混合侵染病害的常见症状和识别特征；能分析混合侵染病害发生的原因和机制，根据病原的特性和植物生长阶段制定实时有效的防治方案。
- 职业情感目标：明确植保工作者的责任和使命，贯彻“预防为主，综合防治”的植保工作方针；树立绿色植保、公共植保、科学植保的理念。

任务一　枣疯病的识别与防治

任务导入

枣疯病，又称丛枝病，是一种对枣产量具有严重威胁的植原体病害。感病后枣质量及食用口感变差，染病枣树一般在 3~5 年内逐渐衰弱死亡。目前，枣疯病在阿克苏地区、喀什地区、巴州地区轻度发生，应引起重视，避免广泛传播，以免影响新疆枣产业的可持续健康发展。

必备知识

1. 症状

枣疯病的症状特点是枝叶丛生，由花器官返祖和芽的不正常萌发所致。花器官返祖现象表现为花梗变长，花萼、花冠及雌蕊群变成小枝条或小叶，导致果实为小枝所取代，形成结果枝上枝条丛生的症状，病枝纤细，节间变短，叶小而萎黄（图 11–1 和图 11–2）。病枝一般不结果，病树健枝能结果，但果实大小不一，果面凹凸不平，着色不匀，果肉多渣，汁少味淡，不能食用。在新梢顶端的嫩叶上多发生小叶型和花叶型症状：小叶型病叶纤细，仅及正常叶片的 1/4~1/2；花叶型的叶面呈黄绿相间的斑驳状，略凹凸不平，叶脉褪绿，叶缘不规则地向内卷成匙状（图 11–3）。丛生枝上的叶片易焦枯，但在冬季落叶期大多不脱落，仍留在枯枝上。病根上的不定芽，可大量萌发长出一丛丛短疯枝，出土后枝叶细小、黄绿，日晒后全部焦枯呈“刷状”。后期病根皮层变褐腐烂，最后整株枯死（图 11–4）。

图 11–1　枣疯病枝叶丛生症状

图 11–2　枣疯病花器官返祖症状

图 11–3　枣疯病花叶型症状

图 11–4　整株发病症状

2. 病原

枣疯病的病原植原体是一类无细胞壁、难以人工培养，存在于植物韧皮部筛管细胞中，以及介体昆虫中的原核微生物。植原体长度通常在 80~1000nm 之间，大小不等，因其无细胞壁，在细胞内易受到外力作用的影响而呈现出各种不同的形态，一般有球形、长杆形、椭圆形、带状形、梭形、多态不规则形状。最外层由单位膜包裹，厚度约为 10nm，细胞中有线粒体、脱氧核糖核酸、可溶性蛋白质及其他物质。繁殖方式有均分裂、出芽生殖 2 种。目前初步认定，在南疆地区引发枣疯病的病原属于榆韧皮部坏死植原体（*Candidatus* phytoplasma ulmi）。

3. 发病规律及发病条件

枣疯病植株根部可终年带菌，而地上部的植原体则随枣树落叶进入休眠逐渐减少，越冬后期基本消失，因而根部带菌越冬是枣疯病第 2 年发病的重要初侵染来源。在根部越冬后的植原体，第 2 年春季随根部营养物质上行到地上部引起丛枝等枣疯病症状。

枣疯病可通过人工嫁接（包括枝接、芽接、皮接或根接）传播，病枝嫁接后，发病期随嫁接时期、管理措施、土壤条件和品种等不同而有所不同。病砧接健枝的发病率要远高于健砧接病枝，病株的根蘖苗可以带病原而传染。枣疯病在自然条件下只有通过昆虫这一种传播方式。我国北方枣区自然传病的媒介主要有中华拟菱纹叶蝉、橙带拟菱纹叶蝉、凹缘菱纹叶蝉和红闪小叶蝉。病株与健株之间通过汁液摩擦接种，花粉传播、根的自然接触或紧贴、土壤等都不能传病。

目前，新疆尚未报道与枣疯病植原体传播相关的介体昆虫，而寄生性植物传播能力有限，苗木传播是新疆地区枣疯病发生的主要原因。

发病初期，个别枝先发病，全株同时发病少见。枣疯病的发生与品种抗性和生态环境密切相关。例如，病害集中发生在海拔 50~500m 之间的低山丘陵地区；窝风向阳地带的枣园病害重，阴坡地带的枣园病害轻；枣园土壤为碱性、石灰质含量高，病害轻，土壤为酸性、石灰质含量低，病害重；利用根蘖苗自然繁殖的子母树病害重，而单株栽植的枣园病害轻；枣品质好、含糖量高的品种较易感病；幼树枝条嫩，徒长枝多，有利于传播病原的媒介昆虫菱纹叶蝉的取食传播，生长结果期、盛果期枣树枝条硬，结果量大，徒长枝少，不利于虫媒取食，但衰老树抗病能力差。

4. 综合防治措施

（1）选用抗病品种　我国枣树分布广泛，品种繁多，及时发现及利用抗病品种是防治枣疯病的关键措施。可利用抗病酸枣品种或抗病的大枣品种作为砧木，培育抗病枣树，或从无病枣园中采取接穗、接芽或分根方式进行繁殖，培育无病苗木。

（2）加强栽培管理　枣疯病的发生与枣树本身的营养状况有直接关系，所以加强枣园肥水管理，对土质差的进行深翻扩穴，增施有机肥，改良土壤，促进枣树生长，增强抗病能力，可减缓枣疯病的发生和流行。

（3）防虫治病　及时喷药消灭传病叶蝉可有效地降低枣疯病传播蔓延的速度。以 4 月下旬、5 月中旬和 6 月下旬为最佳喷药时期，全年共喷药 3~4 次。目前常用的药剂有噻虫嗪、噻虫胺、啶虫脒等。

（4）手术治疗　对于轻病树，早春发芽前环剥主干，落叶前彻底去除病枝，生长期随时抹去病芽，可有效地阻断植原体的运行，可治愈或延缓发病。对于重病树，可直接砍掉。

（5）输液治疗　枣树展叶后至开花前树干滴注或注射土霉素（140 万 ~210 万 IU/mL）及“祛疯 1 号”等药剂防控。在距离地面 20~30cm 的树干上，用直径为 0.45cm 的钻头与树干形成约 45° 夹角打注药孔，需深达木质部 2~3cm。输液袋悬挂高度为 120~160cm。

（6）控制菌源　发现病苗应立即刨除，严禁病苗调入或调出，及时刨除病树，及时去除病根蘖及病枝，减少初侵染来源。

实训任务

通过在农业生产企业、校内外果树生产实训基地的现场观察与枣园调查，掌握枣疯病的症状特点、枣园发生情况，并采集典型病枝制作标本；通过文献查阅，结合课堂知识讲解，了解枣疯病的发生规律与发病条件；在教师和专业技术人员的指导下，制定综合防治方案，熟悉防治的主要技术要点，并熟练操作。

1. 任务目标

1）能准确识别枣疯病，并准确描述枣疯病的症状特点。

2）了解枣疯病病害的发生规律，及时准确记录枣园观察结果和数据，分析判断病害的严重程度和病原侵染程度。

3）具备采集并制作高质量蜡叶标本的能力。

4）能够根据所调查枣园枣疯病的发生情况，制定综合防治方案并实施。

2. 任务准备

1）材料。枣疯病病株、枣疯病蜡叶标本、病害挂图及图片等。

2）器材。手持放大镜、标本夹等采集工具、记录本、铅笔、显微镜、载玻片、盖玻片、滴管、挑针、多媒体设备等。

3. 任务实施

1）枣园调查采样。

2）取枣疯病新鲜病组织，制备临时玻片，观察有无病征。观察并描述枣疯病症状特点。

3）将采集到的枣树病枝、病叶整理后铺展，夹在吸水纸中，同时放入写有采集地点、日期和寄主名称的标签纸，再用标本夹压紧后日晒或加温烘烤，使其干燥，视情况更换吸水纸。

4）制定综合防治方案并实施。

任务评价

任务考核评价单

序号	评价内容及分值	评价标准	学生自评 10%	小组互评 10%	教师评价 60%	企业评价 20%
1	学习方法 10分	课前完成必备知识的自学；课中认真观察思考，并主动操作实践；课后归纳反思				
2	学习态度 20分	学习态度端正，具有吃苦耐劳、诚实守信、认真负责的品质；认真学习、钻研知识和技能				
3	沟通表达 10分	能够及时与同组成员及指导教师、技术人员沟通交流				
4	合作能力 10分	团队协作意识强				
5	创新实践 10分	能够结合生产实际改进防治措施、降低防治成本、提高防治效率				
6	职业能力 10分	能够准确诊断并防治枣疯病				
7	学习成果 30分	能准确识别枣疯病；能采取预防措施控制病原；熟练实施手术防治和输液治疗				
合计						

任务二　流胶病的识别与防治

任务导入

流胶病是一种常见的果树病害，桃树、杏树常发生，梨树、苹果树等果树也时有发生。在环境因素、病原感染或机械损伤等因素的影响下，树干、主枝或大枝表面渗出树胶，严重时可能导致树干溃烂、植株衰弱甚至死亡。它的发生与植物栽培管理、气温、湿度、病原等多个因素相关。温暖干燥的地区，由于环境干旱和高温等因素较为突出，果树流胶病的发生可能更为严重。病原可以通过植株汁液和农事操作传播至其他健康果树，需要及时防控。

必备知识

1. 症状

果树一旦患该病，枝干便开始流胶，树势渐衰，甚至毁园。1 年生嫩枝染病，初期产生以皮孔为中心的疣状小突起，随后逐渐扩大形成瘤状突起物，直径为 1~4mm，其上散生针头状小黑点。当年不发生流胶现象，第 2 年 5 月上旬，病斑再扩大，瘤皮开裂，溢出树脂，初为无色半透明稀薄而有黏性的软胶，不久变为茶褐色，质地变硬呈结晶状，吸水后膨胀成为胨状的胶体（图 11–5 和图 11–6）。被害枝条表面粗糙且变黑，并以瘤为中心逐渐下陷，形成圆形或不规则形病斑，严重时枝条凋萎枯死。多年生枝干受害后产生“水泡状”隆起，直径为 1~2cm，并有树胶流出（图 11–7）。病原在枝干表皮内为害或深达木质部，受害处变褐、坏死，枝干上病斑多者则大量流胶，导致枝干枯死，植株早衰。果实染病，初为褐色腐烂状，逐渐密生粒点状物。湿度大时，从粒点孔口溢出白色块状物，发生流胶现象（图 11–8），严重影响果实品质和产量。

图 11–5　茶褐色胶体

图 11–6　从皮孔溢出胶体

图 11–7　枝干产生“水泡状”隆起

图 11–8　流胶病果实症状

2. 病原

流胶病是杏树等核果类果树的重要病害，是一种非侵染性的生理性病害，可由真菌或细菌侵染引发。据报道，真菌如轮枝孢菌、黄萎轮枝孢菌、大丽轮枝孢菌、蕉孢壳菌和茶藨子葡萄座腔菌都可引发流胶病。除真菌和细菌外，也有人认为流胶病是一种生理性病害，由外因诱导内源乙烯大量合成，刺激产生过量的细胞壁多糖导致流胶，如高浓度外源乙烯的施用、虫伤、冻伤、日灼、机械伤等均可引发流胶，环剥、高接换种、大枝更新、夏剪过重、施肥不当、土壤黏重、土壤酸性太强、农药药害等也可导致流胶病的发生。

3. 发病规律及发病条件

病原有潜伏侵染特性，潜伏期为14~84d。该病原以菌丝体和分生孢子器在被害枝条内越冬，第2年3月下旬~4月中旬，分生孢子借助风雨顺枝干流下或黏附到新梢上，从皮孔、伤口及侧芽侵入，进行初侵染。当气温为15℃左右，病部即可渗出胶液；气温上升，植株流胶点增多，病情逐渐加重。一般直立生长的枝干基部以上部受害严重，侧生的枝干向地表的一面重于向上的一面。枝干分枝处易积水的地方受害重。病虫为害、机械损伤、嫁接不良、土壤贫瘠、肥水不足、负载量大均可诱发流胶病。一年中该病有2个发病高峰，分别为5月下旬~6月上旬与8月上旬~9月上旬，尤其是长期干旱后偶降暴雨，流胶病发生严重。树龄大的果树比幼龄树流胶严重。

4. 综合防治措施

（1）农业防治　结合冬剪，彻底清除被害枝梢；加强果园管理，增施有机肥及磷、钾肥，控制植株负载量，以增强树势，提高抗病力；及早防治果树害虫，减少虫伤。

（2）冬季清园消毒　刮除主干和主枝、侧枝基部的粗皮，剪除病虫枝、叶、果并集中烧毁；树盘或行内土壤翻耕，杀灭地下越冬病原和害虫；冬季修剪后和萌芽前各喷施1次3~5° Bé 石硫合剂进行植株消毒。注意主干、主枝和侧枝上充分喷药。

（3）流胶点刮治处理　定植后的幼龄树随树龄增长开始出现流胶现象时，可于冬季休眠期进行彻底的刮治处理。

1）刮胶。在雨后或雪后枝干还比较湿润时及时刮除胶体。

2）涂抹杀菌剂。刮胶后，重点对刮胶点涂抹5° Bé 石硫合剂或50%多菌灵可湿性粉剂150倍液。

3）涂抹保护剂。待涂抹的杀菌剂风干后，再涂抹保护剂如桐油或清漆等。

（4）避免重茬　果园砍伐后2年内不宜建园；防治枝干病虫害，减少伤口；避免不当使用多效唑；适度控制结果量，合理负载。

（5）刮胶涂干　秋后冬初（或冬后春初），先刮胶，然后以3~5° Bé 石硫合剂涂干，加0.2%多菌灵可增加治疗效果；加入黏合剂如1%洗衣粉，可增加药液黏着性。

（6）谢花后喷药　谢花后喷药2~3次，每次间隔15d。施用50%多菌灵可湿性粉剂或70%甲基硫菌灵可湿性粉剂1000倍液、20%丙环唑微乳剂800倍液。谢花后喷药可减轻病害程度。

实训任务

通过在农业生产企业、校内外果树生产实训基地的现场教学、标本与图片观察、室内病原镜检及课堂知识传授等方式相结合的理实一体化教学，掌握流胶病的症状特点、病原形态；在教师和专业技术人员的指导下，了解发病原因和传播途径，制定综合防治方案，熟悉果树涂白剂的配制方法及果树涂白的技术要求。

1. 任务目标

1）准确识别果树流胶病。

2）能够鉴别流胶病的病原，分析影响果树流胶病发生的关键因素。

3）熟练掌握果树涂白剂的配制方法及涂白的技术要求。

2. 任务准备

1）材料。果树流胶病病害标本、生石灰、水、食盐、石硫合剂原液等。

2）器材。刷子、手套、水桶、搅拌棒、过滤网、载玻片、盖玻片、胶头滴管、显微镜等。

3. 任务实施

1）观察1年生染病嫩枝及多年生受害枝干的症状特点。

2）取果树流胶病新鲜病组织，制备临时玻片，观察判断该地块的果树流胶病是由于寄生性真菌、细菌还是生理性原因引起的，并写出判断依据。

3）配制涂白剂，进行树干涂白。原始涂白剂一般的成分是生石灰、食盐、石硫合剂原液和水，生石灰：水：食盐：石硫合剂原液为10：30：1：1，还可以加入少量有针对性的杀虫剂。先用水化开生石灰，滤去残渣，倒入已化开的食盐水中，最后加入石硫合剂原液搅拌均匀。涂白剂要随配随用，存放时间不宜过长。

任务评价

任务考核评价单

序号	评价内容及分值	评价标准	学生自评10%	小组互评10%	教师评价60%	企业评价20%
1	学习方法 10分	课前完成必备知识的自学；课中认真观察思考，并主动操作实践；课后归纳反思				
2	学习态度 20分	学习态度端正，具有吃苦耐劳、诚实守信、认真负责的品质；认真学习、钻研知识和技能				
3	沟通表达 10分	能够及时与同组成员及指导教师、技术人员沟通交流				

（续）

序号	评价内容及分值	评价标准	学生自评 10%	小组互评 10%	教师评价 60%	企业评价 20%
4	合作能力 10分	团队协作意识强				
5	创新实践 10分	能够结合生产实际改进防治措施、降低防治成本、提高防治效率				
6	职业能力 10分	能够准确诊断并防治果树流胶病				
7	学习成果 30分	能观察判断该地块的果树流胶病是由于哪种因素引起的，写出判断依据，并熟练配置果树涂白剂，进行树木涂白				
合计						

任务三　枣缩果病的识别与防治

任务导入

枣缩果病又名枣铁皮病、枣黑腐病、枣萎蔫果病等，我国于20世纪70年代后期始见正式报道，遍及全国各大枣区，危害日趋严重，已经成为枣生产上的一种毁灭性病害。新疆阿克苏、库车、新和、沙雅和阿瓦提发生比较严重。其主要症状为枣果表面皱缩、变形，并伴有果皮裂缝和果实腐烂的现象。引起枣缩果病的原因主要包括病原感染、环境因素影响或栽培管理不当。生产上需要根据发病规律开展预防及防治工作，以确保枣产量和品质。

必备知识

1. 症状

缩果病主要为害果实，病果瘦缩味苦。果实发病初期，先在肩部形成浅黄色不规则的变色斑，边缘清晰，进而果皮呈水渍状、土黄色，变色斑边界不清。随后病斑逐渐扩大呈红褐色，无光泽，病果逐渐失水而发软萎缩（图11–9）。果肉初有浅土黄色小斑块，逐渐向果肉深层延伸，严重时整个果肉变为黄褐色，组织呈海绵状坏死，味苦。果柄变为褐色或黑褐色，提前形成离层而脱落。被害果实的症状通常有晕环、水渍、提前着色、萎缩和脱落5个阶段。接近成熟期染病的枣，病斑不明显。

图 11-9　枣缩果病

2. 病原

截至目前，枣缩果病的病原仍存在很大争议，公开报道的共有 1 种细菌和 6 种真菌，包括噬枣欧文氏菌、轮纹大茎点菌、毁灭茎点霉菌、橄榄色盾壳霉菌、细链格孢菌、聚生小穴壳菌和壳梭孢属的一种真菌。这些病菌可以单独或混合侵染枣而致病。

3. 发病规律及发病条件

病原主要通过风雨作用导致枝干摩擦受伤后而侵染发病。在新疆，该病害从 6 月底开始发病，7 月上旬发病逐渐增强，中下旬进入高峰期，持续到 9 月上中旬还可对挂果较晚的红枣果实造成危害。该病害发生以点片居多，1 片枣园往往有几株树发病严重，1 株枣树往往有几个枝条发病严重，但发病重的枣园可使 60% 以上的枣树的多个枝条同时发病。

病原在幼果期开始侵染果实，但不表现症状，一般在枣红圈期至着色期发病，果肉含糖量为 18% 以上，旬平均气温为 23~26℃时为盛发期，若遇到阴雨或夜雨昼晴天气，易暴发成灾。红蜘蛛、壁虱等刺吸式口器害虫为害形成伤口的枣易感病。不同的枣品种抗病能力不同，赞皇大枣、梨枣发病重，灰枣、骏枣等发病较轻。密植枣园发病重，间作枣园的发病率普遍高于单作枣园，综合管理条件好、树势强的发病轻。

4. 综合防治措施

（1）加强枣园综合管理，提高植株抗病能力　增施有机肥和磷、钾肥，合理施用氮肥和硼、钙等肥料。花期和幼果期喷洒 0.3% 硼砂或硼酸。科学整形修剪，合理密植，合理负载，以提高枣树抗病能力，在枣树萌芽前全株喷 1 次石硫合剂。在红枣青果期及枣变色转红期均要保持土壤湿润，预防或减少裂果、缩果病的发生。选用抗病品种。建议少喷赤霉素以减少缩果病发病率，夜间气温低时灌水，同时大力推广枣园人工生草。

（2）加强对害虫的防治　需加强对刺吸式口器害虫和其他为害果实的害虫等的防治，降低传病昆虫的密度。可用 1.8% 阿维菌素乳油 1000~2000 倍液、4.5% 高效氯氰菊酯乳油 1500 倍液、20% 甲氰菊酯乳油 2000~2500 倍液等药剂。

（3）防治适期用药　在红枣青果期及枣变色转红前后，喷施 10% 苯醚甲环唑水分散粒剂 2000~2500 倍液等药剂，每隔 7~10d 喷 1 次，连喷 2~3 次。喷施 80% 代森锰锌可湿性粉剂 600~800 倍液同样有效。

在枣变色转红期的发病前后，尤其是枣采收前 15~20 d 是防治关键期。药剂选用 20% 噻唑锌悬浮剂 500 倍液、75% 百菌清可湿性粉剂 600 倍液、12.5% 烯唑醇可湿性粉剂 3000 倍液防治，每隔 7~10d 喷 1 次，连喷 3~4 次。降雨后晴好天气喷洒波尔多液，喷洒 3~4 次，即可对缩果病进行较好的防控。

（4）及时清园　若上一年发病重，则应清除病虫果、烂果，集中烧毁或深埋，以减少病原。

实训任务

通过在农业生产企业、校内外果树生产实训基地的现场观察、调查、数据分析，了解枣缩果病的症状、病因、病原特征，掌握病害枣园观察和调查方法，以及数据的采集处理方法；结合文献查阅，分析发病规律，制定综合防治方案。

1. 任务目标

1）能准确描述枣缩果病的症状特点。

2）能够运用正确的观察和病害调查方法实施枣园调查，采集相关数据，并熟练使用统计工具统计所观察枣园内枣缩果病的发病率、为害程度。

3）能够结合发病规律制定综合防治方案。

2. 任务准备

1）材料。枣缩果病病害发生田块、新鲜枣缩果样品、图片。

2）器材。载玻片、盖玻片、胶头滴管、刀片、挑针、生物显微镜等。

3. 任务实施

以小组为单位，选择一块发生枣缩果病的田块，调查病害发病率、分布特点等，并记录相关因子，如品种、生育期、种植环境情况、栽培模式、周围病虫草害发生的情况等。采用合理的取样法调查病害，统计发病率，完成枣缩果病病害发生情况调查与统计（表 11-1），并对该病害发生的原因进行分析，制定综合防治方案。

表 11-1　枣缩果病病害发生情况调查与统计

<table>
<tr><td colspan="2">组别：　　　　记录人：</td><td colspan="2">地点：　　　　时间：</td></tr>
<tr><td colspan="4">病害名称：</td></tr>
<tr><td colspan="4">树龄：</td></tr>
<tr><td>取样方法：</td><td colspan="2">样点数目：</td><td>取样量：</td></tr>
<tr><td>发病植株数量：</td><td colspan="3">发病率：</td></tr>
</table>

（续）

发病程度和病情指数的计算：	
0 级：	1 级：
2 级：	3 级：
4 级：	病情指数：
备注：（土质、地势、种植环境情况、栽培模式、周围的病虫草害发生情况等特殊说明）	

任务评价

任务考核评价单

序号	评价内容及分值	评价标准	学生自评 10%	小组互评 10%	教师评价 60%	企业评价 20%
1	学习方法 10 分	课前完成必备知识的自学；课中认真观察思考，并主动操作实践；课后归纳反思				
2	学习态度 20 分	学习态度端正，具有吃苦耐劳、诚实守信、认真负责的品质；认真学习、钻研知识和技能				
3	沟通表达 10 分	能够及时与同组成员及指导教师、技术人员沟通交流				
4	合作能力 10 分	团队协作意识强				
5	创新实践 10 分	能够结合生产实际改进防治措施、降低防治成本、提高防治效率				
6	职业能力 10 分	能够准确诊断并防治枣缩果病				
7	学习成果 30 分	能观察判断该地块的枣缩果病致病病原，并写出判断依据；分析病害发生的原因，制定综合防治方案；完成表 11-1 的内容				
合计						

农事看台

目前，多地一座座现代化的种植冷棚屹立在田野间，各种各样的经济作物，准备运往全国各地销售。冷棚的建成，让农户不再“靠天吃饭”。冷棚内采用先进的生产技术，实现了生产自动化和智能化管理。通过科学调控土壤水分和温度，以及绿色种植方式，生产出品相更加细腻、品质更加优良的农产品，受到了消费者的欢迎。

为了进一步提升农产品的品质，全国各地推行组织成立农业种植 / 养殖合作社，采取“企业 + 合作社 + 农户”的模式，以此吸纳一批农户加入。合作社统一管理农产品的种植、采摘和销售，提供技术指导和帮扶，并建立了技术交流平台，采取电商和客商批量销售模式，拓宽了销售渠道。同时，也为当地提供大量的就业岗位，促进当地居民增收。持续推动农产品品质的标准化升级，推进智能设施和绿色生产技术创新，培育自主品牌，能进一步提升农业区域品牌价值的核心竞争力。

近年来，多地持续调整农业产业结构，强化政策扶持，引进和推广新的果蔬种植品种和技术，引导农户根据当地的实际情况发展特色种植农业，致力于发展基础产业和特色产业，不断强化产业的辐射带动能力，促进了当地居民持续增收致富。

阅读完以上内容后，请思考以下几个问题：

1）农业种植冷棚的建设如何改变了当地农户的生产方式和生活方式？

2）农业种植 / 养殖合作社模式对提升农产品品质和拓宽销售渠道有何影响？这种模式如何促进当地居民增收？

3）多地近年来调整农业产业结构的举措包括哪些方面？这些举措如何促进了农业发展和当地居民的持续增收致富？

植保天地

生物学家彭加木：舍生忘死，服务边疆

在我国的科学史上，有一位令人敬仰的生物学家，他以毫不畏惧的探索精神、舍生忘死的科研态度，为我国边疆地区做出了卓越的贡献。他的名字叫彭加木，一个在科学界和普通人中间都广为人知的名字。

彭加木出生于 1925 年，广东番禺人。他自幼聪慧，对科学充满了热爱。他在上海同济大学学习医学，后赴德国留学，专攻生物化学。学成归国后，他便开始了一生的科研生涯。他先在植物病毒的研究方面取得了突破性的成果，成功分离出了几种植物病毒，并对其特性进行了深入的研究。这些成果不仅对植物病毒病的防治有着重要的意义，也为人们对生命科学的理解提供了新的视角。然而，彭加木的贡献并不止于此。他敏锐地意识到，科学研究不仅仅是在实验室中进行的，

还需要与实际应用相结合。因此，他决定将自己的科研成果应用到我国的边疆地区。

彭加木生命旅程中最重要的一次转变就是他接受了中央的任命，担任中国科学院新疆分院的副院长。在这个职位上，他全身心地为新疆地区的农业发展服务，带领团队在新疆进行了大量的实地考察和研究，发现了许多有价值的植物资源，并成功引进了许多有益的植物品种。新疆地区的自然环境恶劣，交通不便，在考察和研究的过程中，彭加木遭遇了无数的困难和危险，但他并没有因此退缩。他坚信只有通过科学的力量，才能真正地服务边疆人民。就在彭加木全身心地为新疆人民服务的时候，一场突如其来的灾难打破了他的生活。1980 年，他在一次科学考察中不幸遇难，这一消息震惊了全国，人们为这位伟大的科学家感到深深地痛惜。

彭加木为发展我国科学事业献出了自己的生命，他的精神永远留在了人们的心中。他那种舍生忘死、服务边疆的精神成为激励人们不断探索、不断前进的动力。为了纪念彭加木的伟大贡献，中国科学院设立了“彭加木奖”，以表彰那些在科学研究和应用方面做出杰出贡献的科学家。这个奖项不仅是对彭加木的缅怀，也是对所有为科学事业奋斗的同仁们的鼓励和激励。

在彭加木身上，我们看到了一位科学家的使命和责任。他用自己的行动证明了科学的力量和价值，也用自己的生命诠释了舍生忘死、服务边疆的精神。他的故事将永远被铭记在科学史册上，也将永远激励着我们为科学事业不懈努力。

参考文献

［1］雷朝亮，荣秀兰．普通昆虫学［M］．2版．北京：中国农业出版社，2011.

［2］徐汉虹．植物化学保护学［M］．5版．北京：中国农业出版社，2017.

［3］强磊．园林植物保护［M］．4版．北京：中国农业出版社，2019.

［4］张红燕，石明杰．园艺作物病虫害防治［M］．2版．北京：中国农业大学出版社，2014.

［5］刘丽云，周显忠．园艺植物保护［M］．北京：中国农业大学出版社，2014.

［6］靳学慧，台莲梅，张亚玲，等．农业植物病理学［M］．北京：中国农业出版社，2015.

［7］中国农业科学院植物保护研究所，中国植物保护学会．中国农作物病虫害［M］．3版．北京：中国农业出版社，2015.

［8］王琦，杜相革，李燕．北方果树病虫害防治手册［M］．2版．北京：中国农业出版社，2015.

［9］仵均祥．农业昆虫学：北方本［M］．3版．北京：中国农业出版社，2016.

［10］封洪强．果树病虫草害原色图解［M］．北京：中国农业科学技术出版社，2015.

［11］宋开艳．喀什地区枣树黄刺蛾的危害规律及防治措施［J］．新疆林业，2023（1）：42-43.

［12］杨雯，冯钰梅，张志想，等．中国欧李根癌病病原菌鉴定［J］．植物病理学报，2023，53（6）：1253-1261.

［13］荆珺，王杰花，韩丽丽，等．梨园气溶胶中梨火疫病菌的定量检测［J］．植物保护，2023，49（6）：32-39.

［14］赵全新，高有华，荣华，等．库尔勒地区香梨茎蜂发生动态及黄板控害效果［J］．中国农学通报，2021，37（19）：124-127.

［15］张亚杰，张萍．新疆巴州地区桑褶翅尺蛾的发生与防治措施［J］．果农之友，2023（3）：71-73.

［16］黄伟，盛强，罗明，等．新疆库尔勒香梨火疫病的发生特点及防控建议［J］．植物保护，2022，48（6）：207-213，231.

［17］赵向杰，周浩然，刘倩，等．乙唑螨腈和腈吡螨酯对山楂叶螨的亚致死效应［J］．果树学报，2023，40（3）：547-555.